# 基坑工程施工

崔蓬勃　王庆磊　主编　丁謇　主审

化学工业出版社
·北京·

## 内容简介

本书根据职业教育要求和城市轨道交通工程技术专业教学标准编写，参照最新的基坑工程施工各类规范标准，在对岗位职业能力分析的基础上，确定岗位任务，分析施工岗位工作过程，按照岗位职业能力要求确定课程内容。

全书共分为8个学习情境：认识基坑、土的性质与土压力、土钉墙与锚杆施工、地下连续墙施工、围护桩工程施工、支撑系统与土方开挖施工、基坑降水施工、基坑工程监测与信息化。本书配套视频资源，扫描二维码即可查看。

本书可作为高等职业院校轨道交通施工类专业的教材，亦可供有关工程技术人员及自学人员参考。

图书在版编目（CIP）数据

基坑工程施工/崔蓬勃，王庆磊主编. —北京：化学工业出版社，2022.12
ISBN 978-7-122-42318-4

Ⅰ.①基⋯ Ⅱ.①崔⋯ ②王⋯ Ⅲ.①基坑工程-工程施工 Ⅳ.①TU46

中国版本图书馆 CIP 数据核字（2022）第 184457 号

---

责任编辑：葛瑞祎　李仙华　　　　　　　　文字编辑：师明远
责任校对：宋　夏　　　　　　　　　　　　装帧设计：张　辉

出版发行：化学工业出版社（北京市东城区青年湖南街13号　邮政编码100011）
印　　装：河北鑫兆源印刷有限公司
787mm×1092mm　1/16　印张15¾　字数387千字　2023年4月北京第1版第1次印刷

购书咨询：010-64518888　　　　　　　　　　售后服务：010-64518899
网　　址：http://www.cip.com.cn
凡购买本书，如有缺损质量问题，本社销售中心负责调换。

定　　价：48.00元　　　　　　　　　　　　　　　　　　　　　版权所有　违者必究

# 前言

"基坑工程施工"是高等职业院校城市轨道交通工程技术专业的一门专业核心课程。基坑支护工程在轨道交通、房屋建筑、隧道与地下建筑、水利工程、交通与道路、港口与桥梁等工程中有着广泛的应用。本书着重培养轨道交通工程行业从业人员的基坑施工和管理技能，使读者掌握常见的地铁基坑工程围护结构的结构构造、建筑材料、施工工艺、质量检验、施工监测的基本理论和技术。通过对本书的学习，培养基坑工程从业者的质量意识，掌握从事本专业施工员岗位所要求的基坑工程施工技术技能。

本书根据职业教育要求和城市轨道交通工程技术专业教学标准编写，参照最新的基坑工程施工各类规范标准，在对岗位职业能力分析的基础上，确定岗位任务，分析施工岗位工作过程，按照岗位职业能力需求，确定课程内容，全书共分为 8 个学习情境。本书可作为高等职业院校轨道交通施工类专业的教材，亦可供有关工程技术人员及自学人员参考。

本书由江苏建筑职业技术学院崔蓬勃、王庆磊主编，无锡地铁集团有限公司丁謇主审，徐州中矿岩土技术股份有限公司工程师刘斌、江苏建筑职业技术学院宗义江和陶祥令参编。全书内容编写分工如下：崔蓬勃编写学习情境 1、学习情境 4、学习情境 5，陶祥令编写学习情境 2、学习情境 7，宗义江编写学习情境 3，王庆磊编写学习情境 6，刘斌编写学习情境 8，全书由崔蓬勃统稿。

本书在编写过程中参考了大量相关资料与规范标准，在此对有关文献和资料的作者表示感谢。

由于编者水平有限，本书难免存在不妥之处，恳请读者批评指正。

编者

2022 年 12 月

# 目录

## 绪论

## 学习情境 1  认识基坑

1.1 基坑工程发展概况  /004
1.2 基坑支护施工的作用与特点  /009
   1.2.1 基坑支护类型  /009
   1.2.2 基坑支护作用  /012
   1.2.3 基坑工程施工特点  /013
   1.2.4 基坑工程施工要点  /013
小结  /014
课后习题  /014

## 学习情境 2  土的性质与土压力

2.1 土的物理性质与状态概述  /017
   2.1.1 土的性质  /017
   2.1.2 土压力概念  /017
2.2 土的物理状态与指标  /017
   2.2.1 土的物理状态  /017
   2.2.2 指标的换算  /020
2.3 土的力学性质  /022
   2.3.1 有效应力原理与土的渗透性  /022
   2.3.2 土的变形特征  /032
   2.3.3 土的强度特征  /035
2.4 土压力类型与计算理论  /038
   2.4.1 土压力类型  /038

2.4.2 三种土压力计算理论 /040
  2.5 基坑支护中的土压力特点与分布 /045
   2.5.1 基坑工程中的土压力计算方法 /047
   2.5.2 基坑支护中的土压力特点与分布规律 /052
  小结 /053
  课后习题 /053

## 学习情境 3 土钉墙与锚杆施工

  3.1 土钉墙的类型与特点 /055
   3.1.1 土钉墙的概念 /055
   3.1.2 土钉墙的结构 /055
   3.1.3 土钉墙的应用 /057
   3.1.4 土钉墙的加固原理 /059
  3.2 土钉墙施工工艺与质量控制 /062
   3.2.1 土钉墙构造要求 /062
   3.2.2 土钉墙施工工艺 /064
   3.2.3 土钉墙施工质量检验 /068
  3.3 锚杆的类型与特点 /069
   3.3.1 锚杆支护作用机理 /069
   3.3.2 锚杆的构造 /069
   3.3.3 常用锚杆类型与特点 /071
  3.4 锚杆施工工艺与质量控制 /073
   3.4.1 锚杆施工工艺流程 /073
   3.4.2 锚杆试验与施工检测 /077
  小结 /078
  课后习题 /078

## 学习情境 4 地下连续墙施工

  4.1 地下连续墙概述 /080
   4.1.1 地下连续墙的定义与发展 /080
   4.1.2 地下连续墙的特点与结构形式 /081
  4.2 地下连续墙施工工艺与质量控制 /082
   4.2.1 地下连续墙工程图纸识读 /082

4.2.2 地下连续墙施工工艺流程 /087

4.2.3 地下连续墙施工质量控制 /100

### 4.3 地下连续墙工程问题处理 /104

4.3.1 地下连续墙施工质量通病 /104

4.3.2 地下连续墙渗漏水问题处理 /105

4.3.3 地下连续墙墙身缺陷处理 /107

### 4.4 地下连续墙工程实例 /108

4.4.1 工程概况 /108

4.4.2 工程地质与水文地质 /109

4.4.3 地下连续墙施工的重点难点及对策措施 /110

**小结** /112

**课后习题** /112

## 学习情境 5　围护桩工程施工

### 5.1 旋喷桩施工 /114

5.1.1 旋喷桩施工概述与基本要求 /114

5.1.2 旋喷桩施工工艺 /116

5.1.3 旋喷桩施工环境与质量控制 /118

### 5.2 搅拌桩施工 /119

5.2.1 搅拌桩施工概述与基本要求 /119

5.2.2 搅拌桩施工工艺 /121

5.2.3 搅拌桩施工要点与质量控制 /125

### 5.3 SMW 工法桩施工 /126

5.3.1 SMW 工法桩施工概述与基本要求 /126

5.3.2 SMW 工法桩施工工艺 /128

5.3.3 SMW 工法桩施工质量控制 /134

### 5.4 排桩施工工艺与质量控制 /136

5.4.1 排桩施工概述与基本要求 /136

5.4.2 排桩施工工艺 /136

5.4.3 钻孔灌注桩常见质量事故及质量控制 /155

**小结** /158

**课后习题** /158

## 学习情境 6  支撑系统与土方开挖施工

### 6.1 内支撑组成及形式 /162
　6.1.1 内支撑体系的组成 /162
　6.1.2 内支撑体系的形式 /162

### 6.2 支撑结构的施工及拆除 /164
　6.2.1 支撑施工原则 /164
　6.2.2 钢筋混凝土支撑施工及拆除 /164
　6.2.3 钢支撑施工及拆除 /170
　6.2.4 支撑立柱的施工 /173

### 6.3 土方施工 /174
　6.3.1 土方施工机械 /174
　6.3.2 土方开挖原则及方法 /182

**小结** /195

**课后习题** /195


## 学习情境 7  基坑降水施工

### 7.1 基坑降水施工概述 /198
　7.1.1 基坑降水概念 /198
　7.1.2 基坑降水施工的重要性 /198
　7.1.3 基坑降水作用及方式 /199
　7.1.4 基坑降水施工方法分类 /200

### 7.2 集水明排施工 /200
　7.2.1 明沟排水法的适用条件 /200
　7.2.2 明沟排水法的设备及施工 /201
　7.2.3 明沟排水法的设计 /205

### 7.3 基坑降水井施工 /206
　7.3.1 轻型井点降水施工 /206
　7.3.2 管井降水施工 /217

### 7.4 基坑降水与周围环境控制 /219

**小结** /221

**课后习题** /221

## 学习情境 8　基坑工程监测与信息化

### 8.1　基坑工程施工监测概述　/224
8.1.1　基坑施工监测内容与控制标准　/224
8.1.2　基坑施工监测方法与数据分析　/228

### 8.2　基坑工程信息化施工　/239
8.2.1　基坑工程信息化施工概述　/239
8.2.2　基坑工程信息化施工要求与基本方法　/239
8.2.3　基坑工程信息化施工阶段划分　/240

**小结**　/240
**课后习题**　/240

## 参考文献

# 绪论

## 1. 本课程教学目标

随着社会发展，基坑工程已经在轨道交通工程、房屋建筑、隧道与地下建筑、水利工程、交通与道路、港口与桥梁等工程中得到了广泛应用。"基坑工程施工"是一门理论性和实践性较强的土建类专业课程，尤其是高职高专院校城市轨道交通工程技术及地下与隧道工程技术等专业学生从事施工技术、管理及工程监理岗位所必修的一门专业课程。

"基坑工程施工"课程主要培养土建施工技术人员从事各类基坑支护、土方开挖及地下水控制的施工技术、施工管理及施工质量控制能力。课程主要讲授工程图纸识读、无围护结构基坑施工、有围护结构施工、基坑监测及地下水控制技术。通过对"基坑工程施工"课程的学习，学生可具备放坡基坑施工图纸会审、钢筋网、锚杆、土钉加工与制作安装、边坡开挖施工方案编制与审核，围护结构基坑基本知识与图纸识读，地铁基坑地下连续墙施工方案编制与审核，地铁基坑钻孔灌注桩施工方案编制与审核，地铁基坑加固及工法桩施工方案编制与审核，基坑降水工程施工方案编制与审核等八个方面的能力。通过本课程学习，学生应具备识读基坑工程支护结构图的能力，掌握基坑支护工程材料相关性质，掌握基坑各类支护结构施工工艺特点与施工质量控制要点，能够分析实际问题并编制相关施工方案，为学习后继相关课程和从事专业技术工作打下基础。

本课程要达到的知识目标、能力目标和素质目标如下：

（1）知识目标

① 了解基坑工程行业发展概况、施工技术岗位工作内容及要求；

② 掌握土的工程性质指标的物理意义以及工程应用，了解土的力学性质试验，能够正确识读地质勘察报告；

③ 掌握建筑钢材的物理、力学性质及其指标，并进行结果评定，了解钢筋及型钢取样和送检的基本要求；

④ 掌握泥浆的物理、力学性质及指标，并能对泥浆性能进行质量检测；

⑤ 掌握钢结构、钢筋笼吊装验算方法；

⑥ 掌握混凝土支撑的平法表达方式和施工构造；

⑦ 掌握钢筋下料长度及基坑土方量计算方法；

⑧ 掌握钢筋工程、模板工程及混凝土工程施工要点和质量检查要点；

⑨ 掌握各类基坑支护施工工艺、土方开挖方法及基坑降水工艺。

（2）能力目标

① 能熟练识读基坑工程图纸并能够进行图纸会审。

② 能根据基坑工程图纸、各类规范标准编制基坑围护结构专项施工方案。

③ 能根据《碳素结构钢》（GB/T 700—2006）、《低合金高强度结构钢》（GB/T 1591—2018）、《钢及钢产品 力学性能试验取样位置及试样制备》（GB/T 2975—2018）组织围护结构钢结构、钢筋笼的取样和送检；能够编制围护结构钢结构的现场安装专项方案并实施，能进行施工的质量控制及实施保证措施。

④ 能根据现场场地条件合理选择围护结构施工机械及施工机械间的合理配合方式，根据现场地质条件选择泥浆拌和机械，确定泥浆的合理配合比。

⑤ 能根据力学原理进行吊点的合理选择，根据现场施工条件和机械参数表按照安全性、经济性原则选择钢筋笼、钢支撑、格构柱、钻孔桩施工机械及施工机械合理配合方式。

⑥ 能根据国家建筑标准设计图集中的规定，对现场混凝土支撑、地下连续墙、钻孔灌注桩钢筋笼进行验收。

⑦ 能根据基坑降水图纸、各类规范标准编制基坑降水专项施工方案、基坑监测方案。

⑧ 能根据《建筑施工安全检查标准》（JGJ 59—2011）和《建筑施工高处作业安全技术规范》（JGJ 80—2016）编制基坑工程安全文明施工专项方案并组织实施。

(3) 素质目标

① 遵守国家、行业规范；
② 具备良好的团队协作能力；
③ 具备良好的沟通协调能力；
④ 提高工程质量意识；
⑤ 培养严谨工作作风；
⑥ 培养吃苦耐劳作风；
⑦ 具有强烈的责任意识；
⑧ 拥有健全的人格。

## 2. 学习要求

"基坑工程施工"是一门对专业综合知识和实践要求很强的课程，在学习中应注意与其他课程的联系，尤其是前导课程，如工程岩土、建筑力学、工程制图与识图、工程材料、结构设计原理等课程，对于后续的岗位实践课程也有较强的引领作用，同时学习过程中一定要注重理论与工程实践相结合，一定要根据不同的工程条件进行具体研究，提高分析问题与解决问题的能力，最终达到提高独立工作与实践的能力。

## 3. 课程特色

本课程将以工作过程为导向，以实际工程项目为载体，内容构建突出职业能力，按照施工技术人员典型任务设计教学单元，按照履行岗位职责应具备的基本素质和基本技能整合优化课程内容。教材内容体现实用性、适用性和前沿性。

## 学习情境 1

# 认识基坑

### 情境描述

基坑工程（excavation engineering）属于岩土工程的一种类型，其随着我国各类地下工程建设项目的出现而获得了发展，时至今日，量多面广的基坑工程已经成为城市岩土工程的主要内容之一。典型基坑工程可以是由地面向下开挖的一个地下空间，基坑周围一般为垂直的挡土结构。基坑开挖是基础和地下工程施工中一个传统课题，同时又是一个综合性的岩土工程难题，既涉及土力学中典型强度与稳定问题，又包含了变形问题，同时还涉及土与支护结构的共同作用。

通过本情境的学习，重点使学生掌握基坑支护及基坑施工的概念，掌握基坑支护的分类及基坑施工的特点，为今后进行基坑施工打下良好的基础。

### 学习目标

**知识目标**

① 了解基坑的作用；
② 了解基坑工程主要破坏模式；
③ 了解基坑工程破坏的主要原因；
④ 了解常见基坑工程支护类型；
⑤ 掌握基坑工程施工的特点与要点。

**能力目标**

① 能够区别基坑与深基坑；
② 能够对不同破坏模式的产生原因进行描述。

**素质目标**

① 培养强烈的自学意识；
② 培养沟通交流能力；
③ 培养强烈的规范意识，遵守技术规范、标准和要求，培养认真严谨的作风。

# 1.1 基坑工程发展概况

基坑工程的概念及发展现状

近年来随着国民经济的快速发展，我国城市化进程不断加快，导致城市土地资源日趋紧张，因此大力发展地下空间成为必由之路，如高层及超高层建筑、城市轨道交通工程、地下通道、地下商场、地下仓库等大量地下工程大规模兴建，随之而来的，是对深基坑工程技术更高的要求。

基坑工程属于岩土工程领域的一个分支，主要包括基坑围护结构、内支撑结构及土石方开挖、周边环境及地下水控制等，要求在整个基坑工程施工过程中，保证周围的建（构）筑物、道路和地下管线等安全和正常使用。基坑工程主要包括岩土勘察、围护结构设计和施工、地下水控制、基坑土方开挖、基坑工程监测和周围环境保护等。

而"深基坑"这一概念是20世纪40年代在欧美国家出现的，所谓"深基坑"是指为进行建筑物（包括构筑物）基础与地下室的施工而开挖的地面以下的空间，我国规范一直把5m深度作为深基坑的临界深度，主要原因是过去我国高层建筑较少，大部分建筑可以采用放坡开挖来建造，而随着社会发展，高层建筑及地下工程不断涌现，目前基坑工程界也有将开挖深度6m、7m作为深基坑临界深度的提法出现。

我国自20世纪90年代起开始大力发展城市建设，近年来一些典型的深大基坑工程不断涌现（图1-1）。建筑深基坑如上海市仲盛广场基坑开挖面积为50000$m^2$，上海世博会500kV地下变电站基坑深度达34m，徐家汇中心虹桥路地块项目基坑为地下6层深度，达到37m，上海中心大厦基坑开挖面积超过30000$m^2$，开挖深度达31m。北京财源国际中心工程基坑开挖长279m，宽47~67m，开挖深度25m左右。北京银泰中心基坑开挖长约220m，宽100.4m，深度超过20m。国家大剧院基坑工程属超深、超大基坑工程，基础埋深26m，局部埋深超过30m。苏州中心广场项目基坑工程面积约65700$m^2$，开挖深度达20m以上。

近年来随着城市轨道交通工程的跨越式发展，出现了各类地铁车站深基坑工程，地铁车站深基坑与建筑深基坑有所区别，与建筑基坑相比主要体现在深度大、平面尺寸窄而长及受地形限制可能为异形基坑等。如目前国内标准车站基坑深度普遍在20m以上，有些换乘站甚至达40m以上，如武汉地铁8号线街道口站，为地下4层结构，开挖深度达到了40m。上海地铁4号线董家渡修复基坑深达41m。合肥轨道交通5号线北一环路站主体基坑工程开挖深度达到35m，车站长度达274m，宽22m。苏州地铁3号线衡山路站，长度达458m，宽度22.6m，最深处达24m。

这些深大基坑通常都位于城市中心，基坑工程周围密布着各种地下管线、各类建筑物以及交通干道、地铁隧道等各种地下构筑物，施工场地紧张、工期紧、地质条件复杂、施工条件复杂、周边设施环境保护要求高，这些因素导致基坑工程设计和施工的难度越来越大，重大恶性基坑事故多有发生，工程建设的安全生产形势越来越严峻。近年来不同类型的基坑坍塌事故屡见报道，基坑工程发生坍塌破坏时，破坏形式主要有以下几种。

（1）整体失稳

整体失稳指在土体中形成了滑动面，围护结构连同基坑外侧及坑底的土体一起丧失稳定性，一般破坏模式为围护结构的上部坑外倾倒，而底部向坑内移动，坑底土体隆起，坑外地面下陷。广州某广场项目基坑周长330m，灌注桩深20m，初步设计开挖深度15.3m，开工9个月后开挖至基底，后进行设计变更，导致开挖深度比灌注桩底深，开挖后灌注桩成了吊脚桩，随后基坑附近地面开裂，基坑出现了整体失稳破坏（图1-2）。

(a) 上海世博会地下变电站基坑

(b) 国家大剧院深基坑工程

(c) 上海中心大厦基坑

(d) 徐家汇中心虹桥路地块基坑

(e) 合肥轨道交通5号线北一环路站基坑

(f) 武汉地铁8号线街道口站基坑

图 1-1　我国典型深大基坑工程

图 1-2　基坑整体失稳案例

学习情境 1　认识基坑　　005

(2) 坑底隆起

隆起是由深层土的卸荷回弹和土方开挖时形成的压力差引起的。坑底隆起将会导致基坑外土体沉降和水平位移，使周边既有建筑物发生倾斜变形甚至危及安全。图1-3为基坑由于坑底隆起导致基坑坍塌。

图1-3 基坑坑底隆起案例

(3) 围护结构倾覆失稳

倾覆失稳主要发生于重力式结构或悬臂式围护结构。重力式结构在土压力作用下，围护结构绕下部的某地旋转，导致顶部向坑内倾斜。南宁绿地某异形基坑由于锚索设计和施工不当，且没有及时启动应急预案，导致基坑围护结构倾覆失稳，如图1-4所示。

图1-4 基坑围护结构倾覆失稳

(4) 围护结构滑移失稳

围护结构底部地基承载力失稳是指重力式围护结构底面压力过大，地基承载力不足引起的失稳。由于围护结构所受的土压力合力是倾斜的，地基土向坑内发生移动，围护结构产生不均匀沉降，导致部分围护结构损坏。武汉天恒大厦基坑采用钻孔灌注桩支护。由于工期原因，在桩体龄期不足的情况下进行开挖，且坑边堆放大量建筑材料，导致大面积边坡失稳和坑底隆起，桩体滑移、倾斜。之后启动应急预案，紧急增补56根钻孔灌注桩，坑底采用注浆加固，成功消除了事故隐患。

(5) 围护结构底部地基承载力失稳

在坑外土压力的作用下，围护结构向坑内平移，其阻力主要由围护体底面的摩阻力及内侧的被动土压力组成。当坑底土软弱或底部的地基土软化时，易发生滑移失稳。如某大厦基坑地层以红黏土为主，深约10.8m，施工期间遇水且处理不及时导致基坑西侧出现浅层滑坡，导致地表下沉、坡面外鼓且产生裂缝，如图1-5所示。

图 1-5 某大厦基坑浅层滑坡

(6) 踢脚失稳

踢脚失稳指在单支撑的基坑中，围护结构上部向基坑外侧倾斜，下部向上翻的失稳形式。多道支撑时不易出现踢脚失稳。广州某基坑南侧桩体折断发生坍塌，导致东南角斜撑坠落，如图 1-6 所示。基坑坍塌范围长 104.55m，面积约 2000$m^2$，事故原因：坡顶超载严重，施工时间过长，支护受损失效，南侧支护向坑内倾斜时，没有及时调整设计和施工方案，错过排除险情最佳时机。

图 1-6 广州某基坑踢脚失稳导致坍塌

(7) 围护结构的结构性破坏

围护结构的结构性破坏指围护结构本身发生开裂、折断、剪断、压屈，致使结构失去了承载能力的破坏形式。如：支撑体系不当或围护结构不闭合；设计计算时荷载估计不足或结构材料强度估计过高，支撑或围檩截面不足导致破坏；结构节点处理不当，也会因局部失稳而引起整体破坏，特别在钢支撑体系中，节点多，加工与安装质量不易控制。节点处理包括支撑和墙体的连接处，如不设置围檩或连接，可能会强度不够。杭州某地铁基坑塌陷的一个重要因素就是钢支撑和围护墙连接薄弱，围护墙过度倾斜，导致钢支撑失效，如图 1-7 所示。

(8) 支、锚体系失稳破坏

支、锚体系失稳破坏主要表现为锚杆的拔出、断裂或预应力松弛，锚杆拔出而支护破坏导致基坑坍塌如图 1-8 所示。

(9) 止水帷幕功能失效和坑底渗透变形破坏

此破坏形式指止水帷幕丧失挡水功能，发生渗漏、涌水、流土或流砂。由于水土流失使基坑外地面下沉、塌陷，可能会导致邻近建筑物开裂和损坏。引起围护结构止水帷幕功能失效的主要原因是施工因素，如不及时采取措施，由渗透变形引起的坑外土体位移和陷落可能很严重。

图 1-7 杭州某地铁基坑塌陷

图 1-8 支护破坏导致基坑坍塌

目前，我国地下工程的埋深正在从浅埋到深埋发展，如大型地下商场、地下仓库、地下停车场等工程常具有地下 5～6 层的规模，一些城市的地铁换乘车站也有地下 3～4 层之多。这些复杂的地下结构虽然增加了基坑工程设计与施工难度，但也推动了基坑工程理论与技术的发展。目前基坑的支护结构主要包括无围护结构与有围护结构两大类：无围护结构比较典型的包括各类放坡开挖方式，具体包括放坡无支护、放坡配合土钉、锚杆支护等方式；有围护结构的支护方式主要包括各类钢筋混凝土排桩式结构、钢筋混凝土地下连续墙结构、型钢水泥土墙支护、钢板桩支护等。由于地铁工程、地下商场、高层建筑等一般位于建筑物密集、人口稠密的地区，致使深基坑工程常紧邻既有建筑物、道路工程、地下管线、地铁等，导致基坑开挖的场地十分狭小、紧凑，有时基坑边缘距周边设施仅 1～2m。在如此狭窄的场地上开挖基坑，对近邻建筑物及各种设施自然会有不同程度的影响，若设计、施工不当或保护措施不力，就会产生过量的地面沉降变形，引起近邻建筑物、地下管道及电缆的破坏，从而造成巨大的损失。因此，为了适应工程建设的需要，各类有围护结构的支护结构发展很快，有围护结构的支护也常伴随各类内支撑共同出现。目前在国内外基坑工程中主要应用钢内撑与混凝土支撑两类，因钢内撑具有可重复使用、工期短、环境友好等优点，目前内支撑中第一道支撑一般用混凝土支撑，其余采用钢内撑形式。

由于我国幅员辽阔,不同地区工程地质和水文地质条件差异较大,如在沿海及华东地区,存在大量深厚软土地基,这类土体具有含水量高、抗剪强度低及渗透系数小的特点,而在中西部地区,则分布有膨胀性岩土、湿陷性黄土、盐渍土等特殊土地基。有些地区地下水位较高,有的则存在高承压水层,这导致地下水控制往往成为基坑工程成败的关键。近年来我国基坑工程界对地下水控制重要性的认识有了较大提高,地下水控制技术在理论分析、设计、施工机械能力和工艺水平等方面都得到了较快发展。

由于岩土施工的不确定性因素较多,因此工程技术人员对信息化施工的认识也在不断提高,基坑工程信息化施工可以及时排除隐患,减小支护失效概率,确保基坑支护及开挖的安全。因此,首先要做好基坑监测工作,目前基坑监测技术正在从单参数人工现场监测逐渐发展为多参数远程智能化监测。在基坑施工过程中,应根据监测结果,及时正确评判出当前基坑的安全状况,然后根据分析结果,对支护参数及施工方案进行相应的调整,指导继续施工。

## 1.2 基坑支护施工的作用与特点

### 1.2.1 基坑支护类型

基坑支护体系主要包括挡土及地下水控制两部分内容。支护结构根据地层不同起到挡土作用并承受土压力。地下水控制一般为支护结构与各类止水帷幕单独或共同作用,进而形成地下水控制体系。目前在基坑工程领域支护结构主要可以分为无围护结构类型与有围护结构类型,具体类型划分及适用范围如表1-1所示。不同类型的基坑支护结构见图1-9。

地铁基坑支护结构类型

表1-1 支护结构分类及适用范围

| 类型 | 支护形式 | 适用范围 | 备注 |
| --- | --- | --- | --- |
| 放坡及简易支护 | 放坡无支护开挖 | 地基土质较好,地下水位低或已采取降水措施,以及施工现场有足够放坡场所的工程。允许开挖深度取决于地基土的抗剪强度和放坡坡度 | 费用较低,现场条件许可时采用 |
| | 放坡开挖为主,坡脚辅以短桩、隔板等简易支护 | 基本同放坡开挖。坡脚采用短桩、隔板及其他简易支护,可减小放坡占用场地面积或提高边坡稳定性 | |
| | 放坡开挖为主,辅以土钉、锚喷及挂网支护 | 基本同放坡开挖,喷锚网主要用于提高边坡表层土体稳定性 | |
| 土体加固自立式支护结构 | 水泥土重力式支护结构 | 可采用深层搅拌法施工,也可采用旋喷法施工,适用土层取决于施工方法。软黏土地基中一般用于支护深度小于6m的基坑 | 可布置成格栅状,围护结构宽度较大,变形较大 |
| | 劲性水泥土重力式支护结构 | 基本同水泥土重力式支护结构,一般用于软黏土地基中深度小于6m的基坑 | 常用型钢作为劲性材料,需考虑回收 |
| | 土钉墙及复合土钉墙支护 | 一般适用于地下水位以上或降水后的基坑边坡加固。土钉墙支护临界高度主要与地基土体的抗剪强度有关。软黏土地基应控制使用,一般可用于深度小于5m且允许产生较大变形的基坑 | 可与锚、撑式排桩墙支护联合使用 |
| | 冻结加固 | 可用于含水率较大的地层 | 应考虑冻融过程对周围环境的影响 |

续表

| 类型 | 支护形式 | 适用范围 | 备注 |
|---|---|---|---|
| 挡墙式支护结构 | 悬臂排桩式支护结构 | 基坑深度较浅,且允许产生较大的变形的基坑,软黏土地基适用于深度小于6m基坑 | 常辅以旋喷桩或搅拌桩等水泥土止水帷幕 |
| | 排桩墙加内支撑式支护结构 | 适用范围广,适用各种土层和基坑深度。软黏土地基中一般用于深度大于6m的基坑 | |
| | 地下连续墙加内支撑式支护结构 | 适用范围广,适用各种土层和基坑深度。一般用于深度大于10m的基坑 | 成本较高 |
| | 劲性水泥土加内支撑式支护结构 | 适用土层取决于形成水泥土的施工工法。SMW(soil mixing wall)工法三轴深层搅拌机械不仅适用于黏性土层,也能用于砂性土层的搅拌 | 需考虑型钢加筋材料的回收 |
| | 排桩墙加外锚式支护结构 | 砂性土地基和硬黏土地基可提供较大的锚固力。常用于可提供较大的锚固力地基中的基坑。基坑面积大,优越性显著 | 需对外锚的锚固性能进行评定 |

常规放坡支护构造识图

(a)无支护一级放坡基坑

(b)无支护多级放坡基坑

(c)放坡挂网喷混凝土支护基坑

(d)放坡配合锚喷支护基坑

(e)水泥土搅拌桩支护基坑

(f)搅拌桩配合外锚支护基坑

(g)高压旋喷桩支护基坑

(h)旋喷桩配合外锚支护基坑

有围护结构的构造识图

(i)高压旋喷桩配合多道外锚支护

(j)搅拌桩配合内支撑基坑

(k)SMW工法桩支护

(l)SMW工法桩配合内支撑支护

(m)钻孔灌注排桩支护

(n)灌注桩配合外锚支护

图1-9

地铁基坑支护结构构造概述

(o)地下连续墙配合内支撑支护　　　　　(p)钢板桩配合内支撑支护

图 1-9　不同类型的基坑支护结构

## 1.2.2　基坑支护作用

通常情况下基坑支护属于临时措施项目，其主要作用是为敞开开挖及主体结构施工创造条件。最简单的开挖办法是放坡大开挖，特点是经济方便，适合在空旷场地采用，视工程地质条件既可以不作任何处理，也可采用土钉、锚喷等联合支护方式对放坡进行加固。当由于场地限制没有足够的空间进行放坡时，必须设计围护结构进行支护，以保证施工安全。

要创造良好的土方开挖和地下主体结构施工作业条件，要求支护体系起到"挡土"和"止水"的作用。为达到土方开挖"干"作业标准，一般要求将施工区域水位降至基坑底 0.5m 以下，同时为不影响基坑周边相邻建（构）筑物及管线安全，要求基坑围护体系能限制周围土体的变形。

对基坑支护的要求主要包括：要保证基坑的稳定性；基坑支护要能起到挡土的作用，同时要保证基坑工程施工满足干作业标准；基坑支护体系通过止水、排水、降水等措施，保证地下水位始终在坑底安全距离以下；因降水施工会导致地层的固结沉降，因此还要通过各类控制措施保证周边地层中的水位不因基坑施工而产生较大的变化，进而保证基坑四周相邻建（构）筑物和地下管线在基坑工程施工期间的安全与正常使用。

对于有围护结构的基坑，其支护结构可能采用各种类型的桩、板、墙等挡土结构，根据开挖深度不同，支护结构可以是悬臂的。为提高控制变形及承受弯矩能力，也可以配合相应的内支撑或外锚。内支撑主要是基坑内部受压体系，而外锚是指基坑外部受拉体系。内支撑一般根据基坑平面形状（如地铁车站基坑）设计成直撑或直、斜撑组合的受压杆件体系，也有做成在中间留出较大空间（如大型商业综合体基坑）的环桁体系。外锚为锚固端在基坑周围地层中的受拉锚杆体系，也可提供较大的基坑土方及主体结构作业空间，但通常控制变形效果不如内支撑体系。基坑施工地下水控制见图 1-10。

(a)基坑管井降水　　　　　　　　(b)基坑井点降水

图 1-10　基坑施工地下水控制

## 1.2.3 基坑工程施工特点

由于土的性质对岩土工程特性有着深远且决定性的影响，因此基坑工程施工的特点离不开土的特殊性。由于土是自然、历史的产物，其形成年代、形成环境和条件导致其矿物成分和结构存在差异，这些差异决定了土体的工程性质。土的一系列特殊性质对基坑工程施工有重要影响，基坑工程施工主要具有如下特点。

（1）施工风险性大

由于目前大多数基坑支护结构一般按临时措施性结构进行设计，与永久性结构相比，其安全储备较小，因此施工期间基坑支护结构与其他地上结构相比具有较大的风险性。这对基坑工程施工及管理提出了更高的要求，一定要重视基坑工程施工的风险管理。

（2）岩土工程地域性强

由于基坑施工所在地区的工程地质和水文地质条件直接影响基坑支护及土方施工，所以在不同地区不同土层中的基坑支护的性状差别较大，即便是同种土层在不同的地区其性状也有较大差异。地下水分布及地下水类型也会影响基坑工程性状。因此，基坑工程的施工必须要重视地域性，要做到因地制宜。

（3）施工环境条件影响大

周围环境条件也对基坑工程施工存在较大影响。目前基坑工程设计思路已从稳定性控制转变为变形控制，在城市闹市区进行施工时，由于周围环境条件（包括地上环境及地下环境）较复杂，为保证周围环境的施工安全，对基坑支护结构的变形控制要求较为严格。因此，基坑工程施工一定要重视对周围环境条件的影响。施工前要重视周围环境的影响，一般要求要对周围环境条件进行详细的调查分析，针对具体的周围环境提出相应的应对措施。同时基坑工程施工一定要注意环境效应，施工中必须做好监测工作，实行信息化施工，对支护结构变形和地下水位做好合理控制，必要时应采取工程保护措施，减少施工对周围环境的影响。

（4）基坑施工"时空效应"强

所谓基坑工程施工的"时空效应"包括了时间与空间两方面内容。一般在软土地区，由于土体强度低、含水量高，此类土体往往具有流变性，此时基坑支护结构受土体流变性影响很大，随土体的变形增大，抗剪强度降低，因此基坑工程施工具有时间效应。此外，基坑的空间大小和形状对支护结构的工作性状也有较大影响。如在同样条件下平面尺寸大、形状变化大的基坑工程一般具有较大的风险；当基坑的面积相同时，正方形比圆形风险大，阳角处比阴角处风险大。同时，土方的开挖顺序及开挖方法亦对基坑支护结构工作性状有较大影响，这些经验表明，基坑工程的空间效应很强。

（5）学科综合性强

基坑工程施工主要涉及岩土和结构两方面的知识，这要求施工技术人员具备岩土工程与结构工程的相关理论知识。从基坑支护结构设计到施工是一个复杂的系统工程，施工中应严格进行施工监测，应做到信息化施工，施工中的监测信息应及时反馈给设计人员，以便对支护参数进行及时调整，从而更有利于施工。

## 1.2.4 基坑工程施工要点

基坑工程施工包括支护体系施工、降排水和土方开挖等内容。根据采用支护体系类型的不同，基坑施工内容有所区别，基坑工程施工要点主要包括如下几个方面。

（1）施工前关注要点

施工单位应首先掌握所施工区域的水文地质与工程地质资料，并进行图纸会审，充分理解设计意图，对图纸中存在的问题进行复核。同时对基坑周边环境进行调查，包括周围道路、各类地下管道、建筑物、地铁、人防及其他市政设施的情况，主要包括位置、埋深、基础类型等，并在充分研究分析施工技术资料的基础上，根据工程进度要求及施工条件，编制基坑施工方案。在施工方案中，应准确分析工程施工重难点，提出针对性的解决办法，分别统计各类工程量，并根据分项工程确定所需劳动力、机械以及材料供应量，对施工现场进行布置，包括施工临建、堆场、施工道路平面布置、大型垂直运输施工机械、临时给排水、强弱电平面布置图等；编制各专项工程施工技术要求以及详细施工方案，确定施工工艺流程，同时应考虑基坑监测及季节性施工专项措施等。施工方案中还应包括环境保护方案、质量保证措施、安全及文明施工保证措施、基坑工程施工应急预案等内容。施工方案应由技术负责人进行编制并按有关规定进行论证及审查，通过后才可实施。

（2）基坑支护体系施工要点

基坑施工前应进行图纸会审，熟悉周边环境，掌握支护及开挖的工艺，明确周围环境保护要求。同时应满足施工参数与土层相匹配，根据土层性质特点选取合适的施工机械和施工工艺，必要时配以合理辅助措施，确保施工质量满足设计要求。重视施工对周边环境影响，许多支护结构施工本身对周边环境的影响较大，因此基坑支护结构施工时应针对各种工艺特点，严格控制施工参数，有时需采取辅助措施，如在富水砂层地下连续墙成槽前，两侧土体可先采用深层搅拌法或高压喷射注浆法进行加固。

（3）地下水施工控制要点

降排水施工前应仔细调查周边环境，同时熟悉降排水图纸，根据土层特点选取合适的降排水施工机械和施工工艺，确保降排水满足设计要求。由于降排水施工导致的水位变化会造成地面沉降，如果产生过大的不均匀沉降，将会对周边建筑物、地下管线等造成不良影响。因此一定要重视基坑施工过程中地下水位变化对周边环境的影响，必要时可采取辅助措施，如可在坑外回灌水以维持坑外地下水位保持不变。

（4）土方开挖要点

基坑开挖前，应编制开挖专项施工方案，其主要内容应包括工程概况、地质勘探资料、施工平面布置、劳动力计划、施工机械计划、挖土工艺流程、挖土顺序及方法、排水措施、季节性施工措施、应急预案等，施工方案应由技术负责人进行编制并按有关规定进行论证及审查，通过后才可实施。

## 小结

本单元主要介绍了基坑工程的发展现状，列举了我国不同类型工程项目的典型基坑支护类型，叙述了基坑支护的主要用途，列举了常见基坑支护失效的类型与原因，并阐述了基坑支护的主要类型与适用范围，介绍了基坑工程施工的特点与施工要点。

## 课后习题

一、单选题

1. 深基坑的临界深度为（　　）m。

A．2 B．3 C．4 D．5

2．下列属于放坡开挖优点的是（　　）。

A．对地下水控制好 B．对地面变形控制好
C．工程造价低 D．适用在闹市区

## 二、多选题

1．下列属于基坑施工特点的是（　　）。

A．施工风险性大 B．岩土工程地域性强
C．施工环境条件影响大 D．基坑施工"时空效应"强

2．下列属于基坑施工要点的是（　　）。

A．应对周边环境进行详细调查 B．应选择合适的降排水措施
C．需要编制专项施工方案 D．应尽快进行开挖

## 三、思考题

1．基坑支护类型有哪些？适用条件是什么？
2．基坑支护地下水控制对基坑施工有哪些影响？

## 学习情境 2

# 土的性质与土压力

### ▶ 情境描述

通过本情境的学习,掌握土的性质,包括土的物理状态、指标及指标间的换算,以及土的有效应力原理、土的渗透性及渗流的概念,土的渗透定律、土的压缩性与土的抗剪强度特征;理解土压力的基本概念与分类,掌握静止土压力、朗肯主被动土压力、库仑主被动土压力的理论以及计算;了解基坑支护中土压力的计算以及分布规律。

### 学习目标

知识目标
  ① 了解土的形成以及土的物理力学性质,掌握土的各物理指标间关系;
  ② 掌握饱和土的有效应力原理;
  ③ 了解土的渗透性以及渗流的概念,掌握土的渗透定律;
  ④ 掌握土的压缩变形特征,掌握土的抗剪强度特征;
  ⑤ 了解土压力的基本概念,掌握土压力的分类;
  ⑥ 了解在基坑支护过程中土压力的计算方法以及分布规律。

能力目标
  ① 能够对土的物理状态指标进行换算;
  ② 能够计算三种土压力。

素质目标
  ① 培养强烈的自学意识;
  ② 培养沟通交流能力;
  ③ 培养强烈的规范意识,遵守技术规范、标准和要求,培养认真严谨的作风。

# 2.1 土的物理性质与状态概述

## 2.1.1 土的性质

土是工程中应用最广泛的建筑材料。由土层所构成的广袤大地是工程建设的基地、建筑物的地基、地下建筑的环境，并且为土工构筑物提供填筑材料。因此，对土的工程性质认识的偏差可能会导致巨大的事故损失。

土中固体颗粒是岩石风化后的碎屑物质，简称土粒。土粒集合体构成土的骨架，土骨架的孔隙中存在液态水和气体。因此，土是由土粒（固相）、土中水（液相）和土中气（气相）所组成的三相物质；当土中孔隙被水充满时，则是由土粒与土中水组成的二相体。土体具有与一般连续固体材料（如钢、木、混凝土及砌体等建筑材料）不同的孔隙特性，它不是刚性的多孔介质，而是大变形的孔隙性物质。土孔隙中水的流动显示土的渗透性；土孔隙体积的变化显示土的压缩性与胀缩性；孔隙中土粒的错位显示土内摩擦和黏聚的抗剪强度特征。土的密度、孔隙率、含水率是影响土的力学性质的重要因素。

土的性质主要是指土的结构性质、物理性质和力学性质。土的结构性质是指土的形成和组成以及结构和构造；土的物理性质是指土的三相比例指标、无黏性土的密实度、黏性土的水理性质以及土的渗透性；土的力学性质是指土的击实性、压缩性和抗剪性。

## 2.1.2 土压力概念

土压力通常是指土因自重对挡土结构物产生的侧向压力，是作用于挡土结构物上的主要荷载。因此，在设计挡土结构物时首先要确定土压力的大小、方向和作用点。土压力的计算是一个比较复杂的问题，它随挡土结构物可能位移的方向分为主动土压力、被动土压力和静止土压力。土压力的大小还与土的性质以及挡土结构物的形式、刚度等因素有关。

挡土结构物在房屋建筑、桥梁、道路以及水利工程中得到广泛应用，例如，支撑建筑物周围填土或作为山区边坡支挡结构的挡土墙、地下室侧墙、桥台以及基坑开挖支护结构。

# 2.2 土的物理状态与指标

## 2.2.1 土的物理状态

土是岩石风化的产物，与一般建筑材料相比，具有三个特性：散体性、多样性和自然变异性。土的物质成分包括作为土骨架的固态矿物颗粒、土骨架孔隙中的液态水及其溶解物质以及土孔隙中的气体。因此，土是由土粒（固相）、水（液相）和气体（气相）所组成的三相物质。各种土的土粒大小（即粒度）和矿物成分有很大差别，土的粒度成分或颗粒级配（即土中各个粒组的相对含量）反映土粒均匀程度，对土的物理力学性质的影响很大，土中各个粒组的相对含量是粗粒土的分类依据；土粒与其周围的土中水又发生了复杂的物理化学作用，对土的性质影响很大；土中封闭气体对土的性质亦有较大影响。所以，要研究土的物理性质就必须先认识土的三相组成物质、相互作用机理及其在天然状态下的结构等特性。

地质学观点认为，土是没有胶结或弱胶结的松散沉积物，或是三相组成的分散体；而土质学观点认为，土是无黏性或有黏性的具有土骨架孔隙特性的三相体。土粒形成土体的骨架，土粒大小和形状、矿物成分及其组成状况是决定土的物理力学性质的重要因素。通常土粒的矿物成分与土粒大小有密切关系，粗大土粒的矿物成分往往是保持母岩未经风化的原生矿物，而细小土粒的成分主要是被化学风化的次生矿物以及土生成过程中混入的有机物质。土粒的形状与土粒大小有直接关系，粗大土粒其形状都是块状或柱状，而细小土粒主要呈片状。土的物理状态与土粒大小有很大关系，粗大土粒具有松密的状态特征，细小土粒则与土中水相互作用呈现软硬的状态特征。因此，土粒大小是影响土性质最主要的因素，天然无机土就是大小土粒的混合体。土粒大小含量的相对数量关系是土的分类依据，当土中巨粒（土粒粒径大于60mm）和粗粒（粒径为0.075～60mm）的含量超过全重50%时，属无黏性土，例如碎石类土和砂类土；反之，不超过50%时，属粉性土和黏性土，粉性土兼有砂类土和黏性土的性状。土中水与黏粒（土粒粒径小于0.005mm）有着复杂的相互作用，最终呈现细粒土的可塑性、结构性、触变性、胀缩性、湿陷性、冻胀性等物理特性。

土的三相组成物质的性质和三相比例指标的大小，必然在土的轻重、松密、干湿、软硬等一系列物理性质有不同的反映。土的物理性质又在一定程度上决定了它的力学性质，所以物理性质是土的最基本的工程特性。

土的三相组成各部分的质量和体积之间的比例关系，随着各种条件的变化而变化。例如，建筑物或土工建筑物在荷载作用下，地基土中的孔隙体积将缩小；地下水位的升高或降低，都将改变土中水的含量；经过压实的土，其孔隙体积将减小。这些变化都可以通过三相比例指标的大小反映出来。

表示土的三相比例关系的指标，称为土的三相比例指标，包括土粒相对密度、土的含水率、密度、孔隙比、孔隙率和饱和度等。

为了便于说明和计算，采用图 2-1 所示土的三相组成示意来表示土的三相之间的数量关系，图中符号的意义如下：土的总质量为 $m(g)$、土中土粒质量和水的质量分别为 $m_s(g)$、$m_w(g)$；土的总体积为 $V(cm^3)$，孔隙体积为 $V_v(cm^3)$，土中土粒、水和气的体积分别为 $V_s(cm^3)$、$V_w(cm^3)$ 和 $V_a(cm^3)$。土中气体质量为零，则土的总质量、土的孔隙体积和土的总体积分别为：

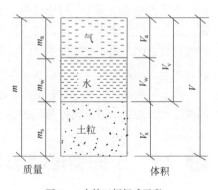

图 2-1  土的三相组成示意

$$m = m_s + m_w$$
$$V_v = V_w + V_a$$
$$V = V_s + V_w + V_a$$

(1) 三个基本的三相比例指标

三个基本的三项比例指标是指土粒相对密度 $d_s$、土的含水率 $\omega$ 和密度 $\rho$，一般由实验室直接测定其数值。

① 土粒相对密度 $d_s$。土粒质量与同体积的 4℃时纯水质量之比，称为土粒相对密度 $d_s$，

无量纲,即

$$d_s = \frac{m_s}{V_s \rho_{w1}} = \frac{\rho_s}{\rho_{w1}} \quad (2.2.1)$$

式中 $m_s$——土粒质量,g;

$V_s$——土粒体积,cm³;

$\rho_s$——土粒密度,g/cm³,即土粒单位体积的质量;

$\rho_{w1}$——纯水在4℃时的密度,等于1g/cm³或1t/m³。

一般情况下,土粒相对密度在数值上就等于土粒密度,但两者的含义不同,前者是两种物质的质量密度之比,无量纲;而后者是一种物质(土粒)的质量密度,有单位。土粒相对密度决定于土的矿物成分,一般无机矿物颗粒的相对密度为2.6～2.8;有机质的相对密度为2.4～2.5;泥炭的相对密度为1.5～1.8。土粒(一般无机矿物颗粒)的相对密度变化幅度很小。土粒相对密度可在实验室内用比重瓶法测定。通常也可按经验数值选用,一般土粒相对密度参考值见表2-1。

表2-1 土粒相对密度参考值

| 土的名称 | 砂类土 | 粉性土 | 黏性土 | |
| --- | --- | --- | --- | --- |
| | | | 粉质黏土 | 黏土 |
| 土粒相对密度 | 2.65～2.69 | 2.70～2.71 | 2.72～2.73 | 2.74～2.76 |

② 土的含水率 $\omega$。土中水的质量与土粒质量之比,称为土的含水率 $\omega$,以百分数计,亦即

$$\omega = \frac{m_w}{m_s} \times 100\% \quad (2.2.2)$$

含水率 $\omega$ 是表示土含水程度(或湿度)的一个重要的物理指标。天然土层的含水率变化范围很大,它与土的种类、埋藏条件及其所处的自然地理环境等有关。一般干的粗砂,其值接近零,而饱和砂土可达40%;坚硬黏性土的含水率可小于30%,而饱和软黏土(如淤泥)可达60%或更大。一般说来,同一类土(尤其是细粒土),当其含水率增大时,其强度就降低。土的含水率一般用"烘干法"测定。

③ 土的(湿)密度 $\rho$。土单位体积的质量称为土的(湿)密度 $\rho$,单位为"g/cm³",即

$$\rho = \frac{m}{V} \quad (2.2.3)$$

天然状态下土的密度变化范围较大,一般黏性土 $\rho=1.8\sim2.0$g/cm³;砂土 $\rho=1.6\sim2.0$g/cm³;腐殖土 $\rho=1.5\sim1.7$g/cm³。土的密度一般用"环刀法"测定。

(2) 特殊条件下土的密度

① 土的干密度 $\rho_d$。土单位体积中固体颗粒部分的质量,称为土的干密度,单位为"g/cm³",即

$$\rho_d = \frac{m_s}{V} \quad (2.2.4)$$

在工程上常把干密度 $\rho_d$ 作为评定土体紧密程度的标准,以控制填土工程的施工质量。

② 饱和密度 $\rho_{sat}$。土孔隙中充满水时的单位体积质量,称为土的饱和密度,单位为"g/cm³",即

$$\rho_{\text{sat}} = \frac{m_{\text{s}} + V_{\text{v}}\rho_{\text{w}}}{V} \tag{2.2.5}$$

式中　$\rho_{\text{w}}$——水的密度，近似等于 $\rho_{\text{w1}} = 1\text{g/cm}^3$。

③ 土的浮密度 $\rho'$。在地下水位以下，土单位体积中土粒的质量与同体积水的质量之差，称为土的浮密度，单位为"g/cm³"，即

$$\rho' = \frac{m_{\text{s}} - V_{\text{s}}\rho_{\text{w}}}{V} \tag{2.2.6}$$

土的三相比例指标中的质量密度指标共有 4 个，即土的（湿）密度 $\rho$、干密度 $\rho_{\text{d}}$、饱和密度 $\rho_{\text{sat}}$ 和浮密度 $\rho'$。与之对应，土单位体积的重力（即土的密度与重力加速度的乘积）称为土的重力密度（gravity density），简称重度 $\gamma$，单位为"kN/m³"。有关重度的指标也有 4 个，即土的（湿）重度 $\gamma$、干重度 $\gamma_{\text{d}}$、饱和重度 $\gamma_{\text{sat}}$ 和浮重度 $\gamma'$。可分别按下列对应公式计算：$\gamma = \rho g$、$\gamma_{\text{d}} = \rho_{\text{d}} g$、$\gamma_{\text{sat}} = \rho_{\text{sat}} g$、$\gamma' = \rho' g$，式中 $g = 9.8655 \approx 9.81\text{m/s}^2$ 为重力加速度，可近似取 10.0m/s。在国际单位体系中，质量密度的单位是"kg/m²"；重力密度的单位是"N/m³"。但在国内的工程实践中，两者分别取"g/cm³"和"kN/m³"。各密度或重度指标，在数值上有如下关系：

$$\rho_{\text{sat}} \geq \rho \geq \rho_{\text{d}} \geq \rho' \text{ 或 } \gamma_{\text{sat}} \geq \gamma \geq \gamma_{\text{d}} \geq \gamma'$$

（3）描述土的孔隙体积相对含量的指标

① 土的孔隙比 $e$。土的孔隙比是土中孔隙体积与土粒体积之比，即

$$e = \frac{V_{\text{v}}}{V_{\text{s}}} \tag{2.2.7}$$

孔隙比是一个重要的物理指标，可以用来评价天然土层的密实程度。一般 $e<0.6$ 的土是密实的低压缩性土；$e>1.0$ 的土是疏松的高压缩性土。

② 土的孔隙率 $n$。土的孔隙率是土中孔隙所占体积与土总体积之比，以百分数计，即

$$n = \frac{V_{\text{v}}}{V} \times 100\% \tag{2.2.8}$$

③ 土的饱和度 $S_{\text{r}}$。土中水体积与土中孔隙体积之比，称为土的饱和度，以百分数计，即

$$S_{\text{r}} = \frac{V_{\text{w}}}{V_{\text{v}}} \times 100\% \tag{2.2.9}$$

土的饱和度 $S_{\text{r}}$ 与含水率 $\omega$ 均为描述土中含水程度的三相比例指标。通常根据饱和度 $S_{\text{r}}$ 可以把砂土的湿度分为三种状态：稍湿 $S_{\text{r}} \leq 50\%$；很湿 $50\% < S_{\text{r}} < 80\%$；饱和 $S_{\text{r}} > 80\%$。

## 2.2.2　指标的换算

通过土工试验直接测定土粒相对密度 $d_{\text{s}}$、含水率 $\omega$ 和密度 $\rho$ 这三个基本指标后，可计算出其余三相比例指标，又称为三相比例换算指标。

常用的三相比例指标换算，以图 2-2 为例进行各指标间相互关系的推导。

已知土的孔隙比为 $e$，含水率为 $\omega$，土粒相对密度为 $d_{\text{s}}$，且设 $\rho_{\text{w1}} = \rho_{\text{w}}$，并令固相土粒体积 $V_{\text{s}} = 1$，则根据土的孔隙比定义，可得孔隙体积为 $V_{\text{v}} = e$，累加后总体积为 $V = 1 + e$；进一步

根据土粒相对密度 $d_s$，可得土粒质量 $m_s = V_s d_s \rho_w = d_s \rho_w$，根据含水量定义可得土中水的质量为 $m_w = \omega m_s = \omega d_s \rho_w$，累加后得到土的总质量为 $m_s = d_s(1+\omega)\rho_w$。

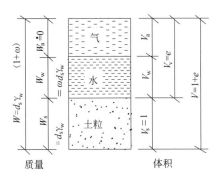

图 2-2　三相比例指标换算关系

由图 2-2 可直接得到土的密度 $\rho$、干密度 $\rho_d$、饱和密度 $\rho_{sat}$ 和孔隙率 $n$ 如下：

$$\rho = \frac{m}{V} = \frac{d_s(1+\omega)\rho_w}{1+e} \tag{2.2.10}$$

$$\rho_d = \frac{m_s}{V} = \frac{d_s \rho_w}{1+e} = \frac{\rho}{1+\omega} \tag{2.2.11}$$

$$\rho_{sat} = \frac{m_s + V_v \rho_w}{V} = \frac{(d_s+e)\rho_w}{1+e} \tag{2.2.12}$$

$$n = \frac{V_v}{V} = \frac{e}{1+e} \tag{2.2.13}$$

$$S_r = \frac{V_w}{V_v} = \frac{m_w}{V_v \rho_w} = \frac{\omega d_s}{e} \tag{2.2.14}$$

根据式（2.2.11）换算后可得由三个基本指标表述的孔隙比 $e$ 的表达式：

$$e = \frac{d_s \rho_w}{\rho_d} - 1 = \frac{d_s(1+\omega)\rho_w}{\rho} - 1 \tag{2.2.15}$$

根据土的浮密度 $\rho'$ 的定义以及式（2.2.12）换算后可得：

$$\rho' = \frac{m_s - V_s \rho_w}{V} = \frac{m_s + V_v \rho_w - V\rho_w}{V} = \rho_{sat} - \rho_w = \frac{(d_s-1)\rho_w}{1+e} \tag{2.2.16}$$

根据图 2-2 三相比例指标的换算关系，常见的土的三相比例指标换算公式列于表 2-2。

表 2-2　常见的土的三相比例指标换算公式

| 名称 | 符号 | 三相比例表达式 | 常用换算公式 | 常见数值范围 |
|---|---|---|---|---|
| 土粒相对密度 | $d_s$ | $d_s = \dfrac{m_s}{V_s \rho_{w1}} = \dfrac{\rho_s}{\rho_{w1}}$ | $d_s = \dfrac{S_r e}{\omega}$ | 黏性土：2.72～2.75；粉土：2.70～2.71；砂土：2.65～2.69 |
| 含水量 | $\omega$ | $\omega = \dfrac{m_w}{m_s} \times 100\%$ | $\omega = \dfrac{S_r e}{d_s}$<br>$\omega = \dfrac{\rho}{\rho_d} - 1$ | 20%～60% |

续表

| 名称 | 符号 | 三相比例表达式 | 常用换算公式 | 常见数值范围 |
|---|---|---|---|---|
| 密度 | $\rho$ | $\rho = \dfrac{m}{V}$ | $\rho = \rho_d(1+\omega)$ <br> $\rho = \dfrac{d_s(1+\omega)}{1+e}\rho_w$ | 1.6～2.0 |
| 干密度 | $\rho_d$ | $\rho_d = \dfrac{m_s}{V}$ | $\rho_d = \dfrac{\rho}{1+\omega}$ <br> $\rho_d = \dfrac{d_s}{1+e}\rho_w$ | 1.3～1.8 |
| 饱和密度 | $\rho_{sat}$ | $\rho_{sat} = \dfrac{m_s + V_v\rho_w}{V}$ | $\rho_{sat} = \dfrac{d_s+e}{1+e}\rho_w$ | 1.8～2.3 |
| 浮密度 | $\rho'$ | $\rho' = \dfrac{m_s - V_s\rho_w}{V}$ | $\rho' = \rho_{sat} - \rho_w$ <br> $\rho' = \dfrac{d_s-1}{1+e}\rho_w$ | 0.8～1.3 |
| 重度 | $\gamma$ | $\gamma = \rho g$ | $\gamma = \gamma_d(1+\omega)$ <br> $\gamma = \dfrac{d_s(1+\omega)}{1+e}\gamma_w$ | 16～20 |
| 干重度 | $\gamma_d$ | $\gamma_d = \rho_d g$ | $\gamma_d = \dfrac{\gamma}{1+\omega}$ <br> $\gamma_d = \dfrac{d_s}{1+e}\gamma_w$ | 13～18 |
| 饱和重度 | $\gamma_{sat}$ | $\gamma_{sat} = \rho_{sat} g$ | $\gamma_{sat} = \dfrac{d_s+e}{1+e}\gamma_w$ | 18～23 |
| 浮重度 | $\gamma'$ | $\gamma' = \rho' g$ | $\gamma' = \gamma_{sat} - \gamma_w$ <br> $\gamma' = \dfrac{d_s-1}{1+e}\gamma_w$ | 8～13 |
| 孔隙比 | $e$ | $e = \dfrac{V_v}{V_s}$ | $e = \dfrac{\omega d_s}{S_r}$ <br> $e = \dfrac{d_s(1+\omega)\rho_w}{\rho}-1$ | 黏性土和粉土：0.40～1.20； <br> 砂土：0.30～0.90 |
| 孔隙率 | $n$ | $n = \dfrac{V_v}{V}\times 100\%$ | $n = \dfrac{e}{1+e}$ <br> $n = 1 - \dfrac{\rho_d}{d_s\rho_w}$ | 黏性土和粉土：30%～60%； <br> 砂土：25%～45% |
| 饱和度 | $S_r$ | $S_r = \dfrac{V_w}{V_v}\times 100\%$ | $S_r = \dfrac{\omega d_s}{e}$ <br> $S_r = \dfrac{\omega\rho_d}{n\rho_w}$ | 稍湿：0%～50%； <br> 很湿：50%～80%； <br> 饱和：80%～100% |

## 2.3 土的力学性质

### 2.3.1 有效应力原理与土的渗透性

#### 2.3.1.1 有效应力原理

（1）概述

土中任意截面上都包含有土粒截面积和土中孔隙截面积，如图 2-3 所示的土中任意水平面

$a$—$a$ 截面。通过土粒接触点传递的粒间应力，称为土中有效应力。有效应力是控制土的体积变形和强度变化的土中应力。通过土中孔隙传递的应力称为孔隙应力，习惯称为孔隙压力，包括孔隙水压力和孔隙气压力。土中某点的有效应力与孔隙压力之和称为总应力。饱和土中没有孔隙气压力，而孔隙水压力有静水压力与超（静）孔隙水压力两种。已知总应力为自重应力时，饱和土中孔隙水压力称为静水压力，静水压力不会产生土体变形，在自重应力作用下由粒间有效应力产生土的体积变形。已知总应力为附加应力时，饱和土中开始全部由孔隙水压力传递附加应力，此孔隙水压力称为超孔隙水压力，随着超孔隙水压力的消散，有效应力才有增长，从而产生附加应力作用下土的体积变形。

为研究饱和土中的有效应力，并不切断任何一个土粒，而只是通过上下土粒之间的那些接触点、面的一个水平截面，如图 2-3 所示的 $a$—$a$ 截面。假设图中的横截面积为 $A$，外荷作用应力（即附加应力）$\sigma$ 为总应力。在图 2-3 中的 $a$—$a$ 截面中，作用于孔隙面积的孔隙水压力 $u$（已知总应力为附加应力时，孔隙水压力是指超孔隙水压力，不包括原来存在于土中的静水压力），以及作用于土粒接触面的各力 $F_1$、$F_2$、$F_3$、$\cdots$，相应接

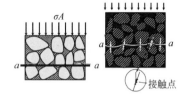

图 2-3 土中单位面积上的总应力和有效应力示意

触面积为 $a_1$、$a_2$、$a_3$、$\cdots$，而各力的竖向分量之和应等于横截面积上的有效应力 $\sigma'$ 的合力，即

$$\sigma' A = F_{1v} + F_{2v} + F_{3v} + \cdots = \sum F_{iv}$$

于是得出平衡方程式：

$$\sum F_{iv} + u(A - \sum a_i) = \sigma A \tag{2.3.1}$$

式中，$\sum a_i$ 为土横截面积内土粒接触面积的总量，它不会大于土的横截面积的 2%、3%，因此，也可将式（2.3.1）换成

$$\sigma' + u = \sigma \tag{2.3.2}$$

或

$$\sigma' = \sigma - u \tag{2.3.3}$$

得出结论：饱和土中任意点的总应力 $\sigma$ 总是等于有效应力加上孔隙水压力；或有效应力 $\sigma'$ 总是等于总应力减去孔隙水压力。此即饱和土中的有效应力原理。

由于有效应力 $\sigma'$ 作用在土骨架的颗粒，至今很难直接测定，通常都是在已知总应力 $\sigma$ 和测定孔隙水压力 $u$ 之后，利用式 $\sigma' = \sigma - u$ 求得。

在非饱和土的孔隙中，既有水，又有气。在这种情况下，由于水、气截面上的表面张力和弯液面的存在，孔隙气压力 $u_a$ 往往大于孔隙水压力 $u_w$，为简化起见，孔隙压力均以 $u$ 表示。

（2）土中水渗流时土中的有效应力

图 2-4 为一土层剖面，已知总应力为自重应力，地下水位位于地面下深度 $H_1$ 处，则作用于地面下深度 $H_1$ 处水平面上的总应力 $\sigma$，应等于该水平面以上单位土柱体的自重，即 $\sigma = \gamma H_1$，式中的 $\gamma$ 为地下水位以上的土的（湿）重度。作用在地面下深度为 $H_1 + H_2$ 处的水平面上的总应力 $\sigma$，应该等于该水平面以上单位土柱体和水柱体的总重，即 $\sigma = \gamma H_1 + \gamma_{sat} H_2$，式中 $\gamma_{sat}$ 为地下水位以下土的饱和重度，静水压力为 $u = \gamma_{sat} H_2$（侧压管中水位与地下水位齐平）。根据有效应力原理则 $H_1 + H_2$ 处水平面的有效应力应为

$$\sigma' = \sigma - u = \gamma H_1 + \gamma_{sat} H_2 - \gamma_w H_2 = \gamma H_1 + \gamma' H_2 \tag{2.3.4}$$

式中，$\gamma'$ 为浮重度。由此得出 $H_1 + H_2$ 处的水平面上的竖向自重应力为有效应力。

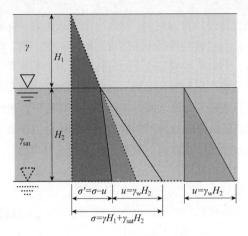

图 2-4 静水条件下土中 $\sigma$、$u$、$\sigma'$ 的分布

当土中有地下水渗流时，土中水将对土粒作用有渗流（动水）力，这就必然影响到土中有效应力的分布。现通过图 2-5 所示的两种情况，说明土中水一维渗流时对有效应力分布的影响，已知总应力仍为自重应力，$\gamma_w H_2$ 为静水压力。

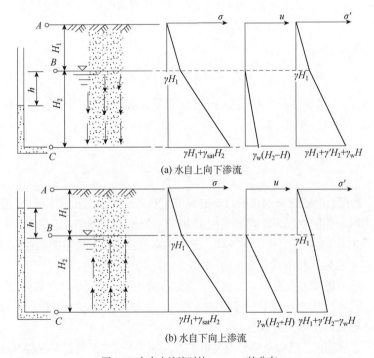

(a) 水自上向下渗流

(b) 水自下向上渗流

图 2-5 土中水渗流时的 $\sigma$、$u$、$\sigma'$ 的分布

在图 2-5 中表示 $B$、$C$ 两点的水头差为 $h$，但水自下向上渗流。土中的总应力 $\sigma$、孔隙水压力 $u$ 以及有效应力 $\sigma'$ 的计算值及其分布，分别示于图中。

不同情况水渗流时土中总应力 $\sigma$ 的分布是相同的，土中水的渗流不影响总应力值。水渗流时土中产生渗流力，致使土中有效应力及孔隙水压力发生变化。土中水自上向下渗流时，渗流力方向与土重力方向一致，于是有效应力增加，而孔隙水压力相应减小。反之，土中水自下向上渗流时，导致土中有效应力减小，孔隙水压力增加。

(3) 饱和土固结时的土中有效应力

一般认为当土中孔隙体积的80%以上被水充满时，土中虽有少量气体存在，但大都是封闭气体，就可视为饱和土。

饱和土的固结包括渗透固结（主固结）和次固结两部分，前者由土孔隙中自由水的排出速率决定；后者由土骨架的蠕变速率决定。饱和土在附加压应力的作用下，孔隙中相应的一些自由水随时间推移而逐渐被排出，同时孔隙体积也随着缩小，这个过程称为饱和土的渗透固结。

饱和土的渗透固结，可借助弹簧活塞模型来说明。如图2-6所示，在一个盛满水的圆筒中装着一个带有弹簧的活塞，弹簧上下两端连接活塞和筒底，活塞上有许多透水的小孔。当在活塞上施加外压力的一瞬间，弹簧没有受压而全部压力由圆筒内的水承担。水受到超孔隙水压力开始经活塞小孔逐渐排出，受压活塞随之下降，才使得弹簧受压而且压力逐渐增加，直到外压力全部由弹簧承担为止。设想以弹簧模拟土骨架，圆筒内的水就相当于土孔隙中的水，则此模型可用来说明饱和土在渗透固结中，土骨架和孔隙水对压力的分担作用，即施加在饱和土上的外压力开始时全部由土中水承担，随着土孔隙中一些自由水被挤出，外压力逐渐传递给土骨架，直到全部由土骨架承担为止。

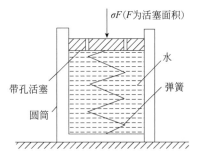

图2-6 土骨架与土中水分担应力变化的简单模型

在饱和土的固结过程中任一时间 $t$ 内，根据平衡条件，土中任意点的有效应力 $\sigma'$ 与孔隙水压力 $u$ 之和总是等于 $\sigma$。饱和土渗透固结时的土中总应力通常是指作用在土中的附加应力 $\sigma_z$，即

$$\sigma' + u = \sigma_z \tag{2.3.5}$$

由式（2.3.5）可知，当在加压的一瞬间，由于 $u = \sigma_z$，所以 $\sigma' = 0$；而当固结变形完全稳定时，则 $\sigma' = \sigma_z$，$u = 0$。因此，只要土中超孔隙水压力还存在，就意味着土的渗透固结变形尚未完成。换言之，饱和土的渗透固结就是孔隙水压力的消散和有效应力相应增长的过程。

#### 2.3.1.2 土的渗透性

(1) 概述

土是一种三相组成的多孔介质，其孔隙在空间互相连通。在饱和土中，水充满整个孔隙，当土中不同位置存在水位差时，土中水就会在水位能量作用下，从水位高（即能量高）的位置向水位低（即能量低）的位置流动。液体（如土中水）从物质微孔（如土体孔隙）中透过的现象称为渗透。土体具有被液体（如土中水）透过的性质称为土的渗透性，或称透水性。液体（如地下水、地下石油）在土孔隙或其他透水性介质（如水工建筑物）中的流动称为渗流。非饱和土的渗透性较复杂，工程实用性较小，在此不做介绍。

土的渗透性与土的强度、变形特性都是土力学中的重要课题。强度、变形、渗流是相互关联、相互影响的,土木工程领域内的许多工程实践都与土的渗透性密切相关。土的渗透性研究归纳起来主要包括下述三个方面。

① 渗流量问题:如基坑开挖或施工围堰时的渗水量及排水量计算见图2-7(a),土堤坝身、坝基土中的渗水量见图2-7(b),水井的供水量或排水量见图2-7(c)等。

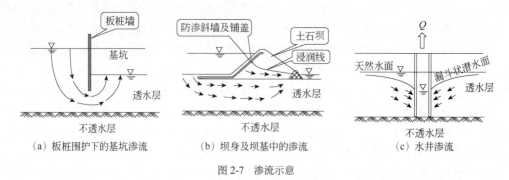

图2-7 渗流示意

② 渗透破坏问题:土中的渗流会对土颗粒施加作用力,即渗流力(渗透力),当渗流力过大时就会引起土颗粒或土体的移动,产生渗透变形,甚至渗透破坏,如边坡破坏、地面隆起、堤坝失稳等现象。近年来高层建筑基坑失稳事故有不少就是由渗透破坏引起的。

③ 渗流控制问题:当渗流量或渗透变形不满足设计要求时,就要采取工程措施进行渗流控制。

显然,水在土体中的渗流,一方面会引起水量损失或基坑积水,影响工程效益和进度,另一方面将引起土体变形,改变构筑物或地基的稳定条件,直接影响工程安全。因此,研究土的渗透性及渗流规律及其与工程的关系具有重要意义。土的渗透性是反映土的孔隙性规律的基本内容之一。

(2) 渗流的基本概念

水在土中的渗流是由水头差或水力梯度引起的,根据伯努利定理,所谓水头的计算公式为

$$h = \frac{v^2}{2g} + \frac{p}{\gamma_w} + z \tag{2.3.6}$$

式中 $h$——总水头,m;
　　　$v$——流速,m/s;
　　　$g$——重力加速度,m/s$^2$;
　　　$p$——水压,kPa;
　　　$\gamma_w$——水的重度,kN/m$^3$;
　　　$z$——基准面高程,m。

当水在土中渗流时,其速度很慢,因此由速度引起的水头项可以忽略,得出

$$h = \frac{p}{\gamma_w} + z \tag{2.3.7}$$

在图2-8中,$A$、$B$两点的水头差为

$$\Delta h = h_A - h_B = (\frac{p_A}{\gamma_w} + z_A) - (\frac{p_B}{\gamma_w} + z_B) \tag{2.3.8}$$

则水力梯度 $i = \dfrac{\Delta h}{L}$。

总的来说，水力梯度 $i$ 与速度 $v$ 的关系如图 2-8 所示，当水力梯度逐渐增大时，水流从层流状态向紊流状态发展，在大多数情况下，土中水的渗流基本处于层流状态，即 $v \propto i$。

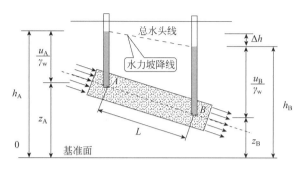

图 2-8 水在土中渗流水头变化示意

(3) 土的层流渗透定律

由于土体中孔隙一般非常微小且很曲折，水在土体内流动过程中黏滞阻力很大，流速十分缓慢，因此多数情况下其流动状态属于层流，即相邻两个水分子运动的轨迹相互平行而不混流。

法国工程师 H.达西利用图 2-9 所示的试验装置对均匀砂进行了大量渗透试验，得出了层流条件下，土中水渗流速度与能量（水头）损失之间关系的渗流规律，即达西定律。

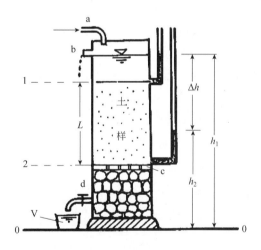

图 2-9 达西渗透试验装置

达西渗透试验装置的主要部分是一个上端开口的直立圆筒，下部放碎石，碎石上放一块多孔滤板 c，滤板上面放置颗粒均匀的土样，其断面积为 $A$，长度为 $L$。筒的侧壁装有两支测压管，分别设置在土样上下两端的过水断面 1、2 处。水由上端进水管 a 注入圆筒，并靠溢水管 b 保持筒内为恒定水位。透过土样的水从装有控制阀门 d 的弯管流入容器 V 中。

当筒的上部水面保持恒定以后，通过砂土的渗流是恒定流，测压管中的水面将恒定不变。图 2-9 中的 0—0 面为基准面，$h_1$、$h_2$ 分别为 1、2 断面处的测压管水头，$\Delta h = h_1 - h_2$ 即为经过砂样渗流长度 $L$ 后的水头损失。

达西根据对不同尺寸的圆筒和不同类型及长度的土样所进行的试验发现，单位时间内的渗

出水量 $q$ 与圆筒断面积 $A$ 和水力梯度 $i$ 成正比，且与土的透水性质有关，即

$$q \propto A \frac{\Delta h}{L} \tag{2.3.9}$$

写成等式则为

$$q = kAi \text{ 或 } v = \frac{q}{A} = ki \tag{2.3.10}$$

式中　$q$——单位渗水量，$cm^3/s$；
　　　$v$——断面平均渗流速度，$cm/s$；
　　　$i$——水力梯度，表示单位渗流速度上的水头损失；
　　　$k$——反映土的渗透性的比例系数，称为土的渗透系数。它相当于水力梯度 $i=1$ 时的渗流速度，故其量纲与渗流速度相同，$cm/s$。

式（2.3.9）或式（2.3.10）即为达西定律表达式，达西定律表明在层流状态的渗流中，流速度 $v$ 与水力梯度 $i$ 的一次方成正比（图 2-10）。但是，对于密实的黏土，由于吸着水具有较大的黏滞阻力，因此，只有当水力梯度达到某一数值，克服了吸着水的黏滞阻力以后，才能发生渗透，将开始发生渗透时的水力梯度称为黏性土的起始水力梯度。一些试验资料表明，当水力梯度超过起始水力梯度后，渗流速度与水力梯度的规律偏离达西定律而呈非线性关系，如图 2-10（b）中的实线所示，为了使用方便，常用图中的虚直线来描述密实黏土的渗流速度与水力梯度的关系，并以下式表示：

$$v = k(i - i_b) \tag{2.3.11}$$

式中　$i_b$——密实黏土的起始水力梯度。

另外，试验也表明，在砾类土和巨粒土中，只有在小的水力梯度下，渗流速度与水力梯度才呈线性关系，而在较大的水力梯度下，水在土中的流动即进入紊流状态，则呈非线性关系，此时达西定律同样不能适用，如图 2-10（a）所示，如 $v = k\sqrt{i}$。

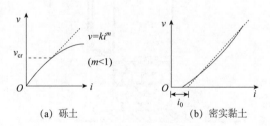

(a) 砾土　　　　(b) 密实黏土

图 2-10　土的渗流速度与水力梯度的关系

需要注意的是，式 $q = kAi$ 中的渗流速度 $v$ 并不是土孔隙中水的实际平均流速，因为公式推导中采用的是土样的整个断面面积，其中包括土粒骨架所占的部分面积在内。显然，土粒本身是不能透水的，故真实的过水断面面积 $A_r$ 应小于整个断面积 $A$，从而实际平均流速 $v_r$ 应大于 $v$，一般 $v$ 称为假想平均流速。$v$ 与 $v_r$ 的关系可通过水流连续原理建立：

$$q = vA = v_r A_r \tag{2.3.12}$$

若均质砂土的孔隙率为 $n$，则 $A_r = nA$，即得：

$$v_r = \frac{vA}{nA} = \frac{v}{n} \tag{2.3.13}$$

由于水在土中沿孔隙流动的实际路径十分复杂，$v_r$ 也并非渗透的真实流速，要想真正确定某一具体位置的真实流速，无论理论分析或实验方法都很难做到。因此以上所述渗流速度均指假想平均流速。

(4) 渗透试验及渗透系数

渗透系数 $k$ 既是反映土的渗透能力的定量指标，也是渗流计算时必须用到的一个基本参数。它可以通过试验直接测定。测定方法可分为室内渗透试验和现场试验两大类。

① 室内渗透试验测定渗透系数　室内测定土的渗透系数的仪器和方法较多，但从试验原理上大体可分为常水头法和变水头法两种。

常水头法指在整个试验过程中，水头保持不变，其试验装置如图 2-11 所示。前述达西渗透试验也属于这种类型。

设试样的高度即渗流长度为 $L$，截面积为 $A$，试验时的水位差为 $\Delta h$，这三者在试验前可以直接量测或控制。试验中只要用量筒和秒表测得在某一时段 $t$ 内经过试样的渗水量 $Q$，即可求出该时段内通过土体的单位渗水量 $q$：

$$q = \frac{Q}{t} \tag{2.3.14}$$

将上式代入 $q = kAi$ 中，便可得到土的渗透系数：

$$k = \frac{QL}{A\Delta h t} \tag{2.3.15}$$

由于黏性土渗透系数很小，流经试样的水量很少，难以直接准确量测，因此，应采用变水头法。此法在整个试验过程中，水头是随着时间而变化的，其试验装置如图 2-12 所示。试样的一端与细玻璃管相接，在试验过程中量测某一时段内细玻璃管中水位的变化，就可根据达西定律求得土的渗透系数。

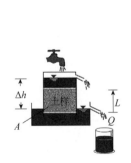
图 2-11　常水头试验装置示意

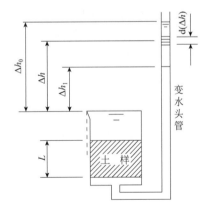
图 2-12　变水头试验装置示意

设细玻璃管内截面积为 $a$，试验开始以后任一时刻 $t$ 的水位差为 $h$，经过时段 $dt$，细玻璃管中水位下落 $dh$，则在时段 $dt$ 内经过细管的流水量为

$$dQ = -a dh \tag{2.3.16}$$

式中负号表示渗水量随 $h$ 的减小而增加。

根据达西定律，在时段 $dt$ 内流经试样的水量又可表示为

$$dQ = k\frac{h}{L}Adt \tag{2.3.17}$$

同一时段内经过土样的渗水量应与细管水流量相等

$$dt = -\frac{aL}{kA} \times \frac{dh}{h} \tag{2.3.18}$$

将上式两边积分

$$\int_{t_1}^{t_2} dt = -\int_{h_1}^{h_2} \frac{aL}{kA} \times \frac{dh}{h} \tag{2.3.19}$$

即可得到土的渗透系数

$$k = \frac{aL}{A(t_2 - t_1)} \ln \frac{h_1}{h_2} \tag{2.3.20}$$

如用常对数形式表示，则上式可写成

$$k = 2.3 \frac{aL}{A(t_2 - t_1)} \lg \frac{h_1}{h_2} \tag{2.3.21}$$

式中的 $a$、$L$、$A$ 为已知，试验时只要测量与时刻 $t_1$、$t_2$ 对应的水位 $h_1$、$h_2$，就可求出渗透系数。

② 现场试验测定渗透系数　在现场进行渗透系数 $k$ 值测定时，常用现场井孔抽水试验或井孔注水试验的方法。对于均质的粗粒土层，用现场抽水试验测出的 $k$ 值往往要比室内试验更为可靠。下面介绍用抽水试验确定 $k$ 值的方法。

图 2-13 为一现场井孔抽水试验示意。在现场打一口试验井，贯穿要测定 $k$ 值的砂土层，并在距井中心不同距离处设置一个或两个观测孔。自井中以不变的速率连续进行抽水。抽水造成井周围的地下水位逐渐下降，形成一个以井孔为轴心的降落漏斗状的地下水面。测定试验井和观察孔中的稳定水位，可以画出测压管水位变化图形。测定水头差形成的水力梯度，同时地下水流向井内。假定水流是水平流向时，则流向水井的渗流过水断面应是一系列的同心圆柱面。待出水量和井中的动水位稳定一段时间后，测得的抽水量为 $q$，观测孔距井轴线的距离分别为 $r_1$、$r_2$，孔内的水位高度为 $h_1$、$h_2$，通过达西定律即可求出土层的平均 $k$ 值。

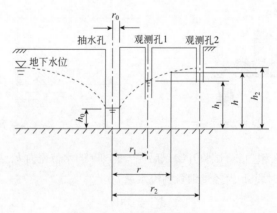

图 2-13　井孔抽水试验示意

现围绕井轴取一过水断面，该断面距井中心地离为 $r$，水面高度为 $h$，则过水断面积为

$A=2\pi rh$,假设该过水断面上各处水力梯度 $i$ 为常数,且等于地下水位线在该处的坡度时,则 $i = \dfrac{\mathrm{d}h}{\mathrm{d}r}$。根据达西定律,单位时间自井内抽出的水量即单位净水量 $q$ 为

$$q = Aki = 2\pi rhk\frac{\mathrm{d}h}{\mathrm{d}r} \tag{2.3.22}$$

得

$$q\frac{\mathrm{d}r}{r} = 2\pi kh\mathrm{d}h \tag{2.3.23}$$

等式两边积分

$$q\int_{r_1}^{r_2}\frac{\mathrm{d}r}{r} = 2\pi k\int_{h_1}^{h_2} h\mathrm{d}h \tag{2.3.24}$$

$$q\ln\frac{r_2}{r_1} = \pi k(h_2^2 - h_1^2) \tag{2.3.25}$$

从而得到土的渗透系数

$$k = \frac{q}{\pi} \times \frac{\ln(r_2/r_1)}{(h_1^2 - h_2^2)} \tag{2.3.26}$$

用常对数表示为

$$k = 2.3\frac{q}{\pi} \times \frac{\lg(r_2/r_1)}{(h_1^2 - h_2^2)} \tag{2.3.27}$$

现场渗透系数测定还可以通过其他原位测试方法如孔压静力触探试验、地球物理助探方法等实现。

③ 影响渗透系数的主要因素

a. 土的粒度成分。一般土粒愈粗、大小越均匀、形状越圆滑,$k$ 值也就越大。粗粒土中含有细粒土时,随细粒含量的增加,$k$ 值急剧下降。

b. 土的密实度。土越密实,$k$ 值越小。试验资料表明,对于砂土,$k$ 值对数与孔隙比或相对密实度呈线性关系;对于黏性土,孔隙比对 $k$ 的影响更大。

c. 土的饱和度。一般情况下饱和度越低,$k$ 值越小。这是因为低饱和土的孔隙中存在较多气泡,会减小过水断面积,甚至堵塞细小孔道。同时气体因孔隙水压力的变化而胀缩,因而饱和度的影响成为一个不定因素。为此,要求试样必须充分饱和,以保持试验的精度。

d. 土的结构。细粒土在天然状态下具有复杂结构,结构一旦被扰动,原有过水通道的形状、大小及其分布就会全都改变,因而 $k$ 值也就不同。扰动土样与击实土样的 $k$ 值通常均比同一密度原状土样的 $k$ 值小。

e. 水的温度。试验表明,渗透系数 $k$ 与渗流液体(水)的重度 $\gamma_w$ 以及黏滞度 $\eta$($\mathrm{Pa\cdot s\times 10^{-3}}$)有关。水温不同时,$\gamma_w$ 相差不多,但 $\eta$ 变化较大。水温越高,$\eta$ 越低,$k$ 与 $\eta$ 基本上呈线性关系。因此,在 $T$℃测得的 $k_T$ 值应加温度修正,使其成为标准温度下的渗透系数值。

f. 土的构造。土的构造因素对 $k$ 值的影响也很大。例如,在黏性土层中有很薄的砂土夹层的层理构造,或使土在水平方向上的 $k_h$ 值比垂直方向上的 $k_v$ 值大许多倍,甚至几十倍。

④ 渗透系数 $k$ 的经验确定法

a. 对于洁净的、不含细粒土的松砂土,B. 汉森建议采用经验公式(2.3.28)估计 $k$ 值:

$$k = 1.0 \sim 1.5(d_{10})^2 \tag{2.3.28}$$

式中 $d_{10}$——土的有效粒径,mm。

对于较密实或击实砂土,式(2.3.29)可用来进行估计 $k$ 值:

$$k = 0.35(D_{15})^2 \tag{2.3.29}$$

式中 $D_{15}$——小于某粒径土中累计含量15%对应的颗粒直径，mm。

　　b. 对于黏性土，A.M. Samarasinghe、Y.H. Huang 和 V.P. Drnevich 建议采用下式表示

$$k = C_3\left(\frac{e^n}{1+e}\right) \tag{2.3.30}$$

式中，$C_3$ 和 $n$ 是由试验确定的常数。

式（2.3.30）可改写成：$\lg[k(1+e)] = \lg C_3 + n\lg e$

对于一定的黏性土，如果渗透系数 $k$ 随孔隙比 $e$ 的变化是已知的，在双对数坐标系中可以得到 $k(1+e)$ 随 $e$ 的变化关系，从而得到 $C_3$ 和 $n$ 的值。表 2-3 为几种 $k$ 值的经验公式。

表 2-3　估计 $k$ 值的经验公式

| 土类型 | 引自 | 关系式 | 备注 |
|---|---|---|---|
| 砂土 | A.M. Amer, A.A. Awad(1974) | $k = C_2 D_{10}^{2.32} C_u^{0.6} \dfrac{e^3}{1+e}$ | 中砂—细砂 |
| | A.A.Shahabi, B.M.Das, A.J.Tarquin(1984) | $k = 1.2 C_2^{0.735} D_{10}^{0.89} C_u^{0.6} \dfrac{e^3}{1+e}$ | |
| 黏土 | G.Mesri, R.E.Olson(1971) D.W.Taylor (1948) | $\lg k = A' \lg e + B'$ <br> $\lg k = \lg k_0 - \dfrac{e_0 - e}{C_k}$ <br> $C_k \approx 0.5 e_0$ | $e < 2.5$ |

注：$D_{10}$ 为有效粒径；$C_u$ 为不均匀系数；$C_2$ 为常数；$k_0$ 为现场对应于孔隙比 $e_0$ 的渗透系数；$k$ 为对应于孔隙比 $e$ 的渗透系数；$C_k$ 为渗透变化指数。

## 2.3.2　土的变形特征

### 2.3.2.1　土的变形概述

人类的建筑活动使土所承受的力主要是压力和剪力，土也将因此发生相应的压缩变形与剪切变形。压缩变形一般是地基土在建筑物荷载作用下的主要变形形式。土的压缩通常由三部分组成：①固体土颗粒被压缩；②土中水及封闭气体被压缩；③水和气体从孔隙中被挤出。试验研究表明，在一般压力（100~600kPa）作用下，固体颗粒和水的压缩性与土体的总压缩量之比非常小，完全可以忽略不计，因此土的压缩性可只看作是土中水和气体从孔隙中被挤出，与此同时，土颗粒相应发生移动，重新排列，靠拢挤紧，从而土孔隙体积减小，所以土的压缩是指土中孔隙体积的缩小。土体受荷载后体积和形状会改变，体积变形主要由正应力引起，土在压力作用下体积缩小的特性称为土的压缩性。

土压缩变形的快慢与土的渗透性有关。在荷载作用下，透水性大的饱和无黏性土，其压缩过程短，建筑物施工完毕时，可认为其压缩变形已基本完成；而透水性小的饱和黏性土，其压缩过程所需时间长，经过十几年甚至几十年压缩变形才稳定。

土体在外力作用下，压缩随时间增长的过程，称为土的固结，对于饱和黏性土来说，土的固结问题非常重要。

在计算地基变形时，先把地基看成是均质的线性变形体，从而直接引用弹性力学公式来计算地基中的附加应力，然后利用某些简化的假设来解决成层土地基的沉降计算问题。

为简化地基变形计算，假定地基土压缩不允许侧向变形。当自然界广阔土层上作用着大面积均布荷载时，地基土的变形条件可近似为侧限条件。侧限条件是指侧向受限制不能变形，只有竖向单向压缩的条件。

#### 2.3.2.2 土的压缩性室内测试方法

土的压缩性的高低，常用压缩性指标定量表示。压缩性指标，通常由工程地质勘察取天然结构的原状土样，进行室内压缩试验测定。压缩曲线是室内土的固结试验的直接成果，是土的孔隙比与所受压力之间的关系曲线。

固结试验所使用的固结仪由固结容器（图 2-14）、加压设备和量测设备组成。

设土样的初始高度为 $H_0$，受压后土样的高度为 $H_i$，则 $H_i=H_0-\Delta H_i$，$\Delta H_i$ 为压力 $P_i$ 作用下土样的稳定压缩量。根据土的孔隙比的定义以及土粒体积 $V_s$ 不发生变化，令 $V_s=1$，则孔隙体积 $V_v$ 在受压前等于初始孔隙比 $e_0$ 和受压后为孔隙比 $e_i$。又根据侧限条件，土样受压前后的横截面面积不变，则土粒的初始高度 $H_0/(1+e_0)$ 等于受压后土粒高度 $H_i/(1+e_i)$，如图 2-15，得出

$$\frac{H_i}{H_0} = \frac{1+e_i}{1+e_0} \tag{2.3.31}$$

或

$$\frac{\Delta H_i}{H_0} = \frac{e_i - e_0}{1+e_0} \tag{2.3.32}$$

则

$$e_i = e_0 - \frac{\Delta H_i}{H_0}(1+e_0) \tag{2.3.33}$$

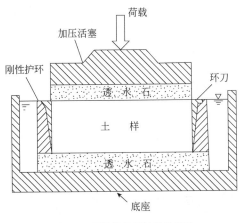

图 2-14 固结仪的固结容器简图

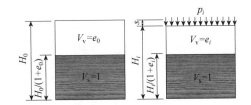

图 2-15 侧限条件下土样孔隙比的变化

因此，只要测定了土样在各级压力 $P_i$ 作用下稳定压缩量 $\Delta H_i$ 后，就可以按式（2.3.33）计算出相应的孔隙比，从而绘制土的压缩曲线（图 2-16）。

由土的 $e$-$p$ 曲线可以获得土的压缩系数、压缩模量等压缩性指标；由土的 $e$-$\lg p$ 曲线可以确定土的压缩指数等压缩性指标。

土的压缩系数是土体在侧限条件下孔隙比减小量与有效压应力增量之间的比值（$MPa^{-1}$），即 $e$-$p$ 曲线中某一压力段的割线斜率 $a$（图 2-17）。

曲线上任意一点的割线斜率 $a$ 就表示相应于压力 $p$ 作用下的土的压缩系数：

$$a = -de/dp$$

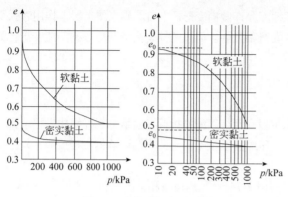

图 2-16 土的压缩（$e\text{-}p$）曲线

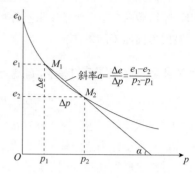

图 2-17 $e\text{-}p$ 曲线中确定 $a$

$$a = \tan\beta = \frac{\Delta e}{\Delta p} = \frac{e_1 - e_2}{p_2 - p_1} \tag{2.3.34}$$

式中　　$a$——土的压缩系数，$\text{MPa}^{-1}$；

　　　　$p_1$——地基某深度处土中（竖向）自重应力，是指土中某点的"原始应力"，MPa；

　　　　$p_2$——地基某深度处土中（竖向）自重应力与（竖向）附加应力之和，是指土中某点的"总和应力"，MPa；

　　　　$e_1, e_2$——相应于 $p_1, p_2$ 作用下压缩稳定后的孔隙比。

土的压缩指数是土体在侧限条件下孔隙比减小量与有效压应力常用对数值增量的比值，即 $e\text{-lg}p$ 曲线中某一压力段的直线斜率。

$$C_c = \frac{e_1 - e_2}{\lg p_2 - \lg p_1} = \Delta e / \lg(p_2 / p_1) \tag{2.3.35}$$

$C_c$ 为一无量纲的小数，其值越大，说明土的压缩性越高（图 2-18）。一般认为：

　　　　$C_c < 0.2$　　　　　　　　属低压缩性土；

　　　　$C_c = 0.2 \sim 0.4$　　　　　属中压缩性土；

　　　　$C_c > 0.4$　　　　　　　　属高压缩性土。

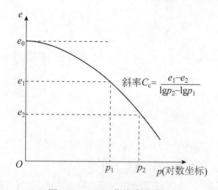

图 2-18 $e\text{-lg}p$ 曲线中确定 $C_c$

土的压缩模量 $E_s$ 是土体在侧限条件下的竖向附加压应力与竖向应变之比（单位为 MPa）。土的压缩模量 $E_s$ 也是表征土的压缩性高低的一个指标。

$$E_s = \frac{\Delta p}{\Delta H / H_1} = \frac{\Delta p}{\Delta e / (1 + e_1)} = \frac{1 + e_1}{a} \tag{2.3.36}$$

$$\Delta\varepsilon = \frac{\Delta H}{H_1} = \frac{e_1 - e_2}{1+e_1} = \frac{\Delta e}{1+e_1} \tag{2.3.37}$$

土的体积压缩系数 $m_v$ 是土体在侧限条件下的竖向（体积）应变与竖向附加压应力之比（单位为 $MPa^{-1}$），亦称单向体积压缩系数。

$$m_v = 1/E_s = a/(1+e_1) \tag{2.3.38}$$

### 2.3.3 土的强度特征

#### 2.3.3.1 土的强度概述

土的强度是指土在外力作用下达到屈服或破坏时的极限应力。建筑物地基在外荷载作用下将产生土中剪应力和剪切变形，土体具有抵抗剪应力的潜在能力——剪阻力和抗剪力，它相应于剪应力的增加而逐渐发挥。当剪阻力完全发挥时，土体处于剪切破坏的极限状态，此时剪应力达到极限。由于剪应力对土的破坏起控制作用，所以土的强度通常指它的抗剪强度。

土的抗剪强度是土体抵抗剪切应力的极限值，或土体抵抗剪切破坏的受剪能力（强度），因此土的强度问题就是土的抗剪强度问题。

如果土体内某一部分的剪应力达到了抗剪强度，在该部分就出现剪切破坏。随着荷载的增加，剪切破坏的范围逐渐扩大，最终在土体中形成连续滑动面而丧失稳定性。

载荷试验的 p-s 曲线见图 2-19。

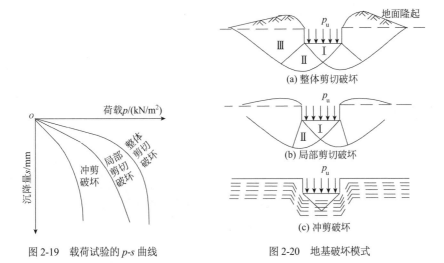

图 2-19 载荷试验的 p-s 曲线　　图 2-20 地基破坏模式

(1) 整体剪切破坏

整体剪切破坏 [图 2-20 (a)] 是在荷载作用下地基产生连续滑动面的破坏模式。它的特征是：当基础上荷载较小时，基础下形成一个三角形压密区 I，这时 p-s 曲线呈直线。随着荷载增加，压密区向两侧挤压，土中产生塑性区，塑性区先在基础边缘产生，然后逐步扩大形成 II、III 塑性区。这时，基础的沉降增长率较前一阶段增大，故 p-s 曲线呈曲线。当荷载达到最大值后，土中形成连续滑动面，并延伸到地面，土从基础两侧挤出并隆起，基础沉降急剧增加，整个地基失稳破坏。这时，p-s 曲线上出现明显的转折点。

学习情境 2　土的性质与土压力　　035

(2) 局部剪切破坏

局部剪切破坏［图 2-20（b）］是一种在荷载作用下地基某一范围内发生剪切破坏的地基破坏模式。其破坏特征是：随着荷载的增大，地基中也产生压密区Ⅰ和塑性区Ⅱ，但塑性区仅仅限制在地基某一范围内，土中滑动面并不延伸到地面，基础两侧土体有部分隆起，但不会出现明显的倾斜和倒塌。其 p-s 曲线也有一个转折点，但不像整体剪切破坏那么明显。在转折点后，其沉降量增长率虽较前一阶段大，但不像整体剪切破坏那样急剧增加。局部剪切破坏介于整体剪切破坏和冲剪破坏之间。

(3) 冲剪破坏

冲剪破坏［图 2-20（c）］是一种在荷载作用下地基土体发生垂直剪切破坏，使基础产生较大沉降的一种地基破坏模式，也称刺入剪切破坏。其特征是：随着荷载的增加，基础下面的土层发生压缩变形，基础随之下沉并在基础周围附近土体发生竖向剪切破坏，破坏时基础好像"刺入"土中，不出现明显的破坏区和滑动面。从冲剪破坏的 p-s 曲线看，沉降随着荷载的增大而不断增加，但 p-s 曲线上没有明显的转折点。

#### 2.3.3.2 土的强度理论与强度指标

(1) 抗剪强度的库仑理论

法国的库仑（Coulomb）根据砂土的试验结果，将土的抗剪强度 $\tau_f$ 表达为剪切破坏面上法向总应力 $\sigma$ 的函数，即

$$\tau_f = \sigma \tan \varphi \tag{2.3.39}$$

以后又提出了适合黏性土的更普遍的表达式：

$$\tau_f = c + \sigma \tan \varphi \tag{2.3.40}$$

式中  $\tau_f$ ——抗剪强度，kPa；
$\sigma$ ——总应力，kPa；
$c$ ——土的黏聚力，kPa；
$\varphi$ ——土的内摩擦角，(°)。

土的抗剪强度理论

抗剪强度与法向应力之间的关系如图 2-21 所示。

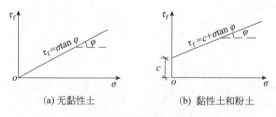

(a) 无黏性土　　(b) 黏性土和粉土

图 2-21　抗剪强度与法向应力之间的关系

从库仑公式可以看出，无黏性土的抗剪强度与作用在剪切面上的法向应力成正比，其本质是由于土粒之间的滑动摩擦以及凹凸面间的镶嵌作用产生的摩阻力，其大小决定于土粒表面的粗糙度、土的密实度以及颗粒级配等因素。

黏性土的抗剪强度由两部分组成：一部分是摩擦力，与法向应力成正比；另一部分是土粒间的黏聚力，它是由黏性土颗粒之间的胶结作用和静电引力效应等因素引起的。

根据太沙基（Terzaghi）提出的有效应力概念，土体内的剪应力仅能由土的骨架承担。土的抗剪强度应表示为剪切破坏面上的法向有效应力的函数：

$$\left.\begin{array}{c}\tau_f = \sigma' \tan\varphi' \\ \tau_f = c' + \sigma' \tan\varphi'\end{array}\right\} \quad (2.3.41)$$

式中 $\sigma'$——有效应力，kPa；

$c'$——有效黏聚力，kPa；

$\varphi'$——有效内摩擦角，（°）。

试验表明：土的抗剪强度取决于土粒间的有效应力。由库仑公式建立的概念在应用上比较方便，因而被应用于许多土工问题的分析方法中。

(2) 莫尔-库仑强度理论

1910 年，莫尔（Mohr）提出材料的破坏是剪切破坏，当任一平面上的剪应力等于材料的抗剪强度时该点就发生破坏，并提出在破坏面上的剪应力即抗剪强度，是该面上法向应力的函数：

$$\tau_f = f(\sigma) \quad (2.3.42)$$

土的莫尔破坏包线通常可以近似地用直线代替，如图 2-22 中虚线所示，该直线方程就是库仑公式表达的方程。由库仑公式表示莫尔破坏包线的强度理论，称为莫尔-库仑强度理论。

(3) 土的极限平衡条件

图 2-23 为土体中任意点的应力。当土体中任意一点在某一平面上发生剪切破坏时，该点即处于极限平衡状态，根据莫尔-库仑强度理论，可得到土体中一点的剪切破坏条件，即土的极限平衡条件。

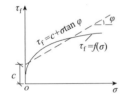

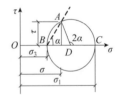

图 2-22 土的莫尔破坏包线　　　　图 2-23 土体中任意点的应力

$$\sigma = \frac{1}{2}(\sigma_1 + \sigma_2) + \frac{1}{2}(\sigma_1 - \sigma_3)\cos 2\alpha \quad (2.3.43)$$

$$\tau = \frac{1}{2}(\sigma_1 - \sigma_3)\sin 2\alpha \quad (2.3.44)$$

给定土的抗剪强度参数 $\varphi$ 和 $c$ 以及土中某点的应力状态，则可将抗剪强度包线与莫尔（应力）圆画在同一张坐标图上。它们之间的关系有三种情况：

① 整个莫尔圆位于抗剪强度包线的下方（图 2-24 中圆Ⅰ）。这说明该点在任何平面上的剪应力都小于土所能发挥的抗剪强度（$\tau < \tau_f$）。因此，该点不会发生剪切破坏。

② 莫尔圆与抗剪强度包线相切（图2-24 中圆Ⅱ）。该切点为 $A$，说明在点 $A$ 所代表的平面上，剪应力正好等于抗剪强度（$\tau = \tau_f$），该点就处于极限平衡状态。圆Ⅱ称为极限应力圆。根据极限应力圆与抗剪强度包线之间的关系，可建立土的极限平衡条件。

③ 莫尔圆与抗剪强度包线相割（图 2-24 中圆Ⅲ）。这说明 $A$ 点早已破坏。实际上这种应力状态是不存在的，因为任何方向的剪应力都不可能超过土的抗剪强度（即不存在 $\tau > \tau_f$）的情况。

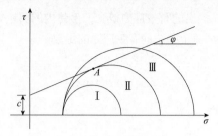

图 2-24　莫尔圆与抗剪强度之间的关系

土体中一点达到极限平衡状态时的莫尔圆见图 2-25。

$$\sin\varphi = \frac{\overline{AD}}{\overline{RD}} = \frac{(\sigma_1 - \sigma_3)}{\sigma_1 + \sigma_3 + 2c\cot\varphi} \tag{2.3.45}$$

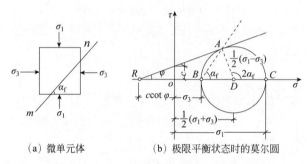

（a）微单元体　　　（b）极限平衡状态时的莫尔圆

图 2-25　土体中一点达到极限平衡状态时的莫尔圆

化简并通过三角函数间的变换关系，可得到极限平衡条件为

$$\sigma_1 = \sigma_3 \tan^2(45° + \varphi/2) + 2c\tan(45° + \varphi/2) \tag{2.3.46}$$

$$\sigma_3 = \sigma_1 \tan^2(45° - \varphi/2) - 2c\tan(45° - \varphi/2) \tag{2.3.47}$$

对于无黏性土（$c=0$），则其极限平衡条件为

$$\sigma_1 = \sigma_3 \tan^2(45° + \varphi/2) \tag{2.3.48}$$

$$\sigma_3 = \sigma_1 \tan^2(45° - \varphi/2) \tag{2.3.49}$$

由直角三角形 ARD 外角与内角的关系可得

$$2\alpha_f = 90° + \varphi \tag{2.3.50}$$

$$\alpha_f = 45° + \varphi/2 \tag{2.3.51}$$

## 2.4　土压力类型与计算理论

### 2.4.1　土压力类型

#### 2.4.1.1　挡土墙

挡土墙是用来支撑天然或人工斜坡不致坍塌以保持土体稳定性，或使部分侧向荷载传递分散到填土上的支挡结构物。挡土墙在工业与民用建筑、水利水电工程、铁路、公路、桥梁、港

口及航道等各类建筑工程中被广泛应用。

挡土墙按结构形式分重力式、悬臂式、扶臂式、锚杆式、加筋土式。

挡土墙按建筑材料分砖砌、块石、素混凝土、钢筋混凝土。

挡土墙按其刚度和位移方式分刚性挡土墙、柔性挡土墙、临时支撑。

### 2.4.1.2 土压力分类

（1）静止土压力（$E_0$）

挡土墙在墙后填土的推力作用下，不发生任何方向的移动或转动时，墙后土体没有破坏，而处于弹性平衡状态，作用于墙背的水平压力称为静止土压力（$E_0$）[图2-26（a）]。例如，地下室外墙在楼面和内隔墙的支撑作用下几乎无位移发生，作用在外墙面上的土压力即为静止土压力。

（2）主动土压力（$E_a$）

挡土墙在填土压力作用下，向着背离土体方向发生移动或转动时，墙后土体由于侧面所受限制的放松而有下滑的趋势，土体内潜在滑动面上的剪应力增加，使作用在墙背上的土压力逐渐减小。当挡土墙的移动或转动达到一定数值时，墙后土体达到主动极限平衡状态，此时作用在墙背上的土压力，称为主动土压力（$E_a$）[土体主动推墙，如图2-26（b）]。

（3）被动土压力（$E_p$）

当挡土墙在较大的外力作用下，向着土体的方向移动或转动时，墙后土体由于受到挤压，有向上滑动的趋势，土体内潜在滑动面上的剪应力反向增加，使作用在墙背上的土压力逐渐增大。当挡土墙的移动或转动达到一定数值时，墙后土体达到被动极限平衡状态，此时作用在墙背上的土压力，称为被动土压力（$E_p$）[土体被动地被墙推移，如图2-26（c）]。

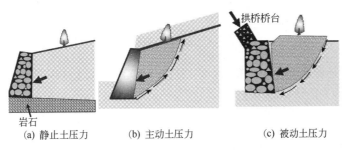

(a) 静止土压力　　(b) 主动土压力　　(c) 被动土压力

图2-26 挡土墙侧的三种土压力

### 2.4.1.3 影响土压力的因素

（1）挡土墙的位移

挡土墙的位移（或转动）方向和位移量的大小，是影响土压力大小的最主要因素。墙体位移的方向不同，土压力的性质就不同；墙体位移方向和位移量大小决定着所产生的土压力的大小。其他条件完全相同，仅仅挡土墙的移动方向相反，土压力的数值相差可达20倍左右。

（2）挡土墙类型

挡土墙的剖面形状，包括墙背为竖直还是倾斜、光滑还是粗糙，都关系到采用何种土压力理论计算公式和计算结果。如果挡土墙的材料采用素混凝土或钢筋混凝土，可认为墙背表面光滑，不计摩擦力；若是砌石挡土墙，则必须计入摩擦力，因而土压力的大小和方向都不相同。

(3) 填土的性质

挡土墙后填土的性质，包括填土松密程度（即重度）、干湿程度（即含水率）、土的强度指标（内摩擦角和黏聚力）的大小，以及填土表面的形状（水平、上斜或下斜）等，都将会影响土压力的大小。

### 2.4.2 三种土压力计算理论

静止土压力的计算主要应用弹性理论的方法；主动土压力和被动土压力的计算主要应用朗肯土压力理论和库仑土压力理论以及由此发展起来的一些近似方法及图解法。试验研究表面，在相同条件下，主动土压力小于静止土压力，而静止土压力又小于被动土压力，即

$$E_a < E_0 < E_p$$

#### 2.4.2.1 静止土压力的计算

静止土压力产生的条件是挡土墙静止不动，位移Δ=0，转角为零。

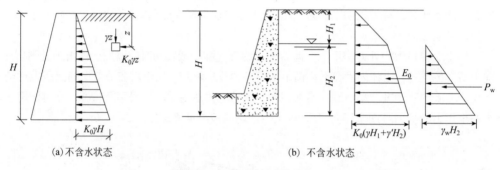

图 2-27 静止土压力的分布

在图 2-27 中墙背填土表面下任意深度 z 处取一单元体，其上作用着竖向的自重应力 $\gamma z$，则该点的静止土压力的计算公式为

$$\sigma_0 = K_0 \gamma z \tag{2.4.1}$$

式中　$\sigma_0$——静止土压力强度，kPa；
　　　$K_0$——静止土压力系数；
　　　$\gamma$——墙背填土的重度，kN/m³。

若墙后填土为均匀体，则单位面积上静止土压力为

$$\sigma_0 = K_0 \gamma H \tag{2.4.2}$$

则总静止土压力为

$$E_0 = \gamma H^2 K_0 / 2 \tag{2.4.3}$$

式中　$E_0$——静止土压力，kN/m；
　　　$H$——挡土墙高度，m。

总静止土压力的作用点位于静止土压力三角形分布图形的重心，即墙点以上 $H/3$ 处。

若墙后填土中有地下水，则计算静止土压力时，水中土的重度应取浮重度，此时静止土压力为

$$\begin{cases} E_0 = \frac{1}{2}K_0\gamma H_1^2 + K_0\gamma H_1 H_2 + \frac{1}{2}K_0\gamma H_2^2 \\ P_w = \frac{1}{2}\gamma_w H_2^2 \end{cases} \quad (2.4.4)$$

#### 2.4.2.2 朗肯土压力理论

英国科学家朗肯（W.J.M Rankine）于1857年研究了半无限土体在自重应力作用下，土体内各点从弹性平衡状态发展为极限平衡状态的应力条件，推导出挡土墙土压力的计算公式，即著名的朗肯土压力理论。朗肯土压力理论假设条件为：表面水平的半无限土体，处于极限平衡状态。朗肯土压力理论适用条件为：挡土墙的墙背垂直、光滑；挡土墙墙后填土表面水平。朗肯主动土压力计算如图2-28所示。

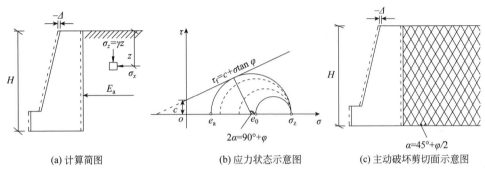

(a) 计算简图　　　　(b) 应力状态示意图　　　　(c) 主动破坏剪切面示意图

图2-28　朗肯主动土压力计算

(1) 朗肯主动土压力

对于如图2-28（a）所示的挡土墙，设墙背光滑（为了满足剪应力为零的边界应力条件）、直立、填土面水平。当挡土墙偏移土体时，由于墙背任意深度$z$处的竖向应力$\sigma_1 = \sigma_z = \gamma z$；水平应力$\sigma_x = \sigma_a = \sigma_3$；剪切破坏面与大主应力作用面的夹角是$45° + \varphi/2$。墙后土体达到主动极限平衡状态时，大主应力为垂直应力，其作用面是水平面，故剪切破坏面是与水平面夹角$45° + \varphi/2$的两组共轭面。

朗肯主动土压力计算

根据土力学强度理论中的极限平衡条件可知：

无黏性土 $\qquad\qquad\sigma_a = \gamma z \tan^2(45° - \varphi/2)$ （2.4.5）

或 $\qquad\qquad\sigma_a = \gamma z \tan^2 K_a$ （2.4.6）

黏性土、粉土 $\qquad\sigma_a = \gamma z \tan^2(45° - \varphi/2) - 2c\tan(45° - \varphi/2)$ （2.4.7）

或 $\qquad\qquad\sigma_a = \gamma z K_a - 2c\sqrt{K_a}$ （2.4.8）

式中　$\sigma_a$——主动土压力强度，kPa；

$\qquad K_a$——朗肯主动土压力系数，$K_a = \tan^2(45° - \varphi/2)$；

$\qquad \gamma$——墙后填土重度，kN/m³，地下水位以下采用有效重度；

$\qquad c$——填土的黏聚力，kPa；

$\qquad \varphi$——填土的内摩擦角，(°)；

$\qquad z$——所计算点离填土面的深度，m。

在无黏性土中，当墙绕墙踵发生向离开填土方向的转动，达到主动极限平衡状态时，墙后土体破坏，受力如图 2-29（a）所示。黏性土的主动土压力由两部分组成：第一项为土重产生的土压力，为正值，随深度呈三角形分布；第二项为黏聚力 $c$ 产生的抗力，表现为负的土压力，起减少土压力的作用，其值是常量，不随深度变化。两项叠加使得墙后土压力在 $z_0$ 深度以上出现负值，即拉应力，但实际上墙和填土之间没有抗拉强度，故拉应力的存在会使填土与墙背脱开，出现 $z_0$ 深度的裂缝，受力如图 2-29（b）所示。

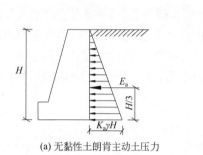 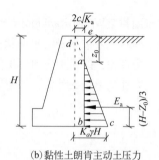

(a) 无黏性土朗肯主动土压力　　　　(b) 黏性土朗肯主动土压力

图 2-29　朗肯主动土压力分布

由式 $\sigma_a = \gamma z \tan^2 K_a$ 可知，无黏性土的主动土压力强度与 $z$ 成正比，沿墙高的压力呈三角形分布，若取单位墙长计算，则主动土压力为

$$E_a = (1/2)\gamma H^2 \tan^2(45° - \varphi/2) \tag{2.4.9}$$

或

$$E_a = (1/2)\gamma H^2 K_a \tag{2.4.10}$$

式中　$E_a$——无黏性土的主动土压力，kN/m。

$E_a$ 通过三角形的形心，即作用在离墙底 $H/3$ 处。

由式 $\sigma_a = \gamma z K_a - 2c\sqrt{K_a}$ 可知，黏性土和粉土的主动土压力强度包括两部分：一部分是土自重引起的土压力 $\gamma z K_a$；另一部分是由黏聚力 $c$ 引起的负侧压力 $2c\sqrt{K_a}$，若取单位墙长计算，则黏性土、粉土的主动土压力分别为：

$$E_a = (H - z_0)(\gamma H K_a - 2\sqrt{K_a})/2 \tag{2.4.11}$$

或

$$E_a = (1/2)\gamma H^2 K_a - 2cH\sqrt{K_a} + 2c^2/\gamma \tag{2.4.12}$$

式中　$E_a$——黏性土、粉土的主动土压力，kN/m。

$E_a$ 通过三角形压力分布图 $abc$ 的形心，即作用在离墙底 $(H-z_0)/3$ 处。

(2) 朗肯被动土压力

朗肯被动土压力计算如图 2-30 所示。

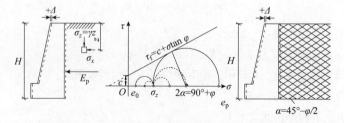 

朗肯被动土压力计算

(a) 计算简图　　(b) 应力状态示意图　　(c) 被动破坏剪切面示意图

图 2-30　朗肯被动土压力计算示意图

当墙受到外力作用而推向土体时，填土中任意一点的竖向应力 $\sigma_z = \gamma z$ 仍不变，它是小主应力 $\sigma_3$；而水平向应力 $\sigma_x$ 却逐渐增大，直至出现被动朗肯状态，达到最大极限值是大主应力 $\sigma_1$，它就是被动土压力强度 $\sigma_p$。

根据土力学的强度理论，当土体达到被动极限平衡状态时，黏性土中任一点的大、小主应力之间的关系应满足下式：

$$\sigma_1 = \sigma_x = \sigma_3 \tan^2(45° + \varphi/2) + 2c\tan(45° + \varphi/2) \tag{2.4.13}$$

则无黏性土：

$$\sigma_p = \gamma z K_p \tag{2.4.14}$$

黏性土、粉土：

$$\sigma_p = \gamma z K_p + 2c\sqrt{K_p} \tag{2.4.15}$$

式中 $K_p$——朗肯被动土压力，$K_p = \tan^2(45° + \varphi/2)$。

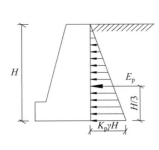
(a) 无黏性土朗肯被动土压力

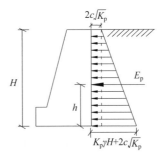
(b) 黏性土朗肯被动土压力

图 2-31 被动土压力分布

无黏性土的被动土压力强度呈三角形分布［图 2-31（a）］，黏性土与粉土的被动土压力强度呈梯形分布［图 2-31（b）］。如取单位墙长计算，则被动土压力由下式计算：

无黏性土：

$$E_p = (1/2)\gamma H^2 K_p \tag{2.4.16}$$

黏性土和粉土：

$$E_p = (1/2)\gamma H^2 K_p + 2cH\sqrt{K_p} \tag{2.4.17}$$

#### 2.4.2.3 库仑土压力理论

库仑土压力计算

库仑土压力理论是以整个滑动土体上力系的平衡条件来求解主动、被动土压力的。库仑土压力理论的基本假定：墙后填土是理想散粒体；滑动破坏面为一平面；滑动楔体视为刚体。

（1）库仑主动土压力的计算

库仑主动土压力计算简图如图 2-32 所示。

取挡土墙长 1m，作用于楔体△ABC 自重 W 的计算公式为：

$$W = \frac{\gamma H^2}{2} \times \frac{\cos(\varepsilon - \beta)\cos(\alpha - \varepsilon)}{\cos^2\varepsilon \sin(\alpha - \beta)} \tag{2.4.18}$$

墙背 AB 对下滑楔体的支撑力为 $E_a$。$E_a$ 的方向与墙背法线 $N_2$ 成 $\delta$ 角。若墙背光滑，没有剪力，则 $\delta = 0$。因为土体下滑，墙给土体的阻力朝斜上方，故支撑力 $E_a$ 在法线 $N_2$ 的下方。

墙厚填土中的滑动面 BC 上，作用着滑动面下方不动土体对滑动楔体△ABC 的反力 R。R

的方向与滑动面 $BC$ 的法线 $N_1$ 成 $\varphi$ 角。因为土体下滑,不动土体对滑动楔体的阻力朝斜上方,故支撑力 $R$ 在法线 $N_1$ 的下方。

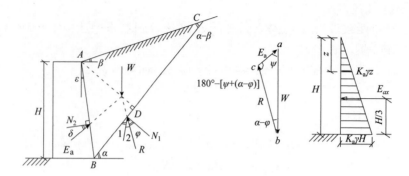

图 2-32　库仑主动土压力计算简图

滑动楔体△$ABC$ 在自重 $W$、挡土墙的支撑力 $E_a$ 以及不动土体的反力 $R$ 的共同作用下处于静力平衡状态,形成封闭的力三角形△$abc$。

在力的三角形△$abc$ 中应用正弦定理,可得

$$\frac{E}{\sin(\alpha-\varphi)}=\frac{W}{\sin(\psi+\alpha-\varphi)} \text{ 或 } E=\frac{W\sin(\alpha-\beta)}{\sin(\psi+\alpha-\varphi)} \qquad (2.4.19)$$

因为 $E=f(\alpha)$,为求其最大值,需要通过 $dE/d\alpha=0$ 得出相应的最危险滑动面的 $\alpha$ 值,并将其代入上式,可得无黏性土的库仑主动土压力计算公式:

$$E_a=\frac{1}{2}\gamma H^2 K_a \qquad (2.4.20)$$

$$K_a=\frac{\cos^2(\varphi-\varepsilon)}{\cos^2\varepsilon\cos(\delta+\varepsilon)[1+\sqrt{\frac{\sin(\delta+\varphi)\sin(\varphi-\beta)}{\cos(\delta+\varepsilon)\cos(\varepsilon-\beta)}}]^2} \qquad (2.4.21)$$

式中　$\delta$——墙背与填土之间的摩擦角,(°);

$K_a$——主动土压力系数;

$H$——挡土墙高度,m;

$\gamma$——墙后填土的重度,kN/m³;

$\varphi$——墙后填土的内摩擦角,(°);

$\varepsilon$——墙背的倾斜角度,(°),俯斜取正,仰斜取负;

$\beta$——墙后填土面的倾角。

当 $\varepsilon=0$,$\delta=0$,$\beta=0$ 时,代入式 (2.4.21) 可得:$K_a=\tan^2(45°-\varphi/2)$,与朗肯主动土压力的系数一致,这说明朗肯土压力理论是库仑土压力理论的特例。

与无黏性土朗肯主动土压力的分布类似,墙顶部 $z=0$ 时,$z=H$,$\sigma_a=\gamma HK_a$。主动土压力沿墙高呈三角形分布。

总主动土压力的作用点位于主动土压力的三角形分布图形的重心,即墙底面以上 $H/3$ 处。

(2) 库仑被动土压力计算

库仑被动土压力计算简图如图 2-33 所示。

取不同的滑动面(变化坡脚 $\alpha$),则 $W$、$E$、$R$ 的数值以及方向将随之变化,找出最小的 $E$

值（此时该滑动面为最危险滑动面），即为所求的被动土压力 $E_p$。

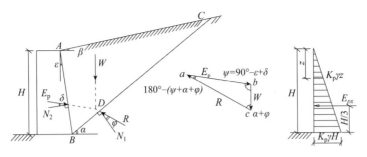

图 2-33 库仑被动土压力计算简图

在力的三角形△$abc$ 应用正弦定理，可得

$$\frac{E}{\sin(\alpha+\varphi)} = \frac{W}{\sin(\psi+\alpha+\varphi)} \text{ 或 } E = \frac{W\sin(\alpha+\varphi)}{\sin(\psi+\alpha+\varphi)} \quad (2.4.22)$$

因为 $E = f(\alpha)$，为求其最大值，需要通过 $dE/d\alpha = 0$ 得出相应的最危险滑动面的 $\alpha$ 值，并将其代入式（2.4.22），可得无黏性土的库仑被动土压力计算公式：

$$E_p = \frac{1}{2}\gamma H^2 K_p \quad (2.4.23)$$

$$K_p = \frac{\cos^2(\varphi+\varepsilon)}{\cos^2\varepsilon\cos(\varepsilon-\delta)[1+\sqrt{\frac{\sin(\delta+\varphi)\sin(\varphi+\beta)}{\cos(\varepsilon-\delta)\cos(\varepsilon-\beta)}}]^2} \quad (2.4.24)$$

式中　$K_p$——被动土压力系数。

当 $\varepsilon = 0$，$\delta = 0$，$\beta = 0$ 时，代入式（2.4.24）可得：$K_p = \tan^2(45°+\varphi/2)$，与朗肯被动土压力的系数一致，这说明朗肯土压力理论是库仑土压力理论的特例。

与无黏性土朗肯被动土压力的分布类似，墙顶部 $z = 0$ 时，$\sigma_p = 0$；墙底部 $z = H$ 时，$\sigma_p = \gamma H K_p$。库仑被动土压力沿墙高呈三角形分布，如图 2-34 所示。

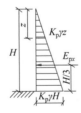

图 2-34 库仑被动土压力的分布

总被动土压力的作用点位于被动土压力力的三角形分布图形的重心，即墙底面以上 $H/3$ 处。

## 2.5 基坑支护中的土压力特点与分布

经典土压力是指达到极限状态时的土体作用于墙上的压力，根据墙与土体的相对运动方向，可把土压力分为主动土压力、被动土压力与静止土压力。

土压力与位移的关系见图 2-35。表 2-4、表 2-5 给出了发挥极限土压力所需的位移，表中的 $y_a$ 为围护墙的位移，$h$ 为墙高。由表中数据可知，松散土达到极限状态时所需的位移要比较密实土大，达到被动土压力极限值所需的位移一般而言要比达到主动土压力极限值所需的位移大。

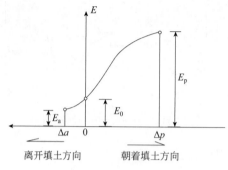

图 2-35　土压力与位移的关系

在基坑工程中，往往不允许墙体的位移达到极限状态，此时被动土压力值将低于被动极限值，主动土压力的值高于主动极限值，设计时的土压力取用值应为主动土压力的提高值、被动土压力的降低值。

表 2-4　发挥主动土压力和被动土压力所需的位移（一）

| 墙体位移模式 | 达到主动土压力时的位移 $y_a/h/\%$ | | 达到被动土压力时的位移 $y_a/h/\%$ | |
| --- | --- | --- | --- | --- |
| | 松散土 | 密实土 | 松散土 | 密实土 |
| | 0.4～0.5 | 0.1～0.2 | 7～15 | 5～10 |
| | 0.2 | 0.05～0.1 | 5～10 | 3～6 |
| | 0.8～1.0 | 0.2～0.5 | 6～15 | 5～6 |
| | 0.4～0.5 | 0.1～0.2 | — | — |

表 2-5　发挥主动土压力和被动土压力所需的位移（二）

| 极限状态 | 墙体位移模式 | 土类 | 达到极限状态时的位移 $y_a/h/\%$ |
| --- | --- | --- | --- |
| 主动状态 | | 密实砂土 | 0.1 |
| | | 松散砂土 | 0.4 |
| | | 硬黏土 | 1 |
| | | 软黏土 | 2 |

续表

| 极限状态 | 墙体位移模式 | 土类 | 达到极限状态时的位移 $y_a/h/\%$ |
|---|---|---|---|
| 被动状态 | | 密实砂土 | 2 |
| | | 松散砂土 | 6 |
| | | 硬黏土 | 2 |
| | | 软黏土 | 4 |

## 2.5.1 基坑工程中的土压力计算方法

目前，我国的基坑设计中主动土压力的计算，一般采用朗肯土压力理论，而被动土压力采用朗肯或库仑土压力理论，静止土压力为静止土压力系数与竖向应力的乘积。地下水位以下的土压力计算应考虑水土分算或合算，同时考虑地下水是否有渗流的情况等。

(1) 水土分算与合算的原则与方法

对地下水位以下的土体计算侧土压力时有两个计算原则：水土分算原则与水土合算原则。

水土分算原则即分别计算土压力和水压力，两者之和即总的侧压力。这一原则适用于土孔隙中存在自由的重力水的情况或土的渗透性较好的情况，一般适用于砂土、粉性土和粉质黏土。

水土合算的原则认为土孔隙中不存在自由的重力水，而存在结合水，它不传递静水压力，以土粒与孔隙水共同组成的土体作为对象，直接用土的饱和重度计算侧压力，这一原则适用于不透水的黏土层。

按水土分算原则计算土压力时，可采用式 (2.5.1)、式 (2.5.2) 进行计算。

$$p_a = (q + \sum \gamma_i h_i) K_a - 2c\sqrt{K_a} \tag{2.5.1}$$

$$p_p = (q + \sum \gamma_i h_i) K_p + 2c\sqrt{K_p} \tag{2.5.2}$$

式中  $p_a$——计算点处的主动土压力强度，kPa，$p_a \le 0$ 时，$p_a = 0$；

$p_p$——计算点处的被动土压力强度，kPa；

$\gamma_i$——计算点以上各土层的重度，kN/m³，地下水位以上取天然重度，地下水位以下取水下重度；

$q$——地面超载，一般可取 20kPa；

$h_i$——各土层的厚度，m；

$K_a$——计算点处土的主动土压力系数，$K_a = \tan^2(45° - \varphi/2)$；

$K_p$——计算点处土的被动土压力系数，$K_p = \tan^2(45° + \varphi/2)$；

$c, \varphi$——计算点处的抗剪强度指标，理论上地下水位以下应采用有效抗剪强度指标，但考虑到目前工程勘察报告中极少提供，可直接采用三轴固结不排水试验或直剪固结快剪试验峰值的总应力强度指标。

水土分算中的水压力计算应考虑地下水是否有稳定渗流的情况分别进行计算，无渗流时水压力按静水压力计算，此时围护结构所受的主动土压力见图 2-36 (a)。

按水土合算原则计算土压力时，地下水位以下部分的土压力按式 (2.5.3)、式 (2.5.4) 进行计算。

$$p_a = (q + H_1\gamma + \sum \gamma_{sat} h_i) K_a - 2c\sqrt{K_a} \tag{2.5.3}$$

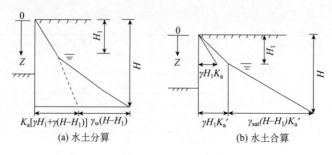

图 2-36 土压力计算

$$p_p = (q + H_1\gamma + \sum \gamma_{sat}h_i)K_a + 2c\sqrt{K_p} \tag{2.5.4}$$

式中　$H_1$——地下水位以上土层的厚度，m；

　　　$h_i$——地下水位以下到计算点处各土层的厚度，m；

　　　$\gamma_{sat}$——土层的饱和重度，$kN/m^3$；

　　　$\gamma$——土的天然重度，$kN/m^3$。

计算时土体的抗剪强度指标选用总应力指标，围护结构所受的主动土压力见图 2-36（b）。

(2) 有渗流时的水压力计算

当基坑围护结构中止水帷幕插入地基土中相对不隔水层一定深度，并满足抗渗流稳定性要求时，止水帷幕就形成连续封闭的防渗止水系统，基坑内外地下水的作用可按静水压力值分布计算，不考虑渗流作用对水压力的影响；当止水帷幕下仍为透水性土且坑内外存在水头差时，基坑开挖后，由于渗透作用，地下水将从坑外绕过帷幕底渗入坑内。此时应考虑渗流作用对水压力的影响。

考虑渗流作用时的水压力计算方法很多，目前较多采用的是流网图法、本特·汉森法以及经验法等。

采用流网图法计算水压力时，应先根据基坑的渗流条件作出如图 2-37 所示的流网及水压力计算图，而作用在墙体不同高程 $z$ 处的渗透水压力可用其压力水头形式表示。

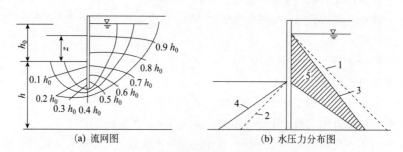

图 2-37　流网图及水压力计算

1—墙后静水压力线；2—墙前静水压力线；3—墙后渗透压力线；
4—墙前渗透压力线；5—墙前后渗透压力线

$$p_w = \gamma_w(\beta h_0 + h - z) \tag{2.5.5}$$

式中　$\beta$——计算点渗透水头和总压力水头 $h_0$ 的比值；

　　　$h$——坑底水位高程，可从流网图上读出。

本特·汉森法是一种近似计算方法，水压力分布如图 2-38 所示。

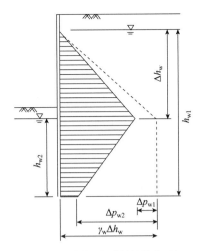

图 2-38 本特·汉森法计算水压力

在主动侧的水压力低于静水压力，位于坑内地下水位高程处的修正值为

$$\Delta p_{w1} = i_a \gamma_w \Delta h_w \tag{2.5.6}$$

修正后基坑内地下水位处的水压力可按式（2.5.7）计算。

$$p_{w1} = \gamma_w \Delta h_w - \Delta p_{w1} \tag{2.5.7}$$

式中　　$p_{w1}$——基坑内地下水位处的水压力值，kPa；

$\Delta p_{w1}$——基坑内地下水位处的水压力修正值，kPa；

$i_a$——基坑外的近似水力坡降，取 $i_a = 0.7\Delta h_w / (h_{w1} + \sqrt{h_{w1} h_{w2}})$；

$\Delta h_w$——基坑内外侧地下水位差，m；

$h_{w1}$、$h_{w2}$——基坑外侧、基坑内侧地下水位至围护墙底端的高度，m。

在主动侧墙底的修正后的水压力为

$$\gamma_w h_{w1} - \Delta p_1'$$

其中修正值 $\Delta p_1'$ 按下式计算：

$$\Delta p_1' = i_a \gamma_w h_{w1} \tag{2.5.8}$$

其中修正值 $\Delta p_2'$ 按下式计算：

$$\Delta p_2' = i_p \gamma_w h_{w2} \tag{2.5.9}$$

两侧水压力相抵后，可得围护墙底端处的水压力：

$$p_{w2} = \gamma_w h_{w1} - \Delta p_1' - (\gamma_w h_{w2} + \Delta p_2') = \gamma_w \Delta h_w - (\Delta p_1' + \Delta p_2') \tag{2.5.10}$$

即围护墙底端处水压力值为

$$p_{w2} = \gamma_w \Delta h_w - \Delta p_{w2} \tag{2.5.11}$$

最后，作用在主动土压力侧的水压力分布见图 2-38 中的阴影部分。

在工程中还常采用一种按渗径由直线比例关系确定各点水压力的简化方法，称为经验法，如图 2-39 所示，作用于围护结构上的水压力分布按图示方法计算。

基坑内地下水位以上 AB 之间的水压力按静水压力直线分布，B、C、D、E 各点的水压力按图 2-39（b）的渗径由直线比例法确定。

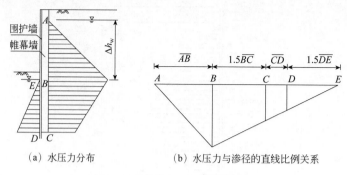

(a) 水压力分布　　　　　(b) 水压力与渗径的直线比例关系

图 2-39　围护墙水压力计算的经验法

对计算深度的确定，设隔水帷幕墙时，计算至隔水帷幕墙底；围护墙自防水时，计算至围护墙底。通过对比计算，这一方法的水压力计算值与本特·汉森方法的计算值相比会大一些。

（3）地面超载作用下的土压力计算

地面超载可包括集中力荷载、局部均布荷载、半无限的均布荷载等。这些荷载作用下的土压力计算可采用朗肯土压力理论，也可采用弹性力学的方法进行。

目前采用较多的地面局部均布超载作用下的土压力计算简图见图 2-40。计算时，从荷载的两点 $O$ 及 $O'$ 点作两条辅助线 $OC$、$O'D$，它们都与水平面成（$45°+\varphi/2$）角，认为 $C$ 点以上和 $D$ 点以下的土压力不受地面荷载的影响，$C$、$D$ 之间的土压力按均布荷载计算。

地面局部均布荷载作用下土压力的弹性力学计算方法图示见图 2-41。

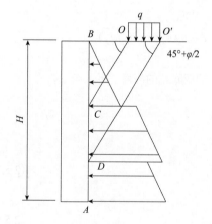

图 2-40　局部均布超载作用下的朗肯土压力计算简图

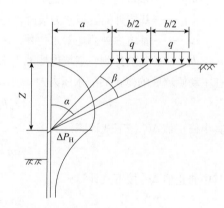

图 2-41　地面局部均布荷载作用下的土压力的弹性力学计算方法图示

$$\Delta P_H = \frac{2q}{\pi}(\beta - \sin\beta\cos 2\alpha) \tag{2.5.12}$$

式中　$\Delta P_H$——附加侧向土压力，kPa；

　　　$q$——地表局部均布荷载，kPa。

（4）相邻条形基础荷载作用时的侧向土压力计算（图 2-42）

当 $m \leq 0.4$ 时

$$\Delta P_H = \frac{Q_L}{H_s} \times \frac{0.203n}{(0.16+n^2)^2} \tag{2.5.13}$$

当 $m > 0.4$ 时

$$\Delta P_H = \frac{4Q_L}{\pi H_s} \times \frac{m^2 n}{(m^2+n^2)^2} \quad (2.5.14)$$

式中 $Q_L$——相邻基础地面处的线均布荷载，kN/m；

$m$、$n$——分别为 $a/H_s$、$z/H_s$ 的比值；

$H_s$——相邻基础地面以下的围护墙体高度，m。

(4) 非极限状态的土压力计算

国内外已有较多学者对非极限状态下的土压力计算方法进行了研究，提出了一些计算模型，但这些模型均只考虑了部分影响因素，具有一定的局限性。

当土体进入极限平衡状态时，其相应的位移，尤其是被动极限平衡状态时相应的位移，往往是基坑围护结构变形所不允许的。因此，在实际工程中的土压力应采用主动土压力的提高值或被动土压力的降低值。

主动土压力的提高值介于 $K_a$ 与 $K_0$ 之间，宜按照场地的工程条件选用，见图 2-43。当对沉降有严格限制的建筑物或地下管线位于Ⅰ区范围时，采用 $K_0$ 计算土压力；当位于Ⅱ区范围时，采用 $(K_a+K_0)/2$ 计算土压力。

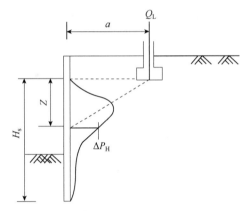

图 2-42 相邻条形基础荷载作用时的侧向土压力计算图示

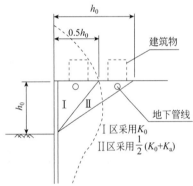

图 2-43 采用提高主动土压力的场地工程条件

当墙体的位移不容许达到极限状态时，被动土压力也达不到极限值。降低的被动土压力可以用极限的被动土压力系数 $K_p$ 乘以折减系数 $C_p$ 计算：

$$C_p = \frac{K_a + (K_p - K_a)X_p}{K_p} \quad (2.5.15)$$

$$X_p = [2\frac{S_a}{S_p} - (\frac{S_a}{S_p})^2]^{0.5} \quad (2.5.16)$$

式中 $C_p$——被动土压力的折减系数；

$S_a$——容许的位移值；

$S_p$——被动极限时的位移值；

$K_p$、$K_a$——被动土压力系数、静止土压力系数。

## 2.5.2 基坑支护中的土压力特点与分布规律

实际上,基坑支挡结构与周围土体是一个复杂的受力系统,土压力的大小和分布不仅与土体性质有关,还与支护结构的形式和刚度、基坑内土体开挖次序、基坑形状等有密切关系,是一个动态过程。图 2-44 为基坑开挖过程中板桩墙上土压力的变化过程。随着开挖深度的增加,支护结构开始变形,土压力从静止土压力向主、被动土压力过渡,开挖结束后,土压力才逐渐趋于稳定。

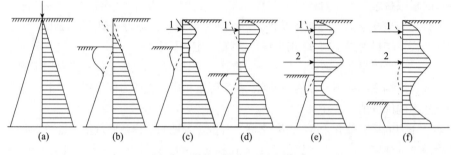

图 2-44 基坑开挖土压力变化过程

可见,基坑开挖过程中实际支护结构所受到的土压力与经典理论有较大的差异,通过实测归纳出的几种适用于不同类型支护结构设计和计算的土压力分布图示,如图 2-45 所示。

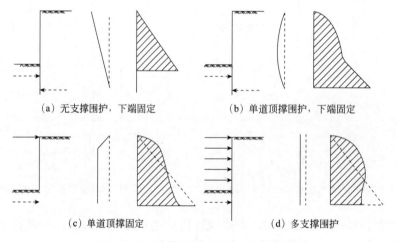

图 2-45 四种支护结构类型土压力分布示意图

① 三角形分布模式。如图 2-45(a)所示墙体的变位为绕墙底端或绕墙底端以下某一点转动,即墙顶端位移大、底端位移小;图 2-45(b)所示围护体在顶端弹性有支撑并埋置较深,相当于下端固定的情况,变形与简支梁相近,主动土压力仍可近似看作三角形分布模式。

② 三角形加矩形组合分布模式。如图 2-45(c)所示,围护体虽在顶端有弹性支承,但因其埋深较浅,下端水平位移较大;图 2-45(d)中多支撑或多锚围护体接近于平行移动。这两种情况下的土压力分布可以简化为主动土压力在基坑开挖面以上随深度的增加呈线性增大分布,在开挖面以下为常量分布的三角形加矩形组合分布模式。

③ R 形分布模式。对拉锚式板桩墙,实测的土压力分布呈现两头大中间小的 R 形分布。

## 小结

本单元主要介绍了涉及基坑工程施工中的土的性质及相关力学问题、详细阐述了土的类别与性质，介绍了土的物理状态，对各指标间的换算关系进行了解释，介绍了有效应力原理、土的渗透性以及渗流作用，描述了土的压缩性与土的抗剪强度特征，介绍了静止土压力、朗肯主被动土压力、库仑主被动土压力的理论及其计算原理，阐述了不同类型基坑支护中土压力的特征。

## 课后习题

### 一、思考题

1. 为什么要研究土的渗透性？土的渗透性主要研究几个方面的内容？
2. 思考土压力的概念以及研究土压力的重要性。
3. 思考土的组成成分以及土的特性。
4. 思考有效应力产生的原因。
5. 试解释起始水力梯度产生的原因。
6. 为什么同一种土所测定的抗剪强度指标有变化？
7. 现场测试土渗透系数的原理是什么？方法有哪些？
8. 为什么室内渗透试验与现场测试所得出的土的渗透系数有较大的差别？
9. 通过土的固结试验可以得到哪些土的压缩性指标？
10. 基坑支护中的土压力分布模式有哪些？

### 二、简答题

1. 简述土的三相比例指标的异同。
2. 室内固结试验与现场荷载试验为什么不能测定土的弹性模量？
3. 土的抗剪强度指标实质上就是土的抗剪强度参数，也就是土的强度指标，为什么？
4. 试述挡土墙的分类。
5. 静止土压力墙后的填土处于什么状态？它与主动、被动土压力有何不同？
6. 试解释挡土墙的位移与变形对土压力的影响。
7. 朗肯土压力理论与库仑土压力理论有何不同？
8. 简述土压力的研究在基坑支护过程中的重要性。

### 三、计算题

某原状土的密度为 $1.85 \text{g/cm}^3$，含水量为 34%，土粒的相对密度为 2.71，试求该土样的饱和密度、有效密度以及有效重度。（先列出推导公式后计算）

## 学习情境 3

# 土钉墙与锚杆施工

### 情境描述

土钉墙与锚杆支护是较为常见的基坑支护类型，通过本情境的学习，要求掌握土钉墙与锚杆施工的工艺流程与质量控制，能根据工程图纸要求做好人员安排、施工现场的布置、施工材料准备与施工机械安排。实施过程中要求遵守规范强制性要求和图纸要求，做好施工协调工作。任务实施可以由教师与学生共同设置情景，进行角色定位，模拟施工准备过程；同时也可布置任务，进行相应的工地现场调研，使学生进入土钉墙与锚杆施工现场，了解施工工作内容，以报告的形式提交学习成果。

### 学习目标

**知识目标**

① 了解土钉墙与锚杆支护的结构构造；
② 掌握土钉与锚杆加固的原理；
③ 掌握土钉墙施工的施工方法和质量控制。

**能力目标**

① 能够理解土钉与锚杆加固原理；
② 能够对土钉墙与锚杆施工人、材、机进行合理安排；
③ 能够对土钉墙与锚杆施工进行质量控制。

**素质目标**

① 培养强烈的工程质量意识，遵守测量规范标准要求；
② 善于语言表达，能够在土钉墙与锚杆施工准备环节与工程相关的设计单位、监理单位、分包单位、各部门进行沟通与交流；
③ 善于观察和思考，养成发现问题、提出问题、及时解决问题的良好学习和工作习惯。

## 3.1 土钉墙的类型与特点

### 3.1.1 土钉墙的概念

土钉墙支护（soil nail wall）是用于土体开挖时保持基坑侧壁或边坡稳定的一种原位挡土支护结构。土钉墙一般由通过钻孔、插筋、注浆置入被保护土体的土钉、黏附于土体表面的钢筋混凝土面层及土钉之间的被加固土体组成，既有与锚杆作用相同的土钉构成的加固体，又形成挡土墙式的"复合结构"，从而达到对土体的加固、支挡和稳定作用，如图 3-1 所示。土钉沿通长与周围土体接触，依靠接触面上的黏结摩阻力与周围的土体形成复合土体，从而改善土体的力学性能，实现对原状土体的加固，而土钉间土体变形则通过面板予以约束。

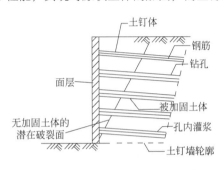
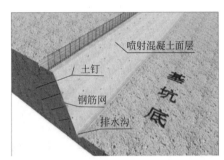

图 3-1 土钉墙示意

土钉墙支护技术较好地解决了开挖过程中的原位土坡以及原有自然边坡的支护问题。与已有的各种支护方法相比，它具有施工容易、设备简单、需要场地小，开挖与支护作业可以并行，总体进度快、成本低，以及无污染、噪声小、稳定可靠、社会效益与经济效益好等许多优点，因而在国内外的边坡加固与基坑支护中得到了广泛的应用。

### 3.1.2 土钉墙的结构

除了被加固的原位土体外，一般土钉墙由土钉、面层结构和排防水系统三部分组成，其结构参数与土体特性、地下水状况、边坡坡度、周边环境 [建（构）筑物、市政管线等]、使用年限与要求等因素相关。

（1）土钉

土钉即置放于原位土体中的细长杆件，是土钉墙支护结构中的主要受力构件。根据土钉的锚固方式，常用的土钉大致可以分为以下三种。

① 钻孔注浆型。钻孔注浆型土钉是工程中最常见的类型，其是利用专用钻机或人工钻孔设备在土体中钻孔，成孔后置入钢筋，然后沿全长注水泥浆，形成由浆液黏结的土中锚杆。图 3-2 为常见钻孔注浆型土钉墙结构示意。

② 直接打入型。在土体中直接打入钢管、角钢等型钢、钢筋等，不需注浆。由于打入式土钉直径小，与土体间的黏结摩阻强度低，承载力低，钉长又受限制，所以布置较密，可用人力或振动冲击钻、液压锤等机具打入。直接打入土钉的优点是不需预先钻孔，对原位土的扰动较小，施工速度快，但在坚硬黏性土中很难打入，不适用于服务年限大于 2 年的永久支护工程，

杆体采用金属材料时造价稍高,国内应用很少。

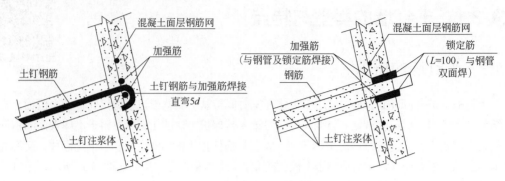

图 3-2　钻孔注浆型土钉墙结构

③ 打入注浆型。在钢管中部及尾部设置注浆孔成为钢花管,直接打入土中后压灌水泥浆形成土钉。钢花管注浆土钉具有直接打入钉的优点且抗拔力较高,特别适合于成孔困难的淤泥、淤泥质土等软弱土层、各种填土及砂土,应用较为广泛,缺点是造价比钻孔注浆土钉略高,防腐性能较差,不适用于永久性工程,图 3-3 为常见钢花管型打入注浆土钉。

图 3-3　常见钢花管型打入注浆土钉

(2) 面层及连接件

① 面层。土钉墙的面层不是主要受力构件,通常由喷混凝土和钢筋网组成,如图 3-4 所示,也可采用预制混凝土板拼合,或者由混凝土板与喷混凝土层组合而成。近年来,随土工织物工艺的发展,用土工织物作为面层,通过土钉压紧形成对表层土约束的护坡联合结构也已经被广泛应用。除此之外,由于各国对环境保护的重视,在面层(甚至是喷混凝土面层)上种植绿草也成为结构要求的一部分内容。

土钉墙面层通常用 50～150mm 厚的喷混凝土和钢筋网组成,钢筋直径一般为 6～10mm,网格间距一般为 200～300mm。

② 连接件。土钉端部与面层的连接可采用螺母、垫板等,也可以将土钉钢筋通过井字形短钢筋相互焊接到钢筋网上,连接处的喷射混凝土层内应加设局部钢筋网以增加混凝土的局部承压强度。

不同类型的端部连接件如图 3-5 所示。

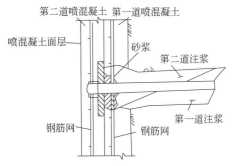

图 3-4 土钉墙喷射混凝土面层做法

图 3-5 不同类型的端部连接件

(3) 排水系统

地下水对土钉墙的施工及长期工作性能有着重要影响,土钉墙支护常要求设置防排水系统,以避免地表水的渗流形成对喷混凝土的动水压力,或因为在土钉加固区域内形成饱和土而降低土体强度与土和土钉的结合力。排水设施主要包括设置地表排水沟或地表不透水面、插进土体内部的各种排水管。

### 3.1.3 土钉墙的应用

(1) 土钉墙的适用条件

土钉墙适用于地下水位以上或经人工降水后的人工填土、黏性土和砂层上的基坑支护或边坡加固,一般适用于开挖深度不大于 12m 的非软土基坑支护或边坡支护,当土层性质相对较好、坡度可适当放缓或分台阶放坡时,深度可增加。不宜用于地下水位以下含水丰富的粉细砂层、砂砾卵石层和淤泥质土,不得用于没有自稳能力的淤泥和饱和软弱土层。

(2) 土钉墙的应用

土钉墙主要用于土坡稳定和基坑加固等领域,包括基础托换 [图 3-6 (a)]、基坑或竖井加固 [图 3-6 (b)]、斜坡挡土墙 [图 3-6 (c)]、稳定边坡面 [图 3-6 (d)] 以及与锚杆结合做边坡防护 [图 3-6 (e)] 等。

土钉墙不仅可用于临时构筑物,也可用于永久构筑物,如:

① 在土体开挖过程中或主体工程施工前作临时性支护,如高层建筑的深基坑开挖支护、地下硐室口部的开挖支护、土坡的开挖支护等。

② 构筑永久性挡土结构。如路堑土坡挡墙、桥台挡墙,隧道口部的正面和侧面挡墙等。

③ 已有挡土结构的加固、抢险、维修或改建。

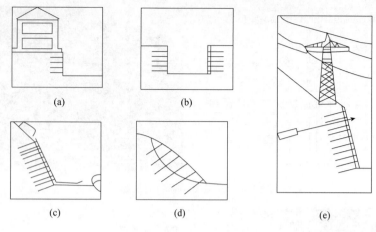

图 3-6 土钉墙的应用领域

(3) 复合土钉墙

复合土钉墙是近年来在土钉墙基础上发展起来的新型支护结构，它是将土钉墙与一种或几种单项支护技术或截水技术有机组合成的复合支护体系，它的构成要素主要有土钉、预应力锚杆、截水帷幕、微型桩、深层搅拌桩、旋喷桩、树根桩、钢管土钉、挂网喷射混凝土面层、原位土体等，如图3-7所示。

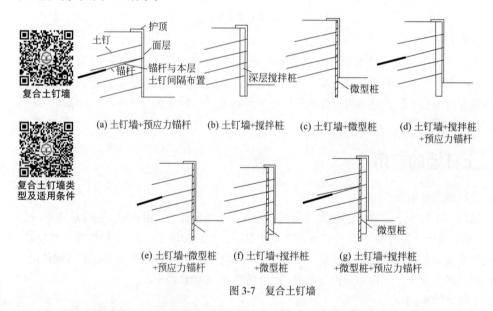

图 3-7 复合土钉墙

复合土钉墙扩展了土钉墙支护的应用范围，弥补了土钉墙支护的许多不足之处，保持了土钉墙支护的许多优点，在工程中获得了十分广泛的应用。其优点主要表现如下：

① 将主动受力的土钉与其他被动受力的支护结构相互结合，形成了完整的支护结构受力体系。

② 能够有效控制基坑的水平位移。实测资料表明，在对基坑水平位移有较高要求时或在较差的地质条件下，复合土钉墙可以很好地控制基坑的水平位移。

③ 超前支护措施可以实现基坑竖直开挖。

④ 旋喷桩、搅拌桩等截水帷幕能够有效防止地下水向基坑内渗透，使基坑内的开挖土层

处于干燥状态。

⑤ 旋喷桩、搅拌桩等超前支护结构具有一定的嵌固深度，能够有效控制坑底隆起、渗流等。

⑥ 具有土钉墙支护的经济安全、施工周期短、施工方便、延性好等特点。

⑦ 比土钉墙支护有更广泛的地层适用范围。

虽然复合土钉墙具有许多优点，但其仍然有自身的缺陷及对施工的特殊要求，主要表现在以下几个方面：

① 复合土钉墙没有解决土钉超越基坑"红线"的问题。

② 软弱土层中的基坑开挖深度受到限制，不能超过一定深度。

③ 在含水量较高的软弱土层中，钢管注浆土钉的注浆质量不易保证，使得土钉界面的黏结力不易达到设计要求。

图3-8为复合土钉墙实例。

图3-8　复合土钉墙实例

## 3.1.4　土钉墙的加固原理

土钉墙的作用机理与工作性能

（1）整体作用机理

土体的抗剪强度较低，抗拉强度几乎可以忽略，但土体具有一定的结构强度及整体性，土坡有保持自然稳定的能力，能够以较小的高度即临界高度保持直立，当超过临界高度或者有地面超载等因素作用时，将发生突发性整体失稳破坏。传统的支挡结构均基于被动制约机制，即以支挡结构自身的强度和刚度承受其后面的侧向土压力，防止土体整体稳定性破坏；而土钉支护通过在土体内设置一定长度和密度的土钉，与土共同工作，形成了以增强边坡稳定能力为主要目的的复合土体，是一种主动制约机制，在这个意义上，也可将土钉加固视为一种土体改良。土钉的抗拉、抗弯及抗剪强度远远高于土体，故复合土体的整体刚度、抗拉及抗剪强度较原状土均大幅度提高。

土钉与土的相互作用，改变了土坡的变形与破坏形态，显著提高了土坡的整体稳定性。试验表明，直立的土钉支护在坡顶的承载能力约比素土边坡提高一倍以上，更为重要的是，土钉支护在承受荷载过程中一般不会发生素土边坡那样突发性的塌滑。土钉墙延缓了塑性变形发展阶段，而且明显地呈现出渐进变形与开裂破坏并存且逐步扩展的现象，即把突发性的"脆性"破坏转变为渐进性的"塑性"破坏，直至复合土体丧失承受更大荷载的能力，一般也不会发生整体性塌滑破坏。试验表明，荷载$P$作用下土钉墙变形及土钉应力呈4个阶段，如图3-9所示。

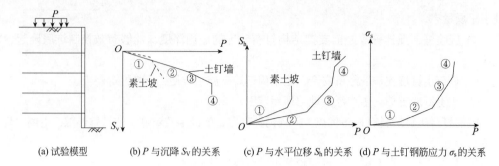

(a) 试验模型　　(b) $P$ 与沉降 $S_v$ 的关系　　(c) $P$ 与水平位移 $S_h$ 的关系　(d) $P$ 与土钉钢筋应力 $\sigma_s$ 的关系

图 3-9　土钉墙试验模型及试验结果

①—弹性阶段；②—塑性阶段；③—开裂变形阶段；④—破坏阶段

(2) 土钉的作用

土钉在挡土墙结构中起主导作用，其在复合土体中的作用可概括为以下几点：

① 箍束骨架作用。该作用是由土钉本身的刚度和强度以及它在土体内的分布空间所决定的。土钉制约着土体的变形，使土钉之间能够形成土拱从而使复合土体获得了较大的承载力，并使复合土体构成一个整体。

② 承受主要荷载作用。在复合土体内，土钉与土体共同承受外来荷载和土体自重应力。由于土钉有较高的抗拉、抗剪强度以及土体无法比拟的抗弯刚度，所以当土体进入塑性状态后，应力逐渐向土钉转移，延缓了复合土体塑性区的发展及渐进开裂面的出现。当土体开裂时，土钉分担作用更为突出，这时土钉内出现弯剪、拉剪等复合应力，从而导致土钉体中浆体碎裂，钢筋屈服。

③ 应力传递与扩散作用。依靠土钉与土的相互作用，土钉将所承受的荷载沿全长向周围土体扩散及向深处土体传递，复合土体内的应力水平及集中程度比素土坡大大降低，从而推迟了开裂的形成与发展。

④ 对坡面的约束作用。在坡面上设置的与土钉连成一体的钢筋混凝土面板是发挥土钉有效作用的重要组成部分。坡面鼓胀变形是开挖卸荷、土体侧向变位以及塑性变形和开裂发展的必然结果，限制坡面鼓胀能起到削弱内部塑性变形、加强边界约束作用，这对土体开裂变形阶段尤为重要。土钉使面层与土体紧密接触从而使面层有效地发挥作用。

⑤ 加固土体作用。地层常常有裂隙发育，往土钉孔洞中进行压力注浆时，按照注浆原理，浆液顺着裂隙扩渗，形成网络状胶结。当采用一次常压注浆时，宽度 1~2mm 的裂隙注浆后可扩成 5mm 的浆脉，不仅增加了土钉与周围土体的黏结力，而且直接提高了原位土的强度。有资料表明，一次压力注浆最大可影响到土钉周边 4 倍直径范围内的土体。对于打入式土钉，打入过程中土钉位置的原有土体被强制性挤向四周，使土钉周边一定范围内的土层受到挤压，密实度提高，一般认为挤密影响区半径约为土钉半径的 2~4 倍。

⑥ 土钉的拉拔作用。基坑开挖后，不稳定土体范围是有限的，土钉长度一般超过不稳定土体范围，土钉除了对不稳定范围土体起加固作用外，由于其长度伸入"稳定"土体，通过"稳定"土体提供的锚固力，起拉拔作用。

(3) 面层的作用

① 面层的整体作用

a. 承受作用到面层上的土压力，防止坡面局部坍塌（这在松散的土体中尤为重要），并将压力传递给土钉；

b. 限制土体侧向膨胀变形;

c. 通过与土钉的紧密连接及相互作用,增强了土钉的整体性,使全部土钉共同发挥作用,在一定程度上均衡了土钉个体之间的不均匀受力程度;

d. 防止雨水、地表水刷坡及渗透,是土钉墙防水系统的重要组成部分。

② 喷射混凝土面层的作用

a. 支承作用。喷射混凝土与土体密贴和黏结,给土体表面以抗力和剪力,从而使土体处于三向受力的有利状态,防止土体强度下降过多,并利用本身的抗冲切能力阻止局部不稳定土体的坍塌。

b. "卸载"作用。喷射混凝土面层属于柔性支护体系,能控制土坡在不出现有害变形的前提下,产生一定程度的塑性变形,从而使土压力减小。

c. 护面作用。形成土坡的保护层,防止风化及水土流失。

d. 分配外力。在一定程度上可调整土钉之间的内力,使各土钉受力趋于均匀。

③ 钢筋在面层中的作用

a. 防止出现收缩裂缝或减少裂缝数量及限制裂缝宽度;

b. 提高支护体系的抗震能力;

c. 使面层的应力分布更均匀,改善其变形性能,提高支护体系的整体性;

d. 增强面层的柔性;

e. 提高面层的承载力,承受剪力、拉力和弯矩;

f. 与土钉钢筋焊接,形成牢固的整体。

(4) 土钉支护受力过程

荷载首先通过土钉与土之间的相互摩擦作用,其次通过面层与土之间的土-结构相互作用,逐步施加及转移到土钉上。土钉支护受力大体可分为四个阶段:

① 土钉安设初期,基本不受拉力或承受较小的力。喷射混凝土面层完成后,对土体的卸载变形有一定的限制作用,可能会承受较小的压力并将之传递给土钉。此阶段土压力主要由土体承担,土体处于线弹性变形阶段。

② 随着下一层土方的开挖,边坡土体产生向坑内位移的趋势,即出现产生滑动破坏的趋势,潜在滑动面内侧,钉、土、面层形成整体,主动土压力一部分通过钉土摩擦作用直接传递给土钉,一部分作用在面层上,并使面层在与土钉连接处产生应力集中,土钉长度伸入潜在滑动面外侧的部分,钉土摩擦提供抗拔力,对土钉产生拉力,控制了潜在滑动面内侧土体的滑动破坏。因此,土钉长度应超过潜在滑动面一定深度,开挖深度越大,潜在滑动面越大,土钉长度应考虑其在土体最深处的影响。土钉受力特征为:开始沿全长离面层近处较大,越远越小,随着开挖深度增大,土钉通过应力传递及扩散等作用,调动周边更大范围内土体共同受力,体现了土钉主动约束机制,土体进入塑性变形状态。

③ 土体继续开挖,各排土钉的受力继续加大,土体塑性变形不断增加,土体发生剪胀,钉土之间局部相对滑动,使剪应力沿土钉向土钉内部传递,受力较大的土钉拉力峰值从靠近面层处向中部(破裂面附近)转移,土钉通过钉土摩擦力分担应力的作用加大,约束作用增强,上部土钉主要承担受拉作用,下部土钉还承担剪切作用,土钉拉力在水平及竖直方向上均表现为中间大、两头小的枣核形状(如果土钉总体受力较小,可能不会表现为这种形状)。土体中逐渐出现剪切裂缝,地表开裂,土钉逐渐进入弯剪、拉剪等复合应力状态,其刚度开始发挥作用,通过分担及扩散作用,抑制及延缓了剪切破裂面的扩展,土体进入渐进性开裂破坏阶段。

④ 土体抗剪强度达到极限，剪切位移继续增加，土体开裂，剩残余强度，土钉承担主要荷载，土钉在承受弯剪、拉剪等复合应力状态下注浆体碎裂，钢筋屈服，破裂面贯通，土体进入破坏阶段。如果潜在滑动面内侧整体性尚好，但土钉伸入潜在滑动面外侧长度不足，抗拔力不够，或外部稳定性达不到要求，也会出现整体破坏。在软土地基，下层土开挖后，若软土直接暴露，当上方土体自重超过软土承载力时，软土容易侧向鼓出破坏，导致基坑失稳。

## 3.2 土钉墙施工工艺与质量控制

### 3.2.1 土钉墙构造要求

（1）土钉墙的坡度要求

土钉墙坡度指其墙面垂直高度与水平宽度的比值，土钉墙、预应力锚杆复合土钉墙的坡度不宜大于1∶0.2。对砂土、碎石土、松散填土，确定土钉墙坡度时应考虑开挖时坡面的局部自稳能力。微型桩、水泥土桩复合土钉墙，应采用微型桩、水泥土桩与土钉墙面层贴合的垂直墙面。

（2）土钉构造要求

① 钻孔注浆型钢筋土钉构造　土钉钢筋宜采用HRB400、HRB335级钢筋，钢筋直径应根据土钉抗拔承载力设计要求确定，且宜取直径16～32mm；为了保证土钉钢筋周围有足够的浆体保护层，沿土钉全长设置对中定位支架，其间距宜取1.5～2.5m，将土钉置于直径75～150mm的钻孔中，要求土钉钢筋保护层厚度不宜小于20mm；对中支架一般采用直径6～8mm的钢筋与主筋焊接，每组3个，在主筋圆周呈120°角排列，如图3-10（a）所示。

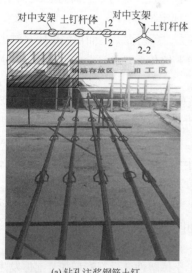 

(a) 钻孔注浆钢筋土钉　　　　　　　　(b) 钢管注浆土钉

图3-10　土钉大样及实物

土钉的注浆方式有许多种，较为常见也最简单的是重力注浆，主要通过浆液的重力填充孔口，这时的土钉需向下倾斜15°～30°。为了改善土钉与土体之间的界面黏结力，一般情况下宜用低压注浆（一般不超过0.5MPa），此时需要同时设置止浆塞和排气管。也可用二次劈裂注浆等各种增大界面黏结力的方法。对于端部做有螺纹并通过螺母、垫板与面层相连的土钉，在浆液固结硬化后宜用扳手拧紧螺母使土钉中产生一定的预应力（约为土钉设计拉力的10%，一般不超过20%）。

② 直接打入型钢管土钉构造　直接打入型钢管土钉一般采用外径不小于48mm、壁厚不小于3mm的热轧或热处理焊接钢管；钢管的注浆孔应设置在钢管前端 $l/2\sim 2l/3$ 范围内，每个注浆截面的注浆孔宜取2个，且应对称布置，注浆孔的孔径宜取5~8mm，注浆孔外应设置保护倒刺，如图3-10（b）所示；倒刺一般采用热轧等边角钢制作，边宽度30~63mm，边厚度3~6mm，理论质量1.37~5.72kg/m，与钢管三侧围焊。钢管土钉的连接采用焊接时，接头强度不应低于钢管强度；可采用数量不少于3根、直径不小于16mm的钢筋沿截面均匀分布拼焊，双面焊接时钢筋长度不应小于钢管直径的2倍。

(3) 土钉间距与倾角

土钉水平间距和竖向间距宜为1~2m。当基坑较深、土的抗剪强度较低时，土钉间距应取小值。土钉倾角宜为5°~20°。土钉长度应按各层土钉受力均匀、各土钉拉力与相应土钉极限承载力的比值近于相等的原则确定。

(4) 喷射混凝土面层

土钉墙高度不大于12m时，喷射混凝土面层的构造要求应符合下列规定：

① 喷射混凝土面层厚度宜取80~100mm。

② 喷射混凝土设计强度等级不宜低于C20。

③ 喷射混凝土面层中应配置钢筋网和通长的加强钢筋，钢筋网宜采用HPB300级钢筋，钢筋直径宜取6~10mm，钢筋网间距宜取150~250mm，钢筋网间的搭接长度应大于300mm，加强钢筋的直径宜取14~20mm。当充分利用土钉杆体的抗拉强度时，加强钢筋的截面面积不应小于土钉杆体截面面积的1/2。土钉墙顶应做砂浆或混凝土抹面层护顶防水等。土钉墙面层构造如图3-11所示。

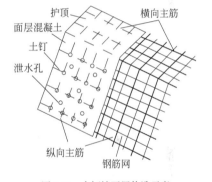

图3-11　土钉墙面层构造示意

(5) 连接件

土钉靠群体作用，构造中通常在土钉之间设置连接筋，通称加强筋。加强筋的作用主要有：①能更好地协调土钉共同工作；②稳定钢筋网片；③分散钉头对面层的局部压力，防止局部受剪破坏；④增加混凝土的延展性，防止钉头下混凝土发生冲切破坏。工程中通常在水平方向设置加强筋，加强筋一般采用直径16~25mm的HRB400带肋钢筋，通常设置2根，重要部位设置4根。

土钉与加强筋宜采用焊接连接，其连接应满足承受土钉拉力的要求；当在土钉拉力作用下喷射混凝土面层的局部受冲切承载力不足时，应采用设置承压钢板等加强措施。面层内不设置加强筋时，可使用4根钢筋呈"井"字形压紧钢筋网片，网片局部加强以增加混凝土局部抗压强度［图3-12（a）］。面层内设置加强筋时，通常在土钉端部焊接2根较短的"L"形钢筋［图3-12（b）］，L筋一般采用直径16~20mm的3级带肋钢筋制作，其一翼与加强筋压紧后焊接，焊缝长度一般不小于100mm。采用角钢连接［图3-12（c）］时，常用宽度45~63mm、厚度4~6mm、长度150~300mm的等边角钢，角钢一翼与土钉杆体焊接，另一翼与加强筋焊接，焊接应牢固，必要时进行焊缝强度验算。采用螺母、钢垫板连接时，垫板厚度不宜小于10mm，尺寸不宜小于50mm×50mm，螺杆直径一般与主筋直径相同［图3-12（d）］。

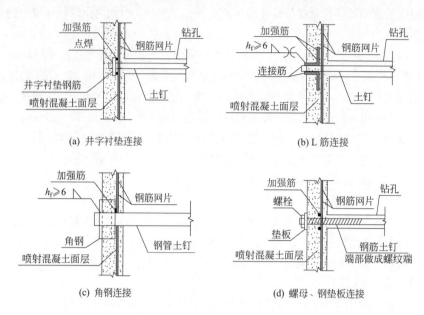

图 3-12 土钉与面层连接构造图（$h_f$ 为焊缝高度）

(6) 排水措施

土钉墙宜在排除地下水的条件下进行施工，以免影响开挖面稳定及导致喷射混凝土面层与土体黏结不牢甚至脱落。排水措施包括土体内设置降水井降水、土钉墙内部设置泄水孔泄水、地表及时硬化防止地表水向下渗透、坡顶修建排水沟截水及排水、坡脚设置排水沟及时排水防止浸泡等。

## 3.2.2 土钉墙施工工艺

(1) 土钉墙施工流程

土钉墙的施工工艺流程一般为：划分开挖高度及开挖工作面→修整坡面→喷射第一层混凝土→土钉定位→钻孔→清孔→制作、安装土钉→浆液制备、注浆→加工钢筋、绑扎钢筋网→安装泄水管→喷射第二层混凝土→养护→开挖下一层工作面。重复以上工作直到完成。

由于打入钢管注浆型土钉没有钻孔清孔过程，其一般采用专业机械设备直接打入，或者采用人工配合小型设备打入。

复合土钉墙的施工流程一般为：止水帷幕或微型桩施工→开挖工作面→土钉及锚杆施工→安装钢筋网及绑扎腰梁钢筋笼→喷射面层及腰梁混凝土→面层及腰梁养护→锚杆张拉→开挖下一层工作面。重复以上工作直到完成。

(2) 开挖工作面

土钉墙施工是随着工作面开挖分层施工的，每层开挖的最大高度取决于该土体可以站立而不破坏的能力。在砂性土中每层开挖高度为 0.5~2.0m，在黏性土中可以增大一些。

开挖高度一般与土钉竖向间距相匹配，以便于土钉施工。每层开挖的纵向长度，取决于交叉施工期间保持坡面稳定的坡面面积和施工流程的相互衔接，长度一般为 10m。使用的开挖施工设备必须能挖出光滑、规则的斜坡面，最大限度地减少对支护土层的扰动。松动部分在坡面支护前必须予以清除。对松散的或干燥的无黏性土，尤其是当坡面可能受到外来振动影响情况下，要先进行灌浆处理，附近爆破可能产生的影响也必须予以考虑。在用挖土机挖土时，应辅以人工修整（图 3-13）。

图 3-13　土钉墙边坡平整

（3）土钉成孔

根据地层条件及设计要求的平面位置、孔深、孔径、倾角等选择合理的土钉成孔方法以及相应的钻机和钻具。钻孔注浆土钉成孔方式可分为人工洛阳铲掏孔及机械成孔，人工成孔长度一般不大于 6m。机械成孔有回转钻进、螺旋钻进、冲击钻进等方式；打入式土钉可分为人工打入及机械打入。洛阳铲及滑锤为土钉施工专用工具，锚杆钻机及潜孔锤等多用于锚杆成孔，地质钻机及多功能钻探机等除用于锚杆成孔外，更多地用于地质勘察。对于饱和土，宜采用跟管钻进工艺成孔，或采用注浆击入式土钉技术。

土钉成孔应严格控制钻孔的偏差，孔位允许误差不大于 150mm，钻孔倾角误差不大于 3°。成孔后应注意清孔，孔内泥渣不宜过多。图 3-14 为土钉成孔设备及成孔效果。

图 3-14　土钉成孔设备及成孔效果

（4）制作、安装土钉

土钉杆体的钢筋使用前，应调直并清除污锈；当钢筋需要连接时，宜采用搭接焊、帮条焊的形式；应采用双面焊，双面焊的搭接长度或帮条长度应不小于主筋直径的 5 倍，焊缝高度不应小于主筋直径的 0.3 倍。安装前，宜采用压缩空气将孔内残留及扰动的渣土清除干净。放置的钢筋一般采用 HRB400 级螺纹钢筋。为保证钢筋在孔中的位置,应在钢筋上每隔 2~3m 焊置一个对中支架,对中支架可选用直径 6~8mm 的钢筋焊制,如图 3-10(a)所示。

(5) 安装钢筋网

钢筋网一般现场绑扎接长,应搭接一定长度,通常为 150~300mm;也可焊接,搭接长度应不小于 10 倍钢筋直径。钢筋网应在坡顶向外延伸一段距离,用通长钢筋压顶固定,喷射混凝土后形成护顶。钢筋网与受喷面的距离不应小于两倍最大骨料粒径,一般为 20~40mm。通常用插入受喷面土体中的短钢筋固定钢筋网,如果采用一次喷射法,应该在钢筋网与受喷面之间设置垫块以形成保护层,短钢筋或限位垫块间距一般为 0.5~2.0m。钢筋网片应与土钉、加强筋、固定短钢筋及限位垫块连接牢固,喷射混凝土时钢筋网在拌和料冲击下不应有较大晃动。图 3-15 为钢筋网片加工及质量控制。

图 3-15 钢筋网片加工及质量控制

(6) 浆液制备及注浆

土钉墙注浆可采用水泥浆或水泥砂浆:水泥浆的水灰比宜取 0.5~0.55;水泥砂浆的水灰比宜取 0.40~0.45,同时,灰砂比宜取 0.5~1.0。拌和用砂宜选用中粗砂,按重量计的含泥量不得大于 3%。浆液制备应避免人工拌浆,机械搅拌浆液时间一般不应小于 2min,要拌和均匀。水泥浆应随用随拌,一次拌和好的浆液应在初凝前用完,一般不超过 2h,在使用前应不断缓慢拌动。

钻孔注浆土钉通常采用简便的重力式注浆。将金属管或 PVC 管注浆管插入孔内,管口离孔底 200~500mm 距离,启动注浆泵开始送浆,因孔洞倾斜,浆液靠重力即可填满全孔,孔口快溢浆时拔管,边拔边送浆。水泥浆凝结硬化后常会产生干缩,在孔口要二次高压注浆甚至多次补浆。重力式注浆不可太快,防止喷浆及孔内残留气孔。

为保证土钉与周围土体紧密结合,应在孔口处设置止浆塞并旋紧,使其与孔壁紧密贴合,将注浆管插入至孔底 0.2~0.5m 处注浆,边注浆边向孔口方向拔管,直至注满。因为孔口被封闭,注浆时有一定的注浆压力,约为 0.4~0.6MPa。如果密封效果好,还应该安装一根小直径排气管把孔口内空气排出,防止压力过大。若久注不满,在排除水泥浆渗入地下管道或冒出地表等情况后,可采用间歇注浆法,即注浆后暂停一段时间,待已注入浆液初凝后再次注浆。浆液及注浆如图 3-16 所示。

(7) 喷射混凝土面层

一般情况下,为了防止土体松弛和崩解,必须尽快做第一层喷射混凝土。根据地层的性质,可以在安设土钉之前做,也可以在放置土钉之后做。对于临时性支护来说,面层可以做一层,厚度 50~150mm;对于永久性支护则做两层或三层,厚度为 100～300mm。喷射混凝土强度等级不应低于 C15，混凝土中水泥含量不宜低于 400kg/m³。喷射混凝土施工如图 3-17 所示。

图 3-16  浆液及注浆

湿喷混凝土工艺

喷混凝土回弹量控制措施

图 3-17  喷射混凝土施工

喷射混凝土最大骨料尺寸不宜大于 15mm，通常为 10mm。两次喷射作业之间应留一定的时间间隔。为使施工搭接方便，每层下部 300mm 暂不喷射，并做成 45°的斜面形状。为了使土钉同面层能很好地连成整体，一般在面层与土钉交接处加一块 150mm×150mm×10mm 或 200mm×200mm×12mm 的承压板，承压板后一般放置 2～4 根加强钢筋。在喷射混凝土面层中应配置一定数量的钢筋网，钢筋网能对面层起加强作用，并对调整面层应力有着重要的意义。钢筋网间距通常双向均为 200～300mm，钢筋直径为 6～10mm，在喷射混凝土面层中配置 1～2 层。

（8）排降水措施

当地下水位较高时，应采取人工降低地下水和排水的措施。人工降水多采用管井井点降水法，可沿坡顶每隔 10～20m 左右设置一个降水井。在降水的同时，也要做好坡顶、坡面和坡底的排水，应提前沿坡顶挖设排水沟并在坡顶一定范围内用混凝土或砂浆护面以排除地表水。坡面排水可在喷射混凝土面层中设置泄水管，一般使用 300～500mm 长的带孔塑料管，向上倾斜 5°～10°，排除面层后的积水。在坡底设置排水沟和集水井，并将排入集水井的水及时抽走。图 3-18 为坡面排水措施及排水管。

图 3-18　坡面排水措施及排水管

## 3.2.3　土钉墙施工质量检验

土钉墙施工质量控制及检测要点

土钉墙工程质量检验包括土钉抗拔力基本试验、土钉抗拔力验收试验、原材料的进场检验、喷射混凝土面层强度和厚度检验等。复合土钉墙工程质量检验除了上述试验和检验，还需对其他支护构件根据相关规范要求进行相应试验和检验，如预应力锚杆（索）、水泥搅拌桩等。

（1）土钉抗拔力试验

土钉抗拔力试验包括基本试验和验收试验。基本试验的主要目的是确定土钉的极限抗拔力，从而估算不同土层中土钉的界面黏结强度，每一典型土层中均应做一组（3根），试验最大荷载应加至土钉被破坏。验收试验的目的是检验土钉的实际抗力能否达到设计要求，检测数量不宜少于土钉总数的 1%，且同一土层中的土钉检测数量不应少于 3 根；试验最大荷载不应小于土钉轴向拉力标准值的 1.1 倍；土钉拉拔试验应按随机抽样的原则选取，并应在土钉固结体强度达到 10MPa 或达到设计强度等级的 70%后进行。试验时荷载应分级加载，每级加载增量宜取最大试验荷载的 1/12～1/8。

（2）面层强度及厚度检验

土钉墙面层喷射混凝土应进行现场试块强度试验，每 500$m^2$ 喷射混凝土面积试验数量不应少于一组，每组试块不应少于 3 个；对于小于 500$m^2$ 的独立工程，取样不少于一组。喷射混凝土抗压强度试块可采用现场喷射混凝土大板方法制作。大板模具尺寸为 450mm×350mm×120mm（长×宽×高），其尺寸较小的一边为敞开状，现场喷射混凝土大板养护 7d 后，加工切割成边长为 100mm 的立方体试块。当不具备切割制取试块的条件时，亦可直接向边长为 150mm 的立方体无底试模内喷射混凝土制取试块，其抗压强度换算系数可通过试验确定。

喷射混凝土厚度检查（图 3-19）可采用凿孔法或其他方法检查，每 500$m^2$ 喷射混凝土面积检测数量不应少于一组，每组的检测点不应少于 3 个；全部检测点的面层厚度平均值不应小于厚度设计值，最小厚度不应小于厚度设计值的 80%，并不应小于 50mm。

图 3-19 喷射混凝土厚度取芯检测

## 3.3 锚杆的类型与特点

### 3.3.1 锚杆支护作用机理

锚杆是将受拉杆件的一端（锚固段）固定在稳定地层中，另一端与工程构筑物相联结，用以承受由土压力、水压力等施加于构筑物的推力，从而利用地层的锚固力以维持构筑物（或岩土层）的稳定。

岩土锚固是通过埋设在地层中的锚杆将结构物与地层紧紧地联系在一起，依赖锚杆与周围地层的抗剪强度传递结构物的拉力或使地层自身得到加固，以保持结构物和岩土体稳定。与其他支护形式相比，锚杆支护具有以下特点：

① 能为地下工程施工提供开阔的工作面，极大地方便土方开挖和主体结构施工。
② 对岩土体的扰动小，机械及设备的作业空间不大，适合各种地形及场地。
③ 可用高强钢材，并可施加预应力，能够有效地控制建筑物的变形量。
④ 锚杆代替钢或钢筋混凝土支撑，可以节省大量钢材，减少土方开挖量，改善施工条件，尤其对于面积很大、支撑布置困难的基坑。
⑤ 锚杆的作用部位、方向、间距、密度和施工时间可以根据需要灵活调整，经济效益明显，可大量节省劳力，加快工程进度。
⑥ 可用于深基坑支护、边坡加固、滑坡整治、水池、泵站抗浮、挡土墙锚固以及结构抗倾覆等工程。

### 3.3.2 锚杆的构造

锚杆通常由锚头（包括台座、承载板和锚具等）、套管、拉杆和锚固体等组成，如图 3-20 所示。锚头是锚杆体的外露部分；锚固体通常位于钻孔的深部；锚头与锚固体间一般还有一段自由段；拉杆是锚杆的主要部分，贯穿锚杆全长。

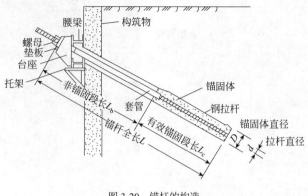

图 3-20　锚杆的构造

(1) 锚头

锚头是构造物与拉杆的连接部分，由台座、垫板和紧固器组成，如图 3-21 所示。

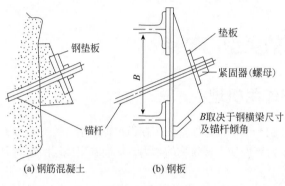

图 3-21　锚头形式

① 台座：当构造物与拉杆方向不垂直时，需要用台座作为拉杆受力调整的插座，并固定拉杆位置，防止产生滑动和有害变位。台座用钢板或混凝土制成。

② 垫板：为使拉杆的集中力分散传递，并使紧固器与台座的接触面保持平顺，钢筋必须与垫板正交，一般采用 20～40mm 厚的钢板。

③ 紧固器：其作用是将拉杆与垫板、台座支护结构牢固连接在一起，通过紧固器可以对拉杆施加预应力并实施应力锁定，其作用同预应力锚具。

(2) 拉杆

拉杆是锚杆的中心部分，依靠抗拔力承受作用于支护结构上的侧压力，其长度是锚杆头部到锚固段全长。

(3) 锚固体

锚固体是由水泥砂浆或水泥浆将拉杆与土体黏结在一起形成的，通常呈圆柱状，其作用是将拉杆的拉力通过锚固体与土之间的摩擦力传递到锚固体周围的土层中去。

锚固体的形式有圆柱形、扩大端部形及连续球形三种（图 3-22）。对于拉力要求不大的临时性挡土结构可采用圆柱形锚固体；锚固于砂质土、硬黏土层并要求较高的拉力时，可采用扩大端部形锚固体；锚固淤泥质土并要求较大承载力时，可采用连续球形锚固体。

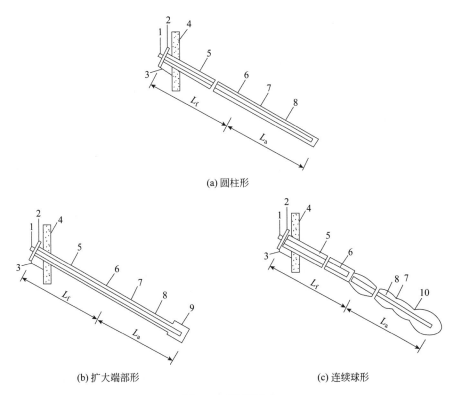

(a) 圆柱形

(b) 扩大端部形　　　　　　　(c) 连续球形

图 3-22　锚固体形式

1—锚具；2—垫板；3—台座；4—围护结构；5—钻孔；6—注浆防腐处理；7—预应力钢筋；
8—圆柱形锚固体；9—端部扩大头；10—连续球体；$L_f$—自由段长度；$L_a$—锚固段长度

### 3.3.3　常用锚杆类型与特点

(1) 拉力型锚杆与压力型锚杆

拉力型锚杆与压力型锚杆的主要区别在于锚杆受荷后其固定段内的灌浆体分别处于受拉和受压状态，具体如图 3-23 所示。

拉力型锚杆及压力型锚杆的区别

(a) 拉力型锚杆　　　　　　　(b) 压力型锚杆

图 3-23　拉力型和压力型锚杆示意图

锚杆内荷载传递

拉力型锚杆是依赖其固定段杆体与灌浆体接触的界面上的剪应力由顶端向底端传递荷载 [图 3-23 (a)]。锚杆工作时，固定段的灌浆体容易出现张拉裂缝，防腐性能差。

压力型锚杆则借助特制的承载体和无黏结钢绞线或带套管钢筋使之与灌浆体隔开，将荷载直接传至底部的承载体，从而由底端向固定段的顶端传递的 [图 3-23 (b)]。由于其受荷时固定段的灌浆体受压，不易开裂，防腐性能好，适用于永久性锚固工程。

在同等荷载条件下，拉力型锚杆固定段上的应变值要比压力型锚杆大。但是压力型锚杆的承载力受到灌浆体抗压强度的限制，如仅采用一个承载体，则承载力不太高。

学习情境 3　土钉墙与锚杆施工

(2) 单孔单一锚固与单孔复合锚固

① 单孔单一锚固　传统的拉力型与压力型锚杆均属于单孔单一锚固体系。在一个钻孔中只安装一根独立的锚杆，尽管可由多根钢绞线或钢筋构成锚杆杆体，但只有一个统一的自由长度和锚固长度。由于灌浆体与岩土体的弹性特征很难协调一致，因此不能将荷载均匀传递到锚固长度上，会出现严重的应力集中现象。随着锚杆荷载增大，在荷载传至锚固段末端之前，在杆体与灌浆体或灌浆体与地层界面上就会发生黏结效应逐渐弱化或产生脱开的现象，大大降低地层强度的利用率。

目前工程中采用的单孔单一锚固型锚杆大多为拉力集中型锚杆，其锚固体在工作时受拉，易开裂，为地下水的渗入提供通道，对防腐极其不利，严重影响锚杆的使用寿命。

② 单孔复合锚固　单孔复合锚固体系是在同一钻孔中安装几个单元锚杆，而每个单元锚杆均有自己的杆体、自由长度和锚固长度，而且承受的荷载也是通过各自的张拉千斤顶施加，并通过预先的补偿张拉（补偿每个单元在同等荷载下因自由长度不等而引起的位移差）而使所有单元锚杆始终承受相同的荷载。由于将集中力分散为若干个较小的力分别作用于长度较小的锚固段上，使得锚固段上的黏结应力峰值大大减小且分布均匀，能最大限度地调用锚杆整个范围内的地层强度。此锚固系统的锚固长度理论上是没有限制的，锚杆承载力可随锚固长度的增加而增加。

(3) 锚根扩体型锚杆

采用扩体锚根的方法来提高锚杆承载力是十分有效的，其摩阻面积的增大对提高承载力有一定作用，但更重要的是要提高扩大端所在地层对锚杆拔出时的抗力。

扩体锚根固定的锚杆主要有两种形式：一种是仅在锚根底端扩张成一个大的扩体，称为底端扩体型锚杆；另一种是在锚根（锚固体）上扩成多个扩体，称为多段扩体型锚杆。

底端扩体型锚杆主要用于黏性土中，因为黏性土中形成的孔穴不易坍塌。钻孔底端的孔穴，可用配有绞刀的专用钻机或在钻孔内放置少量炸药爆破形成。用钻机钻孔的主要问题是如何清除孔穴内的松散物料；而用爆破方法来扩张钻孔又只能适于埋置较深的锚杆，因为接近地面（深度小于 5m）会加大周围土体的破坏区，影响锚杆的固定强度。

多段扩体型锚杆是采用特制的扩孔器在锚固段上扩成多个圆锥形扩体，每个圆锥体的承载力可达 200～300kN。

(4) 其他锚杆

① 自钻式（自进式）锚杆　自钻式锚杆由中空螺纹杆体、钻头、垫板螺母、连接套和定位套组成。锚杆杆体在强度很低和松散地层中钻进不需退出，并可利用中空杆体注浆，避免普通锚杆钻孔后坍塌卡钻及插不进杆体的缺点，先锚后注浆，可提高注浆效果。自钻式锚杆价格较高，限制了它的推广。

② 中空注浆锚杆　中空注浆锚杆是自钻式锚杆的简化和改型，在钻孔完成后安设，取消了钻头，并将杆体材料由合金钢改为碳素钢，保留了杆体是全螺纹无缝钢管以及有连接套、金属垫板、止浆塞等特点，使其仍可先锚后注浆，继承了自钻式锚杆注浆压力高、加固效果好等优点，而价格约比自钻式锚杆低 1/2～2/3。

③ 土中打入式锚杆　土中打入式锚杆也是一种将钻孔、锚杆安装、注浆、锚固合而为一的锚杆，锚杆体使用等截面的钢管取代钢筋。该锚杆的锚固力主要由钢管表面与地层之间的摩擦力提供，钢管一定长度的范围内按一定的密度布置透浆孔，透浆孔的直径一般为 6～8mm，通过钢管杆体进行压力注浆可提高锚固力。该锚杆施工速度快、能及时提供锚固力，可用于各

类土层，特别适用于如卵石层、砂砾层、杂填土和淤泥等难以成孔的地层。

## 3.4 锚杆施工工艺与质量控制

### 3.4.1 锚杆施工工艺流程

(1) 钻孔

锚杆孔的钻凿是锚固工程质量控制的关键工序。锚杆成孔直径宜取 100~150mm。应根据地层类型和钻孔直径、长度以及锚杆的类型来选择合适的钻机和钻孔方法，成孔工艺应满足孔壁稳定性要求。

在黏性土中钻孔，最合适的是带十字钻头和螺旋钻杆的回转钻机；在松散土和软弱岩层中钻孔，最适合的是带球形合金钻头的旋转钻机；在坚硬岩层中钻直径较小的孔，适合用空气冲洗的冲击钻机，钻直径较大的孔，需使用带金刚石钻头和潜水冲击器的旋转钻机，并采用水洗。图 3-24 为锚杆钻孔施工现场。

图 3-24 锚杆钻孔施工现场

在填土、砂砾层等易塌孔的地层中，可采用套管护壁、跟管钻进，也可采用自钻式锚杆或打入式锚杆。跟管钻进工艺主要用于钻孔穿越填土、砂卵石、碎石、粉砂等松散破碎地层。通常用锚杆钻机钻进，采用冲击器、钻头冲击回转全断面造孔钻进，在破碎地层造孔的同时，冲击套管管靴使得套管与钻头同步进入地层，从而用套管隔离破碎、松散易塌的地层，使得造孔施工得以顺利进行。

(2) 锚杆杆体的制作与安装

① 锚杆杆体的制作 钢筋锚杆的杆体宜选用 HRB400 级螺纹钢筋，其制作相对比较简单，按设计预应力筋长度切割钢筋。钢筋长度不够时可按《混凝土结构工程施工质量验收规范》(GB 50204—2015) 钢筋焊接技术要求进行双面搭接焊、双面帮条焊或用连接器接长钢筋。

用粗钢筋作拉杆时，根据承受荷载的要求，以不超过 3 根为宜，如必须更多时，则应按需要长度的拉杆点焊成束，间隔 2~3m 点焊。为了使拉杆钢筋能放置在钻孔的中心以便于插入，宜在拉杆下部焊船形支架（成 120° 分布）。同时，为了插入钻孔时不至于经孔壁置带入大量的土体，必要时可在拉杆尾端放置圆形锚靴。

拉杆采用钢绞线时，一般锚索需要在工地现场装配。首先要确定锚索的总长，并将各锚索切断至该长度，每股长度误差不大于 50mm。由于锚索通常是以涂油脂和包装物保护的形式运到现场，因此锚索切断后应清理锚固段的防护层（用溶剂或蒸汽清除防护油脂）。如锚索是由多根钢绞线构成时,则必须在锚固端沿锚索长度安装架线环,以使各钢索保持一定的分开间距,架线环间距 1.0～1.5m,使用的材料能经受住装卸和安装就位时的强度并能保证对锚索钢材无有害的影响。图 3-25 是多根钢绞线锚索的结构简图。

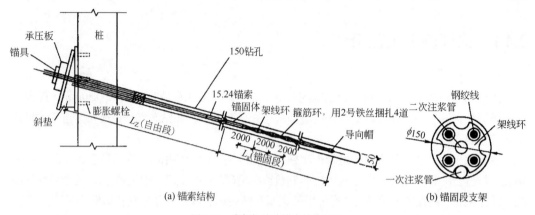

图 3-25　多根钢绞线锚索结构简图

锚杆的拉杆加工和安装结束时,必须进行仔细的检查,如核对尺寸、检查间隔块和定位中心装置是否恰当、防护装置是否损坏等。

② 锚杆的安装　锚杆安装前应检查钻孔孔距及钻孔轴线是否符合规范及设计要求。在一般情况下,拉杆钢筋与灌浆管应同时插入钻孔底部,尤其对于土层锚杆,要求杆体插入孔内深度不宜小于杆体长度,退出钻杆立即将拉杆插入孔内,以免塌孔。插入时要将拉杆有支架的一端向下方,若钻孔使用套管护壁时,则在插入拉杆灌浆后,逐段将套管拔出。图 3-26 为锚杆自由段制作。

图 3-26　锚杆自由段制作

当长锚杆(或锚索)重量较大时,要用起重设备。起吊的高度与锚杆钻孔的倾斜角度有关,目的是能顺着钻孔的斜度将拉杆送入孔内,避免由于人工搬运、插入造成拉杆的弯曲。

(3) 锚头施工

锚具、垫板应与锚杆体同轴安装,对于钢绞线或高强钢丝锚杆,锚杆体锁定后其偏差应不超过±5°。垫板应安装平整、牢固,垫板与垫墩接触面无空隙。

切割锚头多余的锚杆体宜采用冷切割的方法,锚具外保留长度不应小于 100mm。当需要补偿张拉时,应考虑保留张拉长度。

(4) 浆液制备与注浆

注浆是为了形成锚固段和为锚杆提供防腐蚀保护层，一定压力的注浆还可以使注浆体渗入地层的裂隙和缝隙中，从而起到固结地层、提高地基承载力的作用。水泥砂浆的成分及拌制、注入方法决定了灌浆体与周围岩土体的黏结强度和防腐效果。

① 浆液的制备　锚杆注浆浆液应选用可灌性好、结石收缩率小、强度高且具有早强性能的注浆液配方。一次注浆锚杆，或者多次注浆锚杆的第一次注浆时，建议优先选用砂浆，推荐锚杆灌浆砂浆的配比如下：

a. 水灰比 0.4～0.45，选用强度等级不低于 42.5MPa 的普通硅酸盐水泥；

b. 灰砂比（1∶1）～（1∶0.5），砂宜选用中砂并过筛，含泥量不得大于 3%；

c. 搅拌用水，要求硫酸盐含量不超过 0.1%，氯盐含量不超过 0.5%，不得使用含有大量悬浮物及有机质的水；

d. 为避免大块浆液堵塞压浆泵，砂浆需经过滤网再注入压浆泵；

e. 根据需要添加早强剂和减水剂，或早强和减水复合型外加剂；

f. 注浆液试块 7d 抗压强度不小于 20MPa，28d 抗压强度应不小于 30MPa。

当不具备砂浆泵，或者锚杆需进行二次注浆时，灌浆液采用纯水泥浆，浆液水灰比 0.45～0.50。7d 浆液试块抗压强度不小于 20MPa，28d 试块抗压强度不小于 30MPa，可根据需要添加早强剂和减水剂。

为了增加水泥的早期强度、流动度和降低固结后的收缩，可在水泥浆中加入外加剂，但应注意，外加剂不能对钢材有腐蚀作用。常用水泥浆用外加剂的掺量见表 3-1。

表 3-1　常用水泥浆用外加剂的掺量

| 外加剂种类 | 化学及矿物成分 | 宜掺量（占水泥重量）/% | 说明 |
| --- | --- | --- | --- |
| 早强剂 | 三乙醇胺 | 0.05 | 加速凝固和硬化 |
| 减水剂 | LINF-S 型 | 0.6 | 增加和减少收缩 |
| 膨胀剂 | 铝粉 | 0.005～0.020 | 膨胀量可达 15% |
| 缓凝剂 | 木质素磺酸钙 | 0.2～0.5 | 缓凝并增大流动性 |
| 复合早强减水剂 | FDN 系列 | 0.3～0.6 | 增加流动性，早强 |

② 注浆　水泥浆采用注浆泵通过高压胶管和注浆管注入锚杆孔，注浆泵的操作压力范围为 0.1～12MPa，通常采用挤压式或活塞式两种注浆泵，挤压式注浆泵可注入水泥砂浆，但压力较小，仅适用于一次注浆或封闭自由段的注浆。注浆管一般是直径 12～25mm 的 PVC 软塑料管，管底离钻孔底部的距离通常为 100～250mm，并每隔 2m 左右就用胶带将注浆管与锚杆预应力筋相连。在插入预应力筋时，在注浆管端部临时包裹密封材料以免堵塞，注浆时浆液在压力作用下冲破密封材料注入孔内。

注浆常分为一次注浆和二次高压注浆两种注浆方式。一次注浆是浆液通过插到孔底的注浆管，从孔底一次将钻孔注满直至从孔口流出的注浆方法。这种方法要求对锚杆预应力筋的自由段预先进行处理，采取有效措施确保预应力筋不与浆液接触。二次高压注浆是在一次注浆形成注浆体的基础上，对锚杆锚固段进行二次（或多次）高压劈裂注浆，使浆液向周围地层挤压渗透，形成直径较大的锚固体并提高锚杆周围地层的力学性能，大大提高锚杆承载能力。通常在一次注浆后 4～24h 进行，具体间隔时间由浆体强度是否达到 5MPa 左右确定。该注浆方法需随预应力筋绑扎二次注浆管和密封袋或密封卷，注浆完成后不拔出二次注浆管。二次高压注浆非常适用于承载力低的软弱土层中的锚杆。

注浆压力取决于注浆的目的和方法、注浆部位的上覆地层厚度等因素，通常锚杆的注浆压力不超过 2MPa。锚杆注浆的质量决定着锚杆的承载力，必须做好注浆记录。采用二次高压注浆时，尤其需做好二次注浆时的注浆压力、持续时间、注浆量等记录。图 3-27 为锚杆灌浆施工现场。

图 3-27　锚杆灌浆施工现场

(5) 锚杆张拉锁定

① 张拉荷载　拉锚式围护结构所采用的锚杆，应在锚杆下方土体开挖之前进行张拉锁定。初期张拉力指固定锚杆时所施加的拉力，也称为预应力或张拉力。

锚杆的张拉力应根据锚杆的设计荷载以及围护结构变形控制要求确定。

当对围护结构的变形没有提出特殊要求时，张拉力可以选用锚杆轴向拉力标准值的 70%；当对围护结构有变形控制要求时，应根据变形控制计算所需的荷载确定锚杆的张拉锁定力，可以大于轴向拉力标准值的 70%，但不宜大于锚杆轴向拉力标准值，且不应大于设计荷载。

在一般情况下，锚杆张拉锁定力不是越大越好，围护结构小变形时，锚杆的受力就有可能比计算模式的极限状态大，造成拉锚不安全。锚杆张拉锁定力过大时，靠近基坑侧面的地基土层沉降会有造成锚杆进一步拉紧、超出设计荷载的风险。此外，锚杆张拉锁定力取决于构筑物的允许变形量，因此必须对锚杆变形量和构筑物的允许变形量进行详尽的考虑。图 3-28 为锚杆预应力张拉现场。

图 3-28　锚杆预应力张拉现场

② 锚具　锚杆锁定的形式主要有螺母（套筒）拧紧、专用锚具夹片锁定和锚头焊死等形式。精轧螺纹钢筋一般配套有专用的内螺纹套筒，用来锁定锚杆很方便；一般螺纹钢筋，吨位较小时可以采用锚头焊接的方式固定，吨位较大时可以帮螺栓，张拉后采用螺母拧紧固定；钢绞线作为杆体的预应力锚索，采用孔数和直径与钢绞线型号和根数匹配的专用锚具，张拉夹片自动锁紧。在特殊的情况下，锚杆或锚索要求分期张拉时，钢筋锚杆应考虑采用螺栓锚头，钢绞线的锚头采用工具锚，以方便二次张拉或多次张拉。

③ 锚杆张拉　确定了锚杆的张拉锁定力之后，应选用张拉千斤顶，在锚杆注浆固结体达到张拉要求的强度之后，进行锚杆的张拉锁定。锚杆张拉用千斤顶应选用穿心式，自由行程不得小于150mm，千斤顶的出力荷载不得小于1.5倍锚杆设计荷载。

锚杆张拉还应符合以下规定和要求：

a. 当锚杆固结体的强度达到设计强度的75%且不小于15MPa后，方可进行锚杆的张拉锁定。

b. 为了避免锚杆锁定时荷载损失，锁定时的实际张拉力应略大于设计要求的锁定荷载值，一般张拉力是设计锁定荷载的1.1～1.15倍。

c. 宜采用锚杆拉力测试计对锁定后的锚杆拉力进行测试；在锚杆锁定后的48h内，锚杆拉力低于设计锁定值的90%时，应进行再次锁定；锚杆锁定尚应考虑相邻锚杆张拉锁定引起的预应力损失，当锚杆拉力低于设计锁定值的90%时，应进行再次锁定；锚杆出现松弛、锚头脱落、锚具失效等情况时，应及时进行修复并再次张拉锁定。

d. 锁定后锚杆外端部宜采用冷切割方法切除；锚具外切割后的钢绞线保留长度不应小于50mm，采用热切割时，不应小于80mm；当锚杆需要再次张拉锁定时，锚具外的杆体预留长度应满足二次张拉要求。

### 3.4.2　锚杆试验与施工检测

锚杆设计所采用的大多为经验参数，而岩土层的分布、钻孔、注浆等影响因素十分复杂，故各项锚杆工程在正式施工前必须进行锚杆试验，目的是判明施工的锚杆能否满足设计的性能要求，若不能满足时，应及时修改设计或采取补救措施，以保证锚杆工程的安全。

锚杆工程需要进行的试验有以下三种。

① 常规性试验：在锚杆正式施工之前，应该根据标准和规范的要求，进行锚杆材料、设备的试验和检验工作。锚杆工程需要检验的材料和项目包括：a. 拉杆的材料和强度、锚头；b. 注浆用的水泥、砂和水，设计浆液固化强度；c. 施工机械、注浆压力表、张拉千斤顶等。这些常规性试验和检验通常由承包锚杆施工的单位进行，施工监理单位抽检。

② 锚杆基本试验：也称为锚杆极限抗拔力试验，要求试验锚杆的参数、材料、施工工艺及其所处的地质条件与工程锚杆相同。应在工程锚杆正式施工之前开展锚杆基本试验，在试验中要求锚杆张拉至破坏，取得锚杆的极限抗拔力；也可以根据试验成果大概计算出锚杆锚固段与土层的平均黏结强度值。试验成果可以检验锚杆设计的合理性，并将作为锚杆设计的主要依据。锚杆基本试验的数量一般不少于3根，如果施工地段很长且地层变化很大的场地还应根据具体情况增加试验的数量。在实际工作中，如有条件，应请有检测资质的单位进行锚杆基本试验。

③ 验收试验：也称为锚杆抗拔力检测试验，是对已施工的锚杆进行抗拔承载力检测，用以检验锚杆施工是否达到设计要求。现行的行业规范《建筑基坑支护技术规程》（JGJ 120）规

定：锚杆抗拔力检测试验应在锚杆的固结体强度达到设计强度的 75%后进行，锚杆检测数量应不少于锚杆数量的 5%，且同一土层中的锚杆检测数量不应少于 3 根，试验锚杆应该采取随机抽样的方法选取。试验时一般采用单循环分级加载，最大荷载与基坑的安全等级有关。

## 小结

本学习情境主要介绍了基坑支护中常见的土钉与锚杆两类结构，详细阐述了土钉与锚杆的支护作用机理及其异同点，详细介绍了土钉与锚杆的结构构造与施工工艺流程，同时对土钉与锚杆的施工质量控制要点进行了说明，简要概括了土钉与锚杆的施工质量检测内容与方法。

## 课后习题

### 一、单选题

1. 土钉是设置在基坑侧壁土体内的承受拉力与（　　）的杆件。
  A．剪力　　　　　　B．土体垂直压力　　C．土体侧向压力　　D．摩擦力

2. 检测数量不应少于锚杆总数的（　　），且同一土层中的锚杆检测数量不应少于 3 根。
  A．5%　　　　　　　B．10%　　　　　　C．15%　　　　　　D．20%

3. 当基坑开挖面上方的锚杆、土钉、支撑未达到设计要求时，（　　）向下超挖土方。
  A．不宜　　　　　　B．不可　　　　　　C．不应　　　　　　D．严禁

4. 成孔注浆型钢筋土钉墙的构造要求成孔直径宜取（　　）。
  A．70～120mm　　　B．20～70mm　　　C．100～150mm　　D．200～220mm

5. 关于注浆料用的细骨料，下列规定错误的是（　　）。
  A．水泥砂浆只能用于一次注浆，细骨料应选用粒径小于5.0mm 的砂
  B．砂的含泥量按重量计不得大于总重量的3%，砂中含云母、有机质、硫化物及硫酸盐等有害物质的含量，按重量计不得大于总重量的1%
  C．骨料中不得含有有害物质
  D．以上都不对

### 二、多选题

1. 喷混凝土的主要类型有（　　）。
  A．干喷　　　　　　B．湿喷　　　　　　C．水喷　　　　　　D．先干后湿

2. 锚杆按结构分为（　　）。
  A．锚固段　　　　　B．自由段　　　　　C．锚头　　　　　　D．张拉段

### 三、简答题

1. 土层锚杆与土钉墙主要区别在哪些方面？
2. 锚杆试验与检测的内容与方法有哪些？

## 学习情境 4

# 地下连续墙施工

### 情境描述

　　地下连续墙就是用专用设备沿着深基础或地下构筑物周边采用泥浆护壁开挖出一条具有一定宽度与深度的沟槽，在槽内设置钢筋笼，采用导管法在泥浆中浇筑混凝土，筑成一单元墙段，依次顺序施工，以某种接头方法连接成的一道连续的地下钢筋混凝土墙，以便基坑开挖时防渗、挡土，可作为邻近建筑物基础的支护以及直接成为承受直接荷载的基础结构的一部分。

　　通过本情境的学习，掌握地下连续墙施工各环节的工作流程，能根据工程图纸要求做好地下连续墙的施工及质量控制措施，并了解常见的地下连续墙施工质量缺陷产生原因及处理措施。实施过程中要求遵守规范强制性要求和图纸要求，做好施工协调工作。任务实施可以由教师与学生共同设置场景，进行角色定位，虚拟某地铁工程地下连续墙施工过程；同时也可布置任务，进行相应的工地现场调研，使学生进行入地下连续墙施工现场，了解现场地下连续墙施工的工作内容，以报告的形式提交学习成果。

### 学习目标

**知识目标**

① 了解地下连续墙的发展历史及在轨道交通工程中的应用；
② 掌握地下连续墙的特点与适用条件；
③ 掌握地下连续墙施工图纸识读方法；
④ 掌握地下连续墙的施工工艺流程；
⑤ 掌握地下连续墙施工质量控制要点。

**能力目标**

① 能识读地下连续墙施工图纸；
② 能对地下连续墙施工进行质量控制；
③ 能对地下连续墙工程质量问题进行处理。

**素养目标**

① 培养遵守国家及行业地连墙施工、设计规范的能力；

② 形成良好的团队协作、沟通协调能力；
③ 具备优质工程质量意识；
④ 具备严谨工作作风。

## 4.1 地下连续墙概述

### 4.1.1 地下连续墙的定义与发展

地下连续墙这种工程结构在二十世纪五十年代起源于意大利米兰，后期传入法国、日本、英国、美国、苏联等国，地下连续墙结构首先从水利水电项目基础工程中开始应用，首个地下连续墙结构是作为防渗墙应用于 Santa Malia 大坝工程中。我国也是较早应用地下连续墙施工技术的国家之一，起初也是主要应用在水利水电项目作为防渗墙，如北京密云水库建造的深 44m 的槽孔式防渗墙。目前地下连续墙结构已经推广到建筑、市政、轨道交通、铁道等项目上，其中在高层建筑的深基坑围护结构、轨道交通车站围护结构、过江隧道的明挖段围护结构应用尤其广泛。以我国为例，据资料显示，目前超过半数的明挖法地铁车站采用地下连续墙作为围护结构。尤其在长江以南地区，几乎全部采用地下连续墙作为围护结构。

地下连续墙最初应用时受施工机械设备所限，一般深度小于 20m，厚度小于 0.6m，到二十世纪七八十年代，随着成槽设备的快速发展，墙厚已达到 1.0m 左右，深度可达 100m。到二十世纪末，随着水平多轴铣槽机的应用，出现了超厚和超深地下连续墙结构，如已建成的日本东京湾跨海大桥的川崎人工岛地下连续墙基础，墙厚达 2.8m，最大深度达 140m。目前，我国轨道交通领域内作为地铁车站围护结构的地下连续墙一般厚度在 1.0m 左右，深度在 40～50m，一些特殊车站地下连续墙深度可达到 80～100m 甚至更深。

随着地下连续墙结构在我国各类工程中的广泛应用，目前作为基坑围护结构已经形成了包括设计、施工、检测、设备等成套技术。目前，随着节能减排理念的大力推行，围护结构与主体结构合二为一成为国内外工程领域的新趋势，对于地下连续墙结构而言，以后的发展趋势为在施工阶段作为支护结构，正常使用阶段又作为结构外墙承受永久水平和竖向荷载，真正做到"两墙合一"。目前"两墙合一"主要应用在一些高层建筑工程中，如我国的上海银行大厦、平安保险广场和上海二十一世纪中心大厦等工程。同时，随着新一轮基建热潮，一些异型及特殊地层的深大基坑不断涌现，加之对经济性和社会资源节约的要求日益提高，这些因素都促使地下连续墙工艺得到了进一步发展，同时也出现了一批设计难度较高的工程。例如上海世博会的 500kV 地下变电站项目（图 4-1），围护结构采用直径 130m 的圆形基坑，基坑开挖深度为 34m，考虑到正常使用阶段可以兼作外墙，设计采用了 1.2m 厚的"两墙合一"的地下连续墙作为围护结构。在一些城市的地铁车站由于受地形所限，导致一些异型基坑出现，从而出

图 4-1 上海世博会 500kV 变电站围护结构示意图

现了一大批异型地下连续墙结构。

## 4.1.2 地下连续墙的特点与结构形式

目前，在深基坑围护结构工程中，地下连续墙凭借其所具备的截水、防渗、承重、挡土及安全可靠等各项优异性能，已被公认为是最佳挡土结构之一。尤其近年来在地铁明挖车站围护结构中，随着对周边环境保护的需要，对车站深基坑支护技术水平及施工工艺要求越来越高，地下连续墙结构成了地铁深基坑支护的首要选择。通常来说，地下连续墙具有如下显著的优点：

① 相比于其他工法如桩基施工，施工时具有低噪声、低震动等优点，工程施工对环境的影响小。

② 由于地下连续墙普遍采用钢筋混凝土材料，因此其墙身刚度大且整体性好，因此在基坑开挖过程中安全性较高，支护结构变形较小。基坑开挖时，如配合内支撑体系则可承受很大的土压力，极少发生地基沉降或塌方事故，一般来说对周围环境受力变形影响较小。

③ 由于墙身材料采用钢筋混凝土，加之目前地下连续墙的接头形式较多，如常见的工字钢、十字钢板等刚性接头均具有良好的抗渗与止水性能，使地下连续墙几乎不漏水，因此当存在坑内降水时对坑外的影响较小，同时坑外地层中的地下水对坑内施工影响亦较小。

④ 如设计时考虑"两墙合一"，地下连续墙可作为地下结构的外墙，同时可配合"逆做法"施工，地下连续墙刚度大，易于设置埋设件，很适合于逆做法施工，能大大缩短工期、降低工程造价。

⑤ 由于地下连续墙具有优异的受力性能，可以在城市闹市区做到贴近施工，可以紧贴原有建筑物建造地下连续墙，为闹市区施工提供更多的施工场地，能充分发挥投资效益。

⑥ 可用作刚性基础。目前地下连续墙不再单纯作为防渗防水、深基坑围护墙，而且越来越多地用地下连续墙代替桩基础、沉井或沉箱基础，可承受更大荷载。

虽然地下连续墙具备诸多优点，但也有一些缺点：

① 在某些特殊的地质条件下，如富水砂层、淤泥质软土，含漂石的冲积层、超硬岩石等地层中，地下连续墙施工可能会遇到一些质量问题，施工难度较大，成槽及成墙质量不易保证。

② 如果施工方法不当或施工地质条件特殊，可能出现相邻墙段不能对齐、侵入建筑限界、接头漏水等问题，因而须采取相关的措施来保证地下连续墙施工的质量。

③ 地下连续墙如果仅用作临时的挡土结构，相对于传统施工工艺方法所用的造价费用要高，如目前国内地铁车站基坑地下连续墙一般仅作为施工临时挡土结构，并未做到将其与主体结构"两墙合一"。

④ 地下连续墙施工由于深度较大，因此出渣量比较可观；同时施工中采用泥浆护壁，因此不可避免也存在弃土和废泥浆处理问题。这些问题均对城市环境保护带来挑战，但同时需要指出的是这些问题也是目前一些工程应用研究的热点问题。

目前应用在深基坑工程中的地下连续墙主要有壁板式、T形、Π形、格形、预应力或非预应力U形折板地下连续墙等几种结构形式（图4-2）。壁板式地下连续墙为最常见类型，该形式根据基坑结构受力及基坑功能需要又分为直线壁板式与折线壁板式，折线壁板式一般多用于基坑弧形段和转角位置，如地铁车站的盾构始发、接收井位置。由于其平面变化灵活，因此适用于各种直线段和圆弧段墙段，例如，在上海世博会500kV地下变电站直径130m的圆筒形基坑地下连续墙设计中，就采用了80幅直线壁板式地下连续墙来模拟圆弧段。

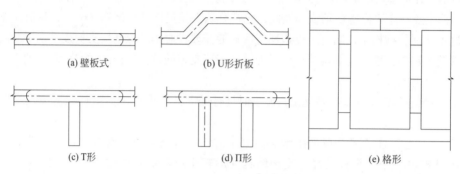

图4-2 地下连续墙平面结构形式

T形和Π形地下连续墙一般适用于基坑开挖深度较大且支撑竖向间距较大、墙厚受到限制无法增加的情况下，主要通过采用加肋的方式来增加墙体的抗弯刚度。而格形地下连续墙则借鉴了双壁钢板桩的思路，是一种将壁板式和T形地下连续墙两种形式组合在一起的结构形式，主要通过其自重稳定，适用于无支撑体系的基坑围护结构。预应力或非预应力U形折板地下连续墙是一种新型地下连续墙，折板为空间受力结构，不仅抗侧刚度大、变形小，同时能节省材料。如图4-3所示为弧形地下连续墙。

图4-3 弧形地下连续墙

## 4.2 地下连续墙施工工艺与质量控制

### 4.2.1 地下连续墙工程图纸识读

基坑围护结构是一项系统工程，其图纸具有较强的连贯性，一般来说地下连续墙施工图纸一般包括整体平面图、导墙构造及钢筋施工图、各类型地下连续墙剖面构造图及钢筋笼配筋图等。掌握地下连续墙的识图能力对地下连续墙施工及质量控制具有至关重要的作用。

以明挖地铁车站深基坑围护结构图纸为例，涉及地下连续墙识读内容的部分主要包括图纸设计说明、基坑围护结构平面布置图、围护结构横纵断面图、导墙构造及钢筋配筋图、各类型地下连续墙幅段构造及配筋图。设计说明包括图纸最前部分的设计总说明及每页图纸的单独说明。设计说明对于识读基坑围护结构图纸来说至关重要，有经验的工程师在进行图纸会审时，一般首先掌握图纸的设计说明，通过阅读图纸设计总说明，将对整个工程概况、工程规模及工程的地质水文类型、周边环境、工程的重难点等形成整体把握。每页具体图纸的设计说明中亦会给出一些对应工程的具体规定，如适用于具体工程的一些特殊说明，选用的材料类型、结构的尺寸等。

围护结构平面图在基坑工程图纸中非常重要，平面图给出了基坑所在的位置方向、基坑的形状及尺寸、采用支护的类型等信息，其中涉及地下连续墙的信息包括采用地下连续墙的形状尺寸、分幅信息、分幅编号等。图4-4所示为某地铁车站深基坑端头井部分地下连续墙平面图，从图中可知该基坑的宽度尺寸信息以及端头井部位的地连墙分幅情况。地下连续墙在端头井部分为A型共12幅，在整个车站内的地下连续墙分幅类型信息需从设计说明中得到，图4-5所示为本车站深基坑地下连续墙信息表，本车站地下连续墙分为A、B、CE、CW、DE、DW、EE、EW、FE、FW等10种类型共计156幅（其中编号中的EW分别代表方向为东西），每种类型地连墙厚度均为800mm，深度根据不同位置有所不同，端头井处基坑由于兼顾盾构始发，因此A、B类型较其他位置更深，接头均采用H型钢接头。

地下连续墙横断面图主要表达沿深度方向的结构构造及其与基坑其他结构的连接（如混凝土撑、钢支撑）等信息，如图4-6所示，两侧加粗实线为地下连续墙沿深度方向的构造，墙底标高-29.5m为绝对标高，本图还表达了地下连续墙在不同标高处的土层情况（见左侧地质柱状图）及与混凝土支撑、钢支撑的连接位置。

图4-7为地下连续墙导墙构造及配筋示意，导墙是成槽前沿地下连续墙两侧起定位、导向作用的钢筋混凝土墙体，导墙质量的好坏直接影响到地下连续墙的轴线和标高控制，应做到精心施工，确保准确的宽度、平直度和垂直度。导墙多采用现浇钢筋混凝土结构，也有预制钢筋混凝土或钢结构形式，可供多次使用。根据工程实践，预制式导墙较难做到底部与土层结合以防止泥浆的流失。导墙的类型包括倒L形、][形、L形，其中倒L形多用在土质较好土层，后两者多用在土质略差土层，底部外伸扩大支承面积。

图4-8为地下连续墙的钢筋图，钢筋图可为地下连续墙钢筋下料、钢筋笼加工及计量提供依据，钢筋笼图纸一般分纵向、平面及横断面三种投影形式。

由于端头井位置较为特殊，地下连续墙的形式有普通的壁板式及拐角处的转角形式，其中根据施工工艺，普通的墙段又分为"一期槽段"与"二期槽段"，分别代表首开幅段与闭合幅段，在图上主要的区别是"一期槽段"两端设置有H型钢止水构造，而"二期槽段"两端只是钢筋笼闭合但未设置H型钢止水构造，这是由于施工顺序不同导致的。由于采用的均为原位直接标注，因此地下连续墙钢筋笼的识图方法较为简单，需要注意的是由于钢筋较多，每种钢筋仅示意标注若干，总的钢筋数量需要认真读取标注的数值。钢筋笼中设置的预留注浆管主要作用为防止施工完成后墙底混凝土施工质量差导致脱空。标准槽段地下连续墙钢筋图见图4-9。

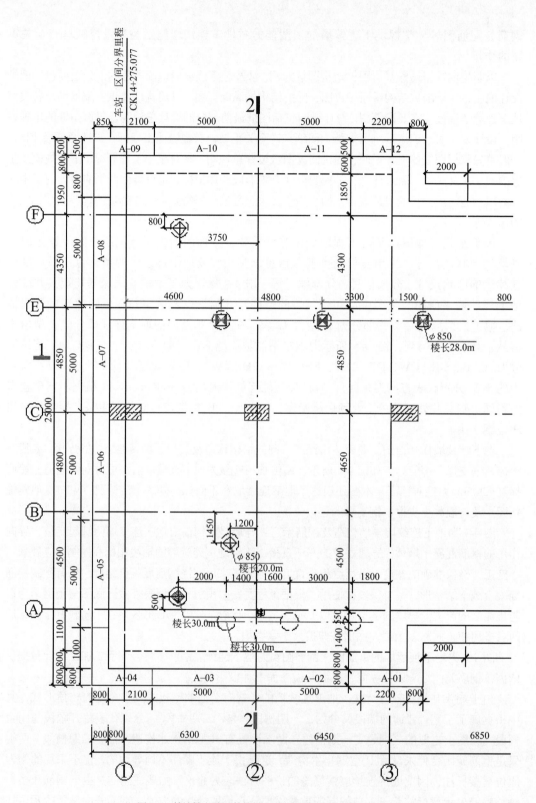

图 4-4 某地铁车站深基坑端头井部分地下连续墙平面图

| 围护结构编号 | 围护结构形式 | 围护结构深度 | 幅数 | 备注 |
|---|---|---|---|---|
| A | 800mm地下连续墙 | 32.7m | 12 | H型钢接头 |
| B | 800mm地下连续墙 | 34.9m | 12 | H型钢接头 |
| CE、CW | 800mm地下连续墙 | 30.0m | 19+19 | H型钢接头 |
| DE、DW | 800mm地下连续墙 | 30.3m | 20+20 | H型钢接头 |
| EE、EW | 800mm地下连续墙 | 32.0m | 10+10 | H型钢接头 |
| FE、FW | 800mm地下连续墙 | 29.6m | 17+17 | H型钢接头 |

图 4-5 地下连续墙信息表

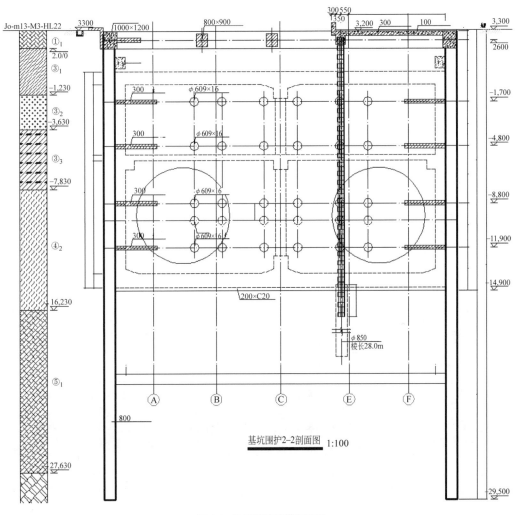

图 4-6 地下连续墙横断面图

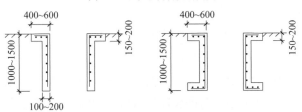

图 4-7 导墙构造及配筋示意

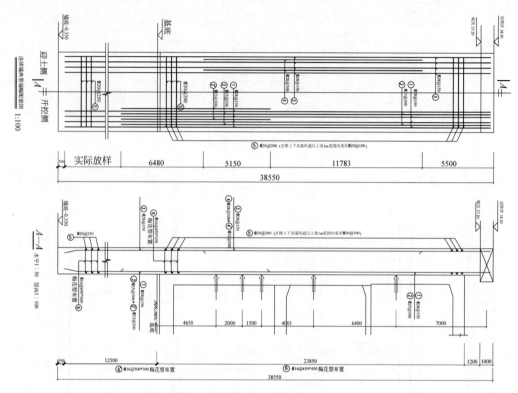

图 4-8 地下连续墙钢筋图（纵断面与平面图）

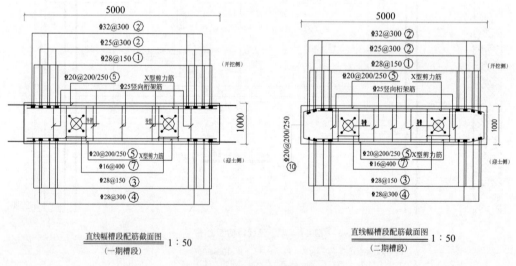

图 4-9 标准槽段地下连续墙钢筋图

对于异型槽段的读图方法基本与正常槽段钢筋笼一致，不同的是一般情况下异型槽段钢筋笼一般均采用首开幅，即设置有端部的止水 H 型钢构造，在施工时亦先开挖异型槽段后开挖其他槽段。异型槽段地下连续墙钢筋图见图 4-10。

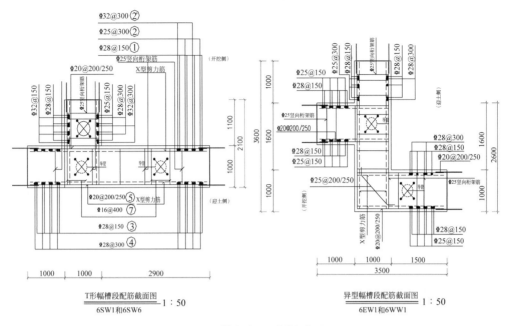

图 4-10 异型槽段地下连续墙钢筋图

## 4.2.2 地下连续墙施工工艺流程

### 4.2.2.1 施工前技术准备

地下连续墙在施工前一般在充分识读设计图纸基础上，全面理解设计意图，并结合现场工况对施工工艺相关的内容进行细化、优化，以确保工程质量，提高施工效率。一般情况下，地下连续墙设计施工图中已经考虑了接头形式、分幅等内容，但有时不能适应现场施工设备、施工工艺的要求，因此施工前必须根据实际情况，可由专业施工单位提出设计变更意见，并经总包单位同意后，共同与设计单位协商，争取设计变更，使之更加有利于安全、质量、施工。

地下连续墙常见的接头形式有锁口管接头、H型钢接头、十字钢板接头等，对于抗渗要求高的地下连续墙不宜采用锁口管接头，可选用十字钢板接头与H型钢接头。地下连续墙虽称为"连续墙"，但施工时是分幅挖槽和浇筑混凝土的，须在槽段与土层接触的一端或两端放置接头装置，避免混凝土直接与土接触，确保接缝具有一定止水能力。不同的接头形式在止水性能、施工工艺和造价等各方面都有很大差异，因此，选择合适的地下连续墙的接头形式是十分关键的。目前常用的有锁口管、十字钢板和H型钢等止水接头。其中锁口管接头造价便宜、施工简单，目前使用最为广泛，但该种接头形式容易因夹泥、地下连续墙变形、地下连续墙垂直度偏差等原因造成基坑开挖时发生漏水。十字钢板接头见图4-11（a），特点是止水效果好，接头质量好，但价格稍昂贵。H型钢接头如图4-11（b）所示，特点和十字钢板接头类似，该种接头形式由于不需要安放反力箱等特殊接头工具，用处也较为广泛，但该种接头形式接头处理略为烦琐，止水性能比十字钢板接头稍差。

由于一般成槽的槽段宽度要大于地下连续墙的幅宽，对于幅宽一般依据设计图纸设置，亦可以根据现场情况进行适当调整，但须报经设计单位及业主单位批准。幅宽不宜取过大，主要因为大幅宽会导致槽段宽度较大使土体不稳定，进而导致槽段易塌方，从而增加周围地层沉降，给周围环境带来影响；过大的幅宽也会增加钢筋笼重量，增加吊装困难，因此通常设计标准幅宽不超过 6m，特殊情况下也不宜小于 7m。一般对于锁口管和 H 型钢接头形式的嵌幅槽宽不应小于 4m，十字钢板接头的嵌幅槽宽不应小于 4.5m。如液压抓斗张开后宽度大于 2.8m，则分幅宽度还要相应扩大。

地下连续墙
施工接头

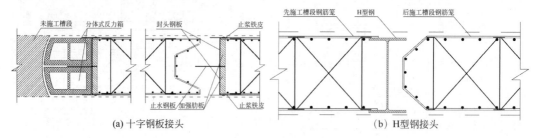

图 4-11　十字钢板与 H 型钢接头示意

#### 4.2.2.2　施工现场准备

由于围护结构施工一般由专业施工单位实施，施工前专业分包单位应向总包单位提交施工现场平面布置图，总包单位应结合总体筹划和标化工地要求进行审核，协商一致后报监理单位审批。一般施工平面布置图中应明确标示泥浆区、钢筋笼加工区、成品钢筋笼堆场、渣土池、施工道路、办公及生活区、仓库及材料堆场等，同时现场各项布置应满足业主及当地环保部门对文明施工的要求，并结合现场情况因地制宜。当场地面积不足时，泥浆系统宜设置泥浆筒仓。施工现场应做地面硬化处理，钢筋笼加工区应加盖雨棚，现场应在合适位置设置半埋式钢筋混凝土集土坑。施工用水应使用自来水，如因条件所限而需取用地表水或地下水时，应将水样送到专门检测单位进行水质检测，并进行泥浆试配，必要时应将水净化处理后使用。一套成槽设备及配套设施计划用电量不应少于 400kW·h。

由于地铁车站一般位于市区既有道路交叉口或商业区附近，周边环境复杂，地下各类管线密布，在地下连续墙施工前一般要对地下管线及构筑物进行处理，首先应探明槽段 6m 范围内的各类管线及地下构筑物，一般可采用在槽段与被保护对象间设置隔离帷幕或减小幅宽、增加导墙高度等方式。

#### 4.2.2.3　地下连续墙施工工艺

地下连续墙应按图 4-12 的施工工艺流程进行施工，不得随意更改施工流程。

地下连续墙
施工要点 1

（1）导墙施工

地下连续墙成槽前应首先构筑导墙，按照施工图纸结合现场的地质条件确定导墙的结构形式。开挖前应了解市政资料，一般通过探挖来查清地下管线及构筑物情况，开挖以十字沟为宜，开挖深度为 1.5～2m。导墙底标高应低于冠梁底标高不少于 30cm，导墙顶宜高于地面 10cm 且应高于地下水位 0.5m 以上。如图 4-13 所示，在转角幅角部导墙应有至少一边外放出 30cm 余量，以免成槽段宽度不足，妨碍钢筋笼下槽。为提高导墙施工质量，导墙主筋应与施工道路主筋搭接 35$d$ 或单面焊接 10$d$ 或双面焊 5$d$ 以上，混凝土宜一次浇筑成型。

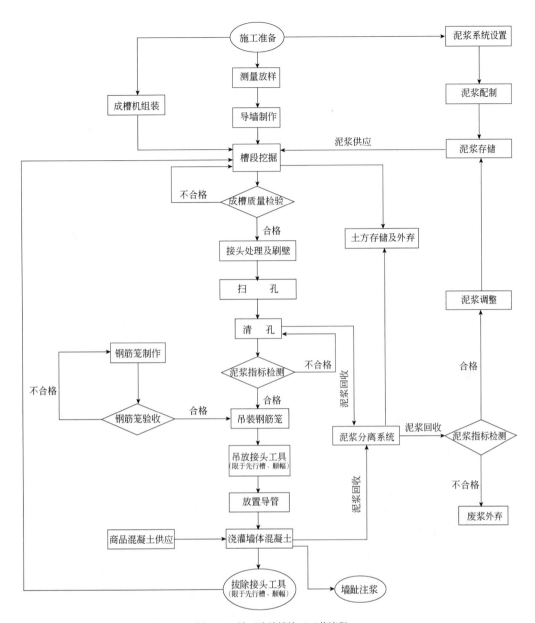

图 4-12　地下连续墙施工工艺流程

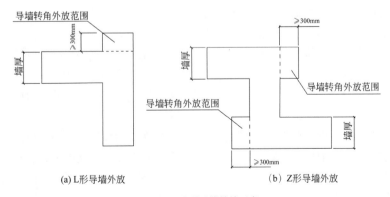

(a) L形导墙外放　　(b) Z形导墙外放

图 4-13　异形导墙外放示意

导墙在施工（图 4-14）时，有时会遇到不良地层，一般情况下，如不良地层厚度不超过 3.5m 时，可以直接开挖完成；若不良地层厚度超过 3.5m 且小于 5m 时，可采用换填方式，做法为先采取放坡或钢板桩支护后开挖至原状土，并回填掺加 7%水泥的黏土分层压实，养护 3d 后构筑导墙。若回填区处在施工道路范围时，一般还需要进行注浆加固；若不良地层厚度超过 5m，此时开挖障碍物应编制专项方案进行专家论证，不具备开挖处理条件的，宜采用全回转钻机进行处理。一般回填材料应采用掺加 10%水泥的黏土且成槽前应进行旋喷加固，应该注意在对不良地层进行处理时，应注意加强对地下管线及构筑物的保护。

(a) 导墙开挖　　　　　　　　　　(b) 导墙养护

图 4-14　导墙施工

(2) 泥浆管理

由于地下连续墙要用到泥浆护壁技术，因此泥浆的质量对于保证地下连续墙施工质量至关重要，地下连续墙用泥浆应优先选用膨润土泥浆，如采用聚合物泥浆需经过现场成槽试验，由于黏土自造泥浆性能较差，很难保证护壁效果，一般不提倡采用。护壁泥浆用膨润土的规格、性能和包装应符合国家标准《膨润土》(GB/T 20973) 中钻井泥浆用膨润土的要求，一般最好采用钠基膨润土，如采用钙基膨润土应配合使用 CMC 增稠剂。

对于进场的膨润土原材料，施工单位使用前应进行取样实验，检验其性能指标是否达到要求，并向总包单位及监理单位提供书面报告。检验项目测定方法、仪器均按国家标准《膨润土》(GB/T 20973) 中要求实施，检测的项目主要包括黏度、屈服值/塑性黏度、滤失量、75μm 筛余量、分散后的塑性黏度、分散后的滤失量、水分等，抽检频率应为 1 次/60t。

现场应设泥浆检测实验室，应采用专业厂家生产的泥浆套装进行泥浆检测，泥浆分层取样器应采用符合国家标准 GB/T 4756 的产品，以上仪器均应具有出厂合格证明，并经过现场检验合格后方可使用。如采用地下连续墙专业工程分包，泥浆指标的检测、记录应由专业分包施工单位技术人员实施，并建立记录台账，总包单位及监理单位应每日进行独立抽检，校核施工记录的真实性。现场泥浆系统应能保障施工需求，所用管路、泵、空压机等设备需合理匹配，如在一些砂土地层地区施工，由于泥浆中含沙量较高，因此在除砂过程中，应保证泥浆制备能力，要配备充足数量和功率的清孔设备和泥浆分离系统，最大程度减少除砂时间，确保地下连续墙施工中泥浆的供应量，以此保证施工质量和工期。

现场施工时，一般新鲜泥浆拌制完成后应放置一段时间再使用，主要是根据不同膨润土的性质确定膨润土的水化时间，一定要确保膨润土进行了充分水化。采用不同类型膨润土拌制的泥浆水化时间有所不同：一般钙基膨润土拌制的泥浆，水化时间不少于 24h；采用复合钠基膨润土拌制的泥浆，水化时间应大于 8h。图 4-15 为现场泥浆制备。

图 4-15　现场泥浆制备

(3) 地下连续墙成槽

地下连续墙成槽前应复核槽段位置与平面尺寸,若采用锁口管接头,槽段的端头位置应外放 5cm。采用十字钢板接头时,成槽开挖的端头位置应从十字钢板边线(分幅线)开始向外放 B+20cm($B$ 为地下连续墙的厚度)。采用 H 型钢接头时,宜采用方形抓斗,成槽开挖宽度比 H 型钢定位位置宽,宜为 A+(10~15) cm($A$ 为定位尺寸),跳槽开挖时,为防止成槽机及出渣车辆荷载对槽壁稳定性产生影响,同时开挖的两个槽段之间的净距离应超过一个槽段宽度或大于 6m。

成槽机在开挖过程中,应随时补充泥浆,成槽机的抓斗没入槽段中时,槽内泥浆液面不应低于导墙顶面 0.3m。成槽机挖土时,为保障槽壁的垂直度,抓斗没入导墙后,悬吊钢索要求处于张紧状态不得松弛,以保证挖槽垂直精度。成槽机驾驶员应注意随时观察导墙内的泥浆液面高度、结合槽壁垂直度控制抓斗上下运行的速度,在导墙范围内慢入慢出。驾驶员通过驾驶室仪表(图 4-16)随时掌握成槽的垂直度,当垂直度出偏差时可通过成槽机强制纠偏系统矫正姿态,液压抓斗成槽垂直度一般控制在小于 3‰,铣槽机成槽垂直度控制在小于 2‰。由于成槽机自重较大,当成槽完毕或因其他原因暂停作业时,成槽机应尽快离开作业槽段,同时严禁将施工材料等重物堆积在槽壁附近,防止附加应力影响槽壁稳定性。地下连续墙成槽完毕后需用超声波测斜仪检测成槽的垂直度,根据不同地区及工程精度要求,一般达到 1/400 精度后方可进入下一道工序施工。

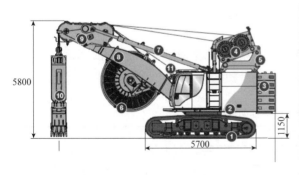
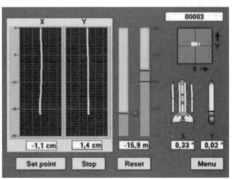

图 4-16　成槽机垂直度监测仪表

液压铣槽机也是常用的地下连续墙开挖设备,原理是机体底部的两套液压驱动的铣轮相对旋转,通过安装在铣轮上的刀具切削地层。切削下来的渣土与膨润土泥浆混合,利用铣轮上部的泥浆泵抽出槽孔,输送至泥浆净化系统将膨润土泥浆和渣土分离,经检测合格后的泥浆可返回槽孔继续使用,类似于钻孔桩反循环钻进工艺,铣槽机由于铣斗比抓斗成槽机的抓斗长,成槽过程中导向性更好，不易发生突然偏斜，也有利于纠偏，因此铣槽机设备成槽精度一般都能做到 1‰~2‰。液压铣槽机工作示意如图 4-17 所示。

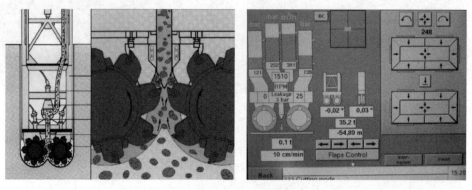

图 4-17　液压铣槽机工作示意

对于异形幅成槽应严格照设计图纸的分幅进行，并控制好成槽先后顺序（图 4-18），原则上接头工具一侧先开挖，其他槽孔开挖时要避免对异形槽造成影响，一般情况下转角幅角部应至少单侧外放一半的地下连续墙厚度，以免造成成槽断面不足，当转角角度大于 100°时，转角两侧均宜外放。

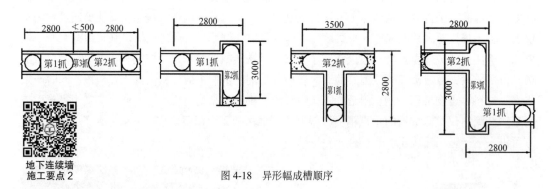

地下连续墙
施工要点 2

图 4-18　异形幅成槽顺序

当施工时遇不良地层存在成槽稳定风险时，应按表 4-1 选择适当的成槽辅助措施，以保证成槽的质量与安全性。

表 4-1　成槽辅助措施

| 序号 | 不利因素 | 措施 |
| --- | --- | --- |
| 1 | 地下水位高且地表层存在较厚的砂土、粉砂、粉土 | 降水（无降水条件时可采取两侧加固） |
| 2 | 地下水位高且表层以下存在较厚砂土、粉砂、粉土 | 做成槽试验，确定是否采取降水或加固措施 |
| 3 | 新近填土，且未经堆载预压 | 槽段两侧预加固 |
| 4 | 20m 深度以内存在欠固结淤泥质黏土，承载力较低 | |
| 5 | 场内先施工锤击或静压群桩，孔隙水压尚未消散 | |

当以上措施均不满足时，亦可采用预钻孔法帮助提高施工效率与施工质量，具体如表 4-2 所示，采用"两钻一抓"工艺时，两个钻孔的中心距离为成槽机抓斗全部张开后的宽度，对预

钻孔垂直度要求不低于成槽精度，一般应采用接触式测斜仪进行检测。在完成预钻孔后要求在3d内必须成槽，当遇特殊情况无法完成成槽时，可用黏土回填钻孔，以防预钻孔出现坍塌，下次成槽施工前无须再进行复钻。

表 4-2　预钻法成槽要点

| 序号 | 工况 | 措施 | 目的 |
| --- | --- | --- | --- |
| 1 | 地下连续墙深度大于50m | 接头管（箱）位置预钻孔 | 提供成槽导向，保证端头垂直度 |
| 2 | 粉砂层或强风化花岗岩地层且$N$（标准贯入锤击数）值大于50时，或液压抓斗成槽速度小于1m/h时 | 两钻一抓 | 提高挖土效率 |
| 3 | 地层不均匀，垂直精度无法控制时 | | 提供成槽导向，保证成槽精度 |
| 4 | 受分幅限制，影响液压抓斗正常成槽时 | 无法张开处钻孔 | 特殊状态下成槽 |

采用铣槽机成槽时，若地层为微风化岩石且单轴抗压强度超过50MPa时，铣槽速度将大幅度下降，若速度降到1m/h以下时，宜采取重锤冲击的辅助成槽措施，达到提高成槽效率、降低设备损耗的目的，其中重锤配合铣槽机施工工艺流程如图4-19所示。

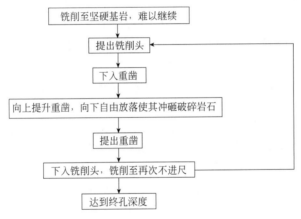

图 4-19　重锤配合铣槽机施工工艺流程

(4) 扫孔与清孔换浆

地下连续墙成槽后需进行清孔与扫孔，两者稍有不同，但主要目的都是处理槽内沉渣。成槽后由于槽内泥浆性能已下降，出现密度、含砂率增大等现象，为减少槽底沉渣厚度，需要进行泥浆置换，置换泥浆的过程称为清孔（图4-20），利用成槽机抓斗清理槽底沉渣称为扫孔。首次扫孔应在成槽结束、超声波检测完成后进行，由于首次清孔后到钢筋笼下放到位时间间隔较长，一次清孔很难将沉渣和槽底原有沉渣清理干净，因此在钢筋笼下放之前，地下连续墙槽段清孔后需要再次进行扫孔，主要是为了将侧壁及槽底沉渣再次进行扫除。

抓斗在扫孔时，驾驶员应时刻注意抓斗钢丝绳位置，并与屏幕显示的深度做核对，要保证抓斗下放至设计标高进行扫孔，同时避免扫孔时超挖，如地下连续墙为专业分包施工，在进行扫孔时监理单位及总包单位技术人员应进行旁站监督。

图 4-20 地下连续墙清孔

钢筋笼接头刷壁和第一次扫孔之后泥浆的密度、含砂率增大，性能下降，此时应进行槽段清孔。正式清孔前应首先进行试吸，一般下清孔管放至离槽底 1～2m 处试吸，主要目的是避免槽底较厚的淤泥堵住清孔管底，逐渐下放至距槽底 20～30cm。在清孔过程中应控制清孔管沿槽段宽度方向做匀速移动，以确保清孔效果，同时清孔换浆时，要及时向槽内补充新鲜泥浆，保持浆面基本平衡，以确保槽壁的稳定性。清孔换浆的方法一般可采用泵吸反循环法或气举反循环法，以保证换浆效率。

需要注意的是，严禁采用故意超挖的方法应付槽底沉渣厚度检测，否则会造成沉渣厚度不大的假象，此种做法实际是上只是将沉渣藏在超挖深度内，而并未对沉渣进行有效清理，可能造成混凝土夹泥夹渣，导致开挖阶段墙体沉降等一系列质量问题。

(5) 钢筋笼制作与吊装

地下连续墙钢筋笼制作前应按设计图纸制作钢筋翻样单（图），翻样单（图）应由专业技术人员绘制并经审核。钢筋笼上的各类钢筋（如受力筋、吊筋、预埋件等）均应经过试验检测受力性能，试验合格后方可制作钢筋笼。钢筋笼应在钢筋加工区进行制作，加工区平台基础应为硬化地面，平台可采用烧焊槽钢形式，必须要用测量仪器进行放样，以保证平台四边相互垂直。平台对平整度要求较高，要求任意两点水平高差不大于 10mm，同时对于较长的钢筋笼采用分段拼装形式时，为保证钢筋笼的加工精度，分节吊装的钢筋笼应在同一个平台上一次制作成型。地下连续墙钢筋笼分迎土面与开挖面，两面均应设置定位垫块以保证混凝土保护层厚度，垫块在钢筋笼深度方向间距不小于 3m，每个层均匀布置 2～3 块。除分节吊装外，主筋应采用焊接或机械连接方式，如采用闪光对焊。为便于浇筑混凝土时具备更好的流动性，钢筋笼主筋、预埋接驳器锚固钢筋和分布筋等钢筋净距应大于 3 倍混凝土最大骨料直径，且不小于 75mm，否则应与设计单位协商变更，在地铁车站地下连续墙钢筋笼施工图内一般考虑进行并筋设置以满足要求。为便于钢筋笼下放，其底端应在 0.5m 范围内的厚度方向上做收口处理。图 4-21 所示为地下连续墙钢筋笼加工区，图 4-22 所示为保护层垫块大样。

钢笼焊接应满足以下要求：

① 纵向桁架主筋和分布筋连接点应 100%焊接。
② 横向桁架处的分布筋和主筋连接点应 100%焊接。
③ 钢筋笼四角主筋与分布筋连接点应 100%点焊。
④ 与搁置钢板连接的主筋和相交的分布筋应 100%焊接。
⑤ 支撑预埋钢板周围所有主筋与分布筋连接点应 100%焊接。
⑥ 其余钢筋笼主筋与分布筋连接点焊接数量不少于 50%。

图 4-21 地下连续墙钢筋笼加工区

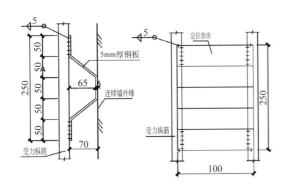 

图 4-22 保护层垫块大样

⑦ 吊耳与主桁架钢筋焊接长度不应小于 $10d$，搁置钢板与主筋应满焊，焊缝高度大于钢板厚度的 70%。

十字钢板接头的对接、贴角焊缝均为连续焊缝，封头钢板与分布筋双面焊，长度大于 $5d$，冬季焊接时，电焊条应做好保温处理，吊点焊接处焊接完成后要马上覆盖保温。

若钢筋笼中设有注浆管，注浆管的安装应符合以下要求：

① 注浆管应安装牢固，且直线度偏差小于 1/500。

② 注浆管距离端头不大于 1.5m，厚度方向前后一致。

③ 注浆管底部应高于钢筋笼底部 30~80cm，以便于钢筋笼放好后，注浆管能自由落体插入到槽壁底部。

④ 注浆管底部应设置有单向阀，以防止泥浆漏进注浆管，确保注浆效果。

对于采用十字钢板、H 型钢等刚性接头形式的钢筋笼，应在接头旁设置防止混凝土绕流的止浆铁皮，铁皮厚度应大于 0.5mm。止浆铁皮采用镀锌铁皮，从上至下进行装配，拼接部位下块压上块重叠部分应大于 200mm。地下连续墙成槽后经过刷壁、清孔、换浆，合格后应及时吊放钢筋笼入槽，钢筋笼调整就位后及时浇灌混凝土。

钢筋笼在吊装前必须经验收合格，应重点检查吊点规格和数量是否与吊装方案一致、吊点焊接是否满足规范要求、所有加固钢筋是否牢固、钢筋笼内杂物是否清理干净及钢丝绳、索具是否完好等，钢筋笼内部和周边零星杂物必须清除干净，避免在吊装过程中落物伤人。图 4-23 为标准幅钢筋笼吊装图。

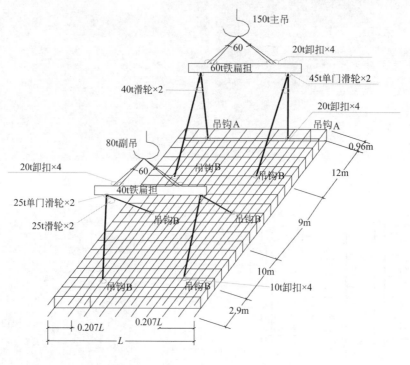

图 4-23 标准幅钢筋笼吊装图

钢筋笼起吊应采用履带吊抬吊，禁止采用汽车吊和履带吊抬吊，抬吊应由持证起重工指挥，严禁起重吊物长时间悬挂在空中。作业中如遇到突发故障或下道工序暂无法施工时，应采取措施将重物落在安全的地方，并关闭发动机和切断电源。吊装作业时，起重臂的最大仰角不得超过出厂规定，高度小于 20m 的钢筋笼可采用单机三点吊，超过 20m 的应采用双机多点吊，必要时可分节吊装，分节吊装垂直或水平位置应取得设计单位认可后实施。钢筋笼起吊前应检查吊车回转半径外 600mm 内无障碍物，并进行试吊，在正式起吊钢筋笼前，应先将钢筋笼水平提高 30cm 左右，钢筋笼水平、无变形、无异响声后方可正式起吊。钢筋笼吊放时应对准槽段中心线缓慢放入，下放遇阻时不得冲击入槽，必须查明原因并妥善处理好后再重新下放钢筋笼。

钢筋笼应设置明确、稳固的标高测量点，并以此控制预埋件标高。预埋件应与主筋和分布筋直接焊接牢固，与分布筋平行两侧边通过调整分布筋间距使分布筋和预埋钢板接触，并贴角焊 30cm 以上，如遇有 6 级以上的强风、浓雾等恶劣天气，不得进行悬空高处作业。对于异形幅钢筋笼，其吊点横向分布应考虑与对称钢笼实际重心，防止钢笼在离地瞬间扭转破坏，同时转角幅钢筋笼加强钢筋应增加斜拉钢筋、拉钩钢筋等加固措施，"Z" 字幅钢筋笼可整幅制作，也可采用"一槽两笼"形式。图 4-24 为转角幅钢筋笼加固示意。

为便于浇筑混凝土前的导管下放，每幅钢筋笼应预留不少于两个导管通道，间距不宜小于 1.5m，且不应大于 3m，距离槽壁端头不大于 1.5m，幅宽大于 6m 应设置 3 个导管通道。在导管仓内应设置导向钢筋，搭接处应平滑过渡，防止导管在下放时卡住导管，导管仓导向钢筋宜为 12~16mm，导向钢筋应从钢筋笼顶端连续到底端，其间至少每隔 1.5m 设一个撑筋与导向钢筋焊接，以固定导向钢筋的位置，防止其在深度方向产生有害变形，同时导管仓范围内的主筋和导向钢筋端头不应内弯，以防造成卡管事故。

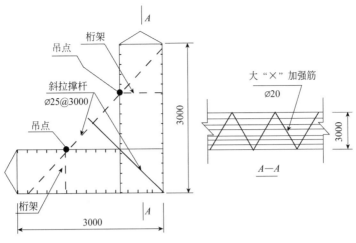

图 4-24 转角幅钢筋笼加固示意

主吊第一、二道吊点吊耳宜采用钢板吊耳,其余吊点可采用Ⅰ级钢筋,不得使用Ⅱ级、Ⅲ级钢筋作为吊耳。吊耳孔需铣削成型,内壁应光滑圆顺,钢筋笼起吊所用吊耳、索具等工具的规格、型号和布置方式都应经专项计算并反映在钢筋笼吊装专项方案中。

钢筋笼对接应满足以下要求:

① 对接位置宜避开主筋最大配筋率的范围,减少对接数量。
② 采用搭接方式应按 $70d$ 同截面搭接,每个搭接点焊接不少于 3 处。
③ 采用焊接方式应按 $10d$ 焊接,相邻接头按照 50%面积错开,相邻接头中心错开不小于 $40d$。
④ 采用机械连接方式宜选择满足《钢筋机械连接技术规程》(JGJ 107)要求的专用接驳器,接头按照 50%面积错开,相邻接头中心错开不小于 $40d$。
⑤ 钢筋笼在下放过程中应清除导管仓内和转角幅的加强钢筋,确保导管仓顺直、畅通。
⑥ 地下连续墙接头处理与施工

接头管(箱)主要作用是固定钢筋笼,防止在灌注混凝土时产生位移影响成墙质量,其应在钢筋笼放好后再予以安放,接头管(箱)安放前应涂抹专用减摩剂以便于起拔,接头管(箱)分段对接吊装入槽,接头管(箱)必须严格按照分幅规定位置进行安放,水平误差一般不大于 20mm。

应充分考虑接头管(箱)自身的稳定性,应对其底部进行固定。一般土质地层,当地下连续墙深度不大时可通过贯击接头管(箱)数次,将其贯入原状土 30cm 以上,既可以提高底部稳定性,也能起到防止混凝土绕流的作用。对于嵌岩槽段回填 2m 高袋装黏土后再贯击,安放完成后,用袋装石子或沙袋回填背侧空隙,浇筑前一次性回填高度不得大于 10m,回填石子或沙袋应和灌注混凝土同时进行,混凝土上升的速度应小于回填速度,应保持混凝土面低于回填石子或沙袋面 3~5m,防止混凝土发生绕流。如采用十字钢板接头,宜先在接头处回填 2m 高袋装黏土,然后再安放反力箱,防止混凝土从基侧绕流。

对千斤顶、引拔机应进行日常维护与保养,动力箱和机架不得有油污污染,在混凝土浇灌之前,引拔机或千斤顶事先安放到位并调试完成。对于起拔时间,一般在混凝土浇筑的首盘料取样做试块,通过试块的凝固情况作出判断,应根据混凝土初凝情况确定松动和顶拔时机。开始松动后,每隔五分钟松动接头管一次,每次松动的高度在 5cm 以内,直到准备拆除一节接头管(箱)时提高顶拔的高度。松动过程中监测引拔力,如引拔力剧增则可适当提前顶拔,并增加顶拔高度，防止其被绕流混凝土筑牢导致起拔困难。针对超深地下连续墙，宜在 H 型钢间隙内安装一定密度的泡沫塑料（图 4-25），然后再回填黏土和碎石，作为防止混凝土绕流的措施。

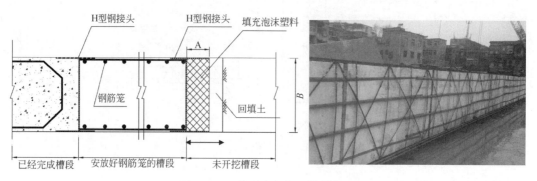

图 4-25　H 型钢固定泡沫塑料回填示意

在相邻幅段或嵌幅施工时，应对已完成槽段钢筋笼接头上黏附的淤泥进行清理，主要目的是保证地下连续墙接头质量，提高防水效果，一般优先选用专用强制式刷壁器进行刷壁（图 4-26），不推荐单独采用液压抓斗安装钢丝刷形式，可采用液压抓斗安装钢丝刷与强制式刷壁器配合方式。刷壁深度应到槽底，采用强制式刷壁器进行刷壁时，上下不应少于 10 次，普通刷壁器上下不少于 20 次，应以钢丝刷上无淤泥作为刷壁完成标志，否则应继续刷壁。

图 4-26　选用专用刷壁器进行刷壁

对于十字钢板接头的清理，相邻幅段和嵌幅成槽后，可先应用超声波检测已浇筑槽段十字钢板两仓内的渣土情况，如存在夹泥，先采用抓斗附着铲刀进行铲除，然后再次利用超声波检测夹泥的处理效果，确认没有夹泥后再进行强制刷壁。如为专业分包施工时，刷壁过程中总包及监理单位技术员应旁站监督，并记录过程，拍摄相应照片，旁站记录表应以电子表格方式留存备查。

（7）地下连续墙混凝土浇筑

混凝土工程施工前，施工单位技术员应首先确定混凝土的运输路线，主要目的是估计运输时间，确定是否满足混凝土供应能力及混凝土初凝时间的要求，要与商混厂或搅拌站做好充分的联系。现场浇筑混凝土采用导管法水下灌注工艺，导管宜采用直径为 200～300mm 的多节钢管，管节应严密、牢固，不得有破损及裂缝，全部导管在施工前应试拼并进行水密性试验（图 4-27）。

图 4-27　导管水密性试验

浇筑混凝土时对于导管数量的选择应根据槽段宽度确定，一般宽度在 3～6m 时，应使用不少于两个导管；宽度大于 6m，应使用不少于 3 根导管，且导管水平间距应小于 3m，距槽段两侧端部不应大于 1.5m，导管下端距槽底应为 300～500mm，距离槽底太近灌注时容易出现堵管现象，灌注混凝土前应在导管内安放隔水栓，隔水栓宜采用橡胶或软木制作。灌注料斗与隔水栓如图 4-28 所示。

图 4-28　灌注料斗及隔水栓

灌注水下混凝土应符合以下规定：
① 应测量每车混凝土浇灌的上升高度，并与理论计算值进行对比。
② 正常浇灌混凝土阶段，导管埋入混凝土中的深度为 2～6m。
③ 混凝土浇灌速率应介于 3～10m/h。
④ 混凝土应连续浇灌，间隔时间不宜超过 30min，应保证混凝土供应量。
⑤ 首盘初灌量应满足导管埋深不小于 1.0m。
⑥ 为保证地下连续墙顶部混凝土质量，浇灌实际高程应高于设计墙顶标高 0.3～0.5m，凿去浮浆后的墙顶标高和墙体混凝土强度应满足设计要求。
⑦ 一幅地下连续墙的所有导管应同时浇灌，保证在混凝土浇灌的全过程中，相邻两导管

位置的混凝土高差不大于50cm。

地下连续墙灌注混凝土充盈系数是指实际灌注的混凝土方量与按设计图纸尺寸计算的理论方量之比。在实际施工过程中，成孔出现偏差大于设计尺寸以及施工过程中可能会出现墙身侧壁裂缝、孔洞及塌孔等原因，导致实际灌入量大于理论计算量，因此地下连续墙浇筑混凝土的充盈系数应符合表4-3的要求。

表4-3 地下连续墙浇筑混凝土充盈系数

| 项目 | 充盈系数范围 |
| --- | --- |
| 黏土层 | 1.0~1.05 |
| 砂土层 | 1.0~1.1 |
| 槽壁两侧经过加固后的地层 | 1.0~1.2 |

为避免墙底沉渣过多及浇筑过程控制不严导致出现质量问题，要求每幅地下连续墙预埋至少两根注浆管，注浆管底管口应安装单向阀。正式注浆前，应用清水劈裂开通注浆管。浇筑混凝土时应留取试块并放入养护室进行养护，待混凝土强度达到设计强度70%后方可进行注浆，浆液采用水泥浆，一般采用42.5级水泥配制，水灰比宜为0.5~0.6，注浆压力控制在0.2~0.4MPa之间。一般情况下注浆量达到设计注浆量的80%以上且压力维持大于2MPa持续时间超过3min，可作为终止注浆的标准。

### 4.2.3 地下连续墙施工质量控制

地下连续墙施工质量的好坏取决于每一道工序的质量，导墙施工、泥浆管理、成槽、钢筋笼制作、清孔、接头施工、地下连续墙混凝土灌注，每步都需要进行严格的质量控制。

导墙开挖前，应对开挖范围内的地下管线及构筑物做充分的调查，一般需召集管线权属单位进行管线交底，同时需用专业探测设备进行探测，并在导墙沿线每间隔不超过20m进行人工开挖探查，确认无误后再用机械开挖。导墙钢筋网完成、模板立好后应经施工单位自检且监理单位验收合格后方可浇筑混凝土。

导墙应对称浇筑，内外侧标高差不得超1cm。导墙混凝土一般养护到设计强度70%以上后方可拆模，拆模后应及时在两片导墙间加设支撑并进行回填，穿越施工道路的导墙上方应覆盖钢板，非回填区域应在周边布置防护栏杆，以防止机械碾压导墙导致破坏或出现有害变形。导墙拆模后需进行质量验收，验收的主要项目包括轴线、标高、净距、垂直度等，导墙允许偏差见表4-4。不同规范的具体要求存在一定差异，一般要以工程所在地具体规范标准及业主要求为准，表4-4为国家标准，有些地方标准或企业标准的相关要求可能会比国家标准严格。

表4-4 导墙允许偏差

| 项目 | 允许偏差 | 检查频率 | | 检查方法 |
| --- | --- | --- | --- | --- |
| | | 范围 | 点数 | |
| 宽度 | ±10mm | 每10m | 1 | 钢尺 |
| 垂直度 | ≤1/300 | 每幅 | 1 | 线锤 |
| 墙面平整度 | ≤10mm | 每幅 | 1 | 钢尺 |
| 导墙平面位置 | ±10mm | 每幅 | 1 | 钢尺 |
| 导墙顶面标高 | ±20mm | 6m | 1 | 水准仪 |

泥浆的质量对成槽至关重要，施工时产生的废浆、拌制的新鲜泥浆、待处理泥浆、清孔泥浆应分开贮存，投入使用的泥浆箱、筒仓应挂牌，明确标识编号、所贮存泥浆的性质（废浆、新鲜泥浆、待处理泥浆、清孔泥浆）和对应的相对密度、黏度、含砂率等控制指标。现场泥浆管理如图4-29所示。

图4-29　现场泥浆管理

原材料是保证泥浆性能的重要因素，对于每批膨润土材料，进场后应先进行试配检验，同一标记的袋装膨润土以60t为一批，不足60t按一批计。一般情况下钠基膨润土按表4-5进行不同掺量试配检验，合格后方可以使用，检验结果应记录备查。泥浆拌制宜优先采用射流法、泵吸循环法，严禁采用低速搅拌法，泥浆应根据地质条件和地面沉降控制要求试配确定。膨润土现场管理如图4-30所示。

图4-30　膨润土现场管理

表4-5　钠基膨润土掺量与泥浆指标对照

| 掺量/（kg/m³） | 黏度/s | 胶体率/% | 泥皮厚/mm | 失水量/mL | pH |
| --- | --- | --- | --- | --- | --- |
| 30 | >25 | >99 | 1 | <10 | 8～9 |
| 35 | >30 | >99 | 1 | <10 | 8～9 |
| 40 | >35 | >99 | 1 | <10 | 8～9 |
| 45 | >40 | >99 | 1 | <10 | 8～9 |
| 50 | >65 | >99 | 1 | <10 | 8～9 |

泥浆各项性能检测的频率及指标见表4-6～表4-8，如地下连续墙由专业分包单位施工，检测工作由专业分包单位进行，同时监理单位与总包单位应独立抽检并做记录。其中成槽时泥浆和清孔后泥浆指标检测均应在槽段中取样，每幅至少取两点，取样点距槽底一般为0.5～1.0m。采用筒仓时，筒内泥浆使用前应每筒测一次，混凝土浇筑接近完成时的回收泥浆一般不再进行

处理，可直接废弃，满足以下性能指标其一者可以直接废弃：相对密度≥1.25，黏度≥50s，含砂量≥10%，pH>13。施工过程中应避免地表泥水、混凝土及杂物流入槽段。

表 4-6　新鲜泥浆各项指标控制标准

| 试验项目 | | 性能指标 | 检测方法 |
| --- | --- | --- | --- |
| 相对密度 | | 1.03～1.10 | 泥浆比重计 |
| 黏度/s | 黏性土 | 19～25 | 漏斗法 |
| | 砂土 | 30～35 | |
| 胶体率/% | | >98 | 量筒法 |
| 失水量 | | <30mL/30min | 失水量仪 |
| 泥皮厚度/mm | | <1 | 失水量仪 |
| pH 值 | | 8～9 | pH 试纸 |

表 4-7　循环泥浆的性能指标

| 项目 | | 性能指标 | 检验方法 |
| --- | --- | --- | --- |
| 相对密度 | | 1.05～1.25 | 泥浆比重计 |
| 黏度/s | 黏性土 | 19～30 | 漏斗法 |
| | 砂土 | 25～40 | |
| 胶体率/% | | >98 | 量筒法 |
| 失水量 | | <30mL/30min | 失水量仪 |
| 泥皮厚度/mm | | 1～3 | 失水量仪 |
| pH 值 | | 8～10 | pH 试纸 |
| 含砂率/% | 黏性土 | <4 | 洗砂瓶 |
| | 砂土 | <7 | |

表 4-8　清孔后泥浆的性能指标

| 项目 | | 清孔后泥浆 | 检验方法 |
| --- | --- | --- | --- |
| 相对密度 | 黏性土 | ≤1.15 | 比重计 |
| | 砂土 | ≤1.20 | |
| 黏度/s | | 20～30 | 漏斗计 |
| 含砂率/% | | ≤7 | 洗砂瓶 |

施工期间槽段内膨润土现场取样和现场泥浆检测如图 4-31、图 4-32 所示。

图 4-31　膨润土现场取样

图 4-32 现场泥浆检测

地下连续墙成槽允许偏差应符合表 4-9 的规定。

表 4-9 地下连续墙成槽允许偏差

| 项目 | | 允许偏差 | 检测方法 |
|---|---|---|---|
| 深度/mm | 临时结构 | ≤100 | 测绳，2 点/幅 |
| | 永久结构 | ≤100 | |
| 槽位/mm | 临时结构 | ≤50 | 钢尺，1 点/幅 |
| | 永久结构 | ≤30 | |
| 墙厚/mm | 临时结构 | ≤50 | 20%超声波，2 点/幅 |
| | 永久结构 | ≤50 | 100%超声波，2 点/幅 |
| 垂直度 | 临时结构 | ≤1/200 | 20%超声波，2 点/幅 |
| | 永久结构 | ≤1/300 | 100%超声波，2 点/幅 |
| 沉渣厚度/mm | 临时结构 | ≤200 | 100%测绳，2 点/幅 |
| | 永久结构 | ≤100 | |

如图 4-33 所示为超声波检测地下连续墙成槽质量。

图 4-33 超声波检测地下连续墙成槽质量

钢筋笼质量检验标准见表 4-10。

表 4-10 钢筋笼质量检验标准

| 项目 | 允许偏差/mm | 检查方法 |
|---|---|---|
| 钢筋笼长度 | ±100 | 用钢尺量，每幅钢筋笼检查上、中、下三处 |
| 钢筋笼宽度 | 0<br>−20 | |
| 钢筋笼保护层厚度 | ≤10 | |
| 钢筋笼安装深度 | ±50 | |

学习情境 4 地下连续墙施工 103

续表

| 项目 | 允许偏差/mm | 检查方法 |
|---|---|---|
| 主筋间距 | ±10 | 任取一断面,连续量取间距,取平均值作为一点,每幅钢筋笼上测四点 |
| 分布筋间距 | ±20 | |
| 预埋件中心位置 | ±10 | 100%检查,用钢尺量 |
| 预埋钢筋和接驳器中心位置 | ±10 | 20%检查,用钢尺量 |

地下连续墙采用的商品混凝土,到达现场的坍落度应为 200mm±20mm,坍落度检验每幅槽段每 50m³ 做一次,对不符合坍落度要求的混凝土不应浇筑,混凝土初凝时间宜为 6~8h。

抗压强度试验每一槽段不应少于一组,且每 100m³ 混凝土不应少于 1 组,以每 100m³ 第一车混凝土进行取样(不足 100m³ 按 100m³ 计)。永久性结构地下连续墙每 5 个槽段应做抗渗试块一组。

地下连续墙各部位允许偏差值应符合表 4-11 要求。

表 4-11 地下连续墙各部位允许偏差值

| 序号 | 项目 | 允许偏差/mm |
|---|---|---|
| 1 | 预留孔洞 | ≤30 |
| 2 | 预埋件 | ≤30 |
| 3 | 预埋连接钢筋 | ≤30 |

## 4.3 地下连续墙工程问题处理

### 4.3.1 地下连续墙施工质量通病

(1) 导墙定位、开挖
① 导墙变形导致钢筋笼不能顺利下放。
② 导墙的内墙面与地下连续墙的轴线不平行。
③ 导墙开挖深度范围内均为回填土,塌方后造成导墙背侧空洞。

(2) 槽壁坍塌
① 在挖槽时,可能遇到软土层、粉砂土层,此类土质较软,可塑性较差。
② 泥浆质量差,配制不符合要求,护壁难以成型。
③ 出现承压水,导致泥浆难以稳固成型。
④ 泥浆液面标高不够,未超过地下水位。
⑤ 成槽后未及时吊放钢筋笼、浇筑混凝土,泥浆沉淀失去护壁作用。

(3) 槽孔垂直度超标、歪曲
① 成槽机操作不当,人员经验不足,造成槽孔垂直度超标,出现歪曲现象。
② 成槽机在下挖过程中,易碰到较大硬物,抓头抓土不匀,出现偏差。

(4) 沉渣过厚
① 成槽过程中刷壁产生的泥在槽底,清理不易到位。

② 成槽后，长时间未吊放钢筋笼、浇筑混凝土，槽内产生泥浆沉淀，槽壁塌孔。

(5) 钢筋笼制作与吊放

① 钢筋笼几何尺寸加工不准，产生变形。

② 钢筋笼制作未放样成型，点焊固定点不够。

③ 钢筋笼安装次序不当、钢筋笼尺寸较大，刚度很难保证，故应注意吊装过程。

④ 吊点设置不当，起吊时因刚度不足而造成扭曲变形。

(6) 钢筋笼难以放入槽孔内

① 钢筋笼尺寸较大，起吊稳定性差。

② 入槽时易碰撞钢筋笼钢筋，产生变形。

(7) 导管安装

导管连接不紧密，导致泥浆进入导管，影响混凝土质量。

(8) 混凝土浇筑

① 导管内未放置隔水球，泥浆不能顺导管排出。

② 混凝土坍落度过小，级配不符合标准，引起导管堵塞。

③ 双孔浇筑不连续，造成混凝土不均匀。

④ 拆卸导管过早，导管口高于混凝土面，导管下口暴露在泥浆内，造成泥浆涌入导管。

⑤ 未掌握混凝土初凝时间，过早拔管。

⑥ 浇灌速度太快，使混凝土表面呈锯齿状，泥浆和浮泥会进入到裂缝中严重影响混凝土质量。

⑦ 浇筑混凝土时，钢筋笼易上浮。

(9) 墙体的现浇结构缺陷

① 混凝土与 H 型钢连接不到位，中间出现夹层。

② 墙体混凝土酥松、胀模，出现麻面，混凝土强度不符合要求。

③ 槽段之间接头易出现渗水现象。

## 4.3.2 地下连续墙渗漏水问题处理

地下连续墙由于施工工艺所限，其槽段接头位置容易发生渗漏，尤其在地下水丰富的地区，渗漏水现象较为常见，同时由于施工工序多，每个环节的控制都事关成墙质量，有必要对渗漏情况作针对性专门处理。

(1) 地下连续墙接缝渗漏

地下连续墙接缝渗水采取双快水泥结合化学注浆的方式处理。如果是点状渗漏水，应先观察地下连续墙接缝湿渍情况，确定渗漏部位，并对渗漏处松散混凝土、夹砂、夹泥进行清除，其次用电锤配合手工凿出"V"形槽，深度控制在 50~100mm，最后采用钢刷或高压水对混凝土"V"形槽进行清洗，确保表面干净无杂物。按水泥:水=1:(0.3~0.35)（质量比）配制双快水泥浆作为堵漏料并搅拌至均匀细腻，将堵漏料捏成料团，以手捏有硬热感后立即塞进"V"形槽，并用木棒挤压、轻砸，使其向四周挤实，操作人员必须佩戴橡胶隔热手套，防止烧伤。

如果渗漏呈线状，则采用钻孔注浆的方式对渗漏点进行处理，先采用电钻、风镐等将渗水点混凝土残渣或夹泥清除干净，然后用钢丝刷对渗漏水部位进行基面清理至无松散碎石；布设排水管引流，如图 4-34 所示；钻注浆孔，布设注浆钻头，沿渗漏水部位从上到下依次钻孔，钻孔间距控制在 20~30cm（可以根据现场情况调整），预埋注浆嘴（止水针头），注浆嘴深入地下连续墙≥5cm，外露长度20cm；用快干水泥（或"堵漏王"）封堵填实、表面抹平；注浆时按先上部再下部，最后中间的顺序进行。将环氧树脂复合灌浆料加入灌浆机桶中开始注浆，注浆采用低压低速注浆，注浆压力控制在 0.1~0.3MPa，每次注浆直至观察到浆液流出结束，然后换下一个注浆止水针头进行注浆，直至完成所有止水针头的注浆。检查已注浆的部位，若仍存在渗漏水，再次补灌，保证注浆堵漏部位不出现渗漏水。

图 4-34 地下连续墙渗漏水布设排水管引流

(2) 墙身大面积渗漏水

如果墙身出现大面积湿渍时，可采用水泥基渗透结晶型涂料涂抹。首先对基面进行清理，将基面上的突起、松散混凝土、水泥浮浆、灰尘清除，且用钢丝刷将基面打磨粗糙后，用水刷洗干净。然后用水充分湿润基面，将结晶水泥干粉和水按1∶（0.22~0.24）（质量比）混合，搅拌均匀，用鬃毛刷将混合好的涂料涂在地下连续墙有湿渍基面（二涂），每次拌料宜在 25min 内用完。

当地下连续墙渗漏水严重时，可采取墙背注浆或增加高压旋喷桩的处理方式。如地下水类型为岩溶水、裂隙水时，采用地质超前钻（钻径 90mm），在地下连续墙对应渗漏部位的外侧 0.5m 处钻 3~5 个注浆孔，孔位按三角形或梅花形布置，注浆孔深度直至连续墙底标高，孔内布设直径 40mm 的袖阀管，利用注浆设备注入双液浆，可有效地控制岩溶水及裂隙水的渗漏。注浆材料采用水泥浆-水玻璃双液浆，体积配比为 1∶1，水泥浆水灰比=（0.8∶1）~（1∶1）（质量比），水泥采用 42.5 级普通硅酸盐水泥，水玻璃模数 $m$=2.4~3.4（水玻璃浓度为 30~40Be）。双液浆应进行现场配比试验，以初凝时间为控制指标，同时综合考虑浆液的可泵性时间。注浆时可采用小压力、多次数的注浆方式，压力控制在 0.2~0.8MPa，注浆 3~4 次，每次持续 10~20min，设定注浆速度为 30~70L/min。

亦可采用 WSS 无收缩后退式注浆工艺，在渗漏部位地下连续墙的外侧布设两排梅花形孔，注浆扩散半径按经验公式计算可取 1.5m，排间距 1.0m，孔间距 1.5m，深度钻至地下连续墙底以下 3m，建议注浆压力控制在 0.2~0.4MPa。WSS 注浆工艺较袖阀管、高压旋喷桩等工艺衔接紧密，在成孔过程中可同步进行水泥浆的拌制，到达深度后立即注浆，在基坑应急抢险中能起到快速堵漏的效果。

如果地下连续墙围护结构失效发生涌水、涌砂等突发情况时，应立即对基坑内侧采取回填反续压措施。在地下连续墙迎水侧布置 2~3 排直径 600mm 间距 450mm 的旋喷桩，搭接 150mm。围护结构入岩地段，旋喷桩终孔深度为岩面以下 0.5m；围护结构不入岩地段，旋喷桩的终孔深度为围护结构以下 3m。图 4-35 所示为旋喷桩孔位布置图。

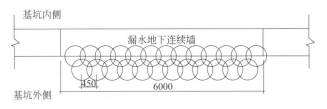

图 4-35 旋喷桩孔位布置图

旋喷桩注浆材料为普通水泥浆,采用 42.5 级普通硅酸盐水泥,水灰比=1:1。旋喷桩施工时注浆压力为 15~20MPa,流速为 40~70L/min,旋转速度为 16~20r/min,提升速度为 15~25cm/min。某车站地下连续墙涌水坑内回填处理如图 4-36 所示。

图 4-36 某车站地下连续墙涌水坑内回填处理

(3) 接缝严重漏水

如果由于锁口管拔断或浇筑水下混凝土时夹泥等引起地下连续墙接缝处严重漏水,可首先按地下连续墙渗漏做临时封堵、引流,再根据现场情况进行处理:如是锁口管沉断引起,按地下连续墙渗漏做临时封堵、引流后,可将先行幅钢筋笼的水平筋和拔断的锁口管凿出,水平向焊接直径 16mm、间距 50mm 的钢筋,以封闭接缝(根据需要可做加密);如为导管拔空等引起的地下连续墙墙缝或墙体夹泥,则将夹泥充分清除后再修补,再在严重渗漏处的坑外进行双液注浆填充、速凝,深度比渗漏处深 3m。一般双液注浆采用水泥浆:水玻璃(体积比)为 1:0.5,其中水泥浆水灰比为 0.6,水玻璃浓度 35Be,模数 2.5。注浆压力可视深度而定,一般取 0.1~0.4MPa。

### 4.3.3 地下连续墙墙身缺陷处理

(1) 地下连续墙表面露筋及孔洞的修补

由于地下连续墙采用泥浆护壁,当刷壁及清孔质量差时,浇筑混凝土后易出现墙体表面夹泥、主筋外露现象。当基坑开挖后,遇地下连续墙表面出现露筋问题时,应首先将露筋处墙体表面的疏松物质清除并清洗、凿毛,然后使用超早强膨胀水泥拌和中粗砂配制成水泥砂浆来进行修补。若孔洞位于槽段接缝位置,再采用上述措施后,应采用微膨胀混凝土进行修补,且强度较墙身至少高一级。

(2) 地下连续墙槽段钢筋被切割导致结构损伤

地下连续墙施工时如成槽范围内有地下障碍物且无法清除时,为保证钢筋笼的下放,不得已将断开部分钢筋笼，导致浇筑混凝土后墙身结构受到损伤，对于这种情况要进行修复，若地下连续墙受损严重，通常可在外侧增加一幅额外槽段及旋喷桩，如图 4-37 所示。经验表明：在连续墙接缝位置增加高压旋喷桩等止水措施，可以更好地解决缺口位置的渗漏水问题。在加固和止水措施施工完后，方可进行坑内土体开挖。如破损位置位于基底以上，可在开挖后再对切割处进行修复。具体的修复方法是：凿去该处的劣质混凝土，将相邻两槽段的钢筋笼在接缝处凿出，清洗两侧面，焊上这部分所缺的钢筋，并封上连续墙内侧的模板，在此空洞内浇筑与地下连续墙相同强度等级或高一等级的混凝土，同时在地下连续墙内侧设置钢筋混凝土内衬墙等，以完成地下连续墙的修复。

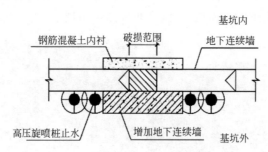

图 4-37 外侧增加地下连续墙与旋喷桩补强措施

如地下连续墙破损位置出现在基底以下受力较小位置，且破损情况不严重，不影响地下连续墙的整体受力性能，可在破损位置仅施工高压旋喷桩，以确保地下连续墙的止水性能，如图 4-38 所示。

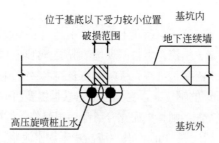

图 4-38 外侧采用高压旋喷桩止水

## 4.4 地下连续墙工程实例

### 4.4.1 工程概况

横山路站位于滨河路与横山路交叉口路面下，沿滨河路南北向布置。车站为地下两层明挖（局部盖挖）车站，共设九个出入口及四组风亭。车站主体长 458.7m，标准段宽 19.7m，基坑深 16.4~20.3m，覆土厚度 3.2~4.3m。主体围护结构标准段与端头井部位均采用 800mm 厚的地下连续墙结构。

车站周边地面有多栋建筑，路口东北侧为中比啤酒有限公司，东南侧为拆迁区，西北侧为万豪名家，西南侧由北往南依次为横塘泵站、规划新狮商务广场、固光油漆城、安康门诊楼、美田山水商务楼。滨河路和横山路敷设有大量市政管线，沿横山路两侧敷设的管线主要有污水管（DN500、DN800）、雨水管（DN400、DN800）、天然气管（DN300）、给水管（DN600），强电和弱电电缆等。沿横山路方向，强电、弱电电缆和 DN200 天然气管、DN600 给水管、DN400 蒸汽管敷设于路口临时路面盖板上方，施工期间有一根 220kV 高压架空线跨越车站，离地高度为 19.5m，施工时需进行防护，防护方案必须满足《施工现场临时用电安全技术规范》（JGJ 46—2005）的要求，并征得相关主管部门的同意。车站围护结构设计情况见表 4-12。

表 4-12　主体围护结构设计情况一览表

| 车站 | 部位 | 围护结构形式 | | 长度/m | 幅数 | 备注 |
|---|---|---|---|---|---|---|
| 横山路站 | 端头井 | A | 800mm 厚地下连续墙 | 32.7 | 12 | H 型钢接头 |
| | | B | | 34.9 | 12 | |
| | 标准段 | C | | 30.0 | 38 | |
| | | D | | 30.3 | 40 | |
| | | E | | 32.0 | 20 | |
| | | F | | 29.6 | 34 | |

## 4.4.2　工程地质与水文地质

（1）工程地质

根据地质资料，地层层序（参见图 4-39）自上而下依次为：

①1 杂填土层为第四系全新统（Q4）人工填土层。本层土层厚 0.7~4.5m，层底标高-0.89~3.11m。③1 黏土层为第四系晚上新统（Q32-3）冲湖积相沉积物，层厚 0.80~3.70m，层底标高-2.74~-1.01m。③2 粉质黏土层为第四系上更新统（Q32-3）冲湖积相沉积物。层厚 0.50~5.80m，层底标高-6.10~-1.87m。③3 粉土层为第四系上更新统（Q32-3）冲湖积相沉积物，层厚 1.70~11.90m，层底标高-20.50~-6.84m。③3a 粉质黏土层为第四系上更新统（Q32-2）海陆交互相沉积物。层厚 2.00~4.80m，层底标高-8.99~-6.45m。④2 粉砂夹粉土层为第四系上更新统（Q32-2）冲湖积相沉积物。层厚 0.90~10.20m，层底标高-17.88~-14.12m。⑤1 粉质黏土层为第四系上更新统（Q32-2）海陆交互相沉积物。层厚 7.00~14.60m，层底标高-31.05~-26.15m。⑤1a 黏质粉土层为第四系上更新统（Q32-2）海陆交互相沉积物。最大揭示层厚 6.9m，层底标高-31.05m 左右。⑦1 粉质黏土夹粉土层为第四系上更新统（Q32-2）海陆交互相沉积物。层厚 3.50~20.30m，层底标高-48.44~-31.00m。⑦2 粉土夹粉砂层为第四系上更新统（Q32-1）冲湖积相沉积物。揭示层厚 1.70~12.90m，层底标高-46.82~-35.74m。

（2）水文地质条件

根据钻孔揭示地层情况，本勘察场地地下水主要有潜水、微承压水和承压水。

① 潜水。潜水主要赋存于浅部黏性土层中，受区域地质、地形及地貌等条件的控制。其补给主要为大气降水及周围湖（河）网体系，以大气蒸发及向周围湖（河）道的径流为其主要的排泄方式。

本次勘察期间实测潜水水位埋深 1.10~2.90m，高程 0.86~2.91m。苏州地区降雨主要集中在 6~9 月份，在此期间，地下水位一般最高；旱季为 12 月份至翌年 3 月份，在此期间地下水位一般最低，年水位变幅为 1.00m。据区域水文资料显示，苏州市历年最高潜水位标高为 2.63m，最低潜水位标高为 0.21m。

基坑开挖前需采用内井点对坑内潜水进行预降水、疏干，以加固坑内土体。

② 微承压水。根据本次勘察揭示，本车站微承压水含水层主要为③3粉土和④2粉砂夹粉土以及⑤1黏质粉土层中所夹⑤1a黏质粉土，这几层土相连通，可看作同一含水层。该含水组分布不稳定，其补给来源为大气降水、地表水及上部潜水垂直入渗，以民间水井取水及地下径流为其主要的排泄方式。根据本次在Jz-Ⅱ13-M3-KA148孔附近进行的抽水试验成果，本层微承压水水头标高为0.67m。根据区域资料可知，该微承压水头年变幅1m左右。

主体围护结构隔断微承压水含水层，施工期间需对该微承压水进行泄压处理。

③ 承压水。根据本次勘察揭露地层情况，本车站深部⑦2粉土夹粉砂层和⑦4粉土层均为富水层。这两层含水层相互连通，形成深厚承压含水层。整个承压含水层顶板标高-46.44～-26.22m之间。整体呈现北高南低的规律，即靠近北侧端头井附近承压含水层埋深较浅（30m左右），向南逐渐变深，车站南部承压水层埋深一般在50m左右。本层承压水补给来源为上部松散层渗入补给、微承压水与之联通补给、越流补给及地下径流补给，排泄方式主要是人工开采及其对下部含水层的越流补给和侧向径流排泄；本次勘察在滨河路与横山路交叉口东侧拆迁区内布置一组承压水抽水试验（1个抽水孔+2个观测孔）。根据抽水试验实测该层承压水水头标高为-3.59m。

北端头井坑内地基土抗承压水头稳定性不满足要求，基坑开挖期间需加强水位观测，适时适量抽取承压水。

## 4.4.3 地下连续墙施工的重点难点及对策措施

（1）地下连续墙施工的重难点

本工程地质条件较差，车站土层为杂填土、黏土、粉质黏土、粉土、粉砂夹粉土层，粉质黏土、粉土夹粉砂。围护结构采用地下连续墙，地下连续墙的施工质量和精度控制是保证基坑土方开挖和主体结构施工安全的关键。故地下连续墙成槽施工是本工程的难点之一。

工程场地较狭窄，钢筋笼吊装采用整幅整体加工、整体吊装，钢筋笼重量较重，体积较庞大，起吊过程中容易发生变形，导致钢筋笼散落，将会造成严重的安全事故，甚至重大人员伤亡。所以钢筋笼安全吊装是本工程的重点之一。

（2）对策措施

成槽是地下连续墙施工的关键，而成槽质量在很大程度上与挖槽所用的设备有关，因此，在地下连续墙施工时成槽设备的选型显得尤为重要。地下连续墙采用金泰SG-40A成槽机可以满足本工程的施工需要。本工程地下连续墙采用"地下连续墙液压抓斗工法"进行施工。该工法具有墙体刚度大、阻水性能好、振动小、噪声低、扰动小等特点，对周围环境影响小，适用多种土层条件。

采用优质泥浆原材料，配制适合本标段地质特点的大比重、高黏度泥浆，以解决粉土或粉砂层易塌槽的问题。

在成槽过程中，泥浆起到护壁、携渣、冷却机具、切土润滑的作用。性能良好的泥浆能确保成槽时槽壁的稳定，防止塌槽，同时在混凝土浇灌时对保证混凝土的浇灌质量起着极其重要的作用。《地下铁道工程施工质量验收标准》（GB/T 50299）规定的泥浆控制指标只作为施工参考，在实际成槽时必须根据实际地质特点调整指标参数，以满足施工要求为准则。实际施工前，必须根据所选用的原料先行试配，再检测各项指标，按检测的情况适当增加外加剂，改善泥浆性能，使之满足施工需求。横山路站地址剖面图见图4-39。

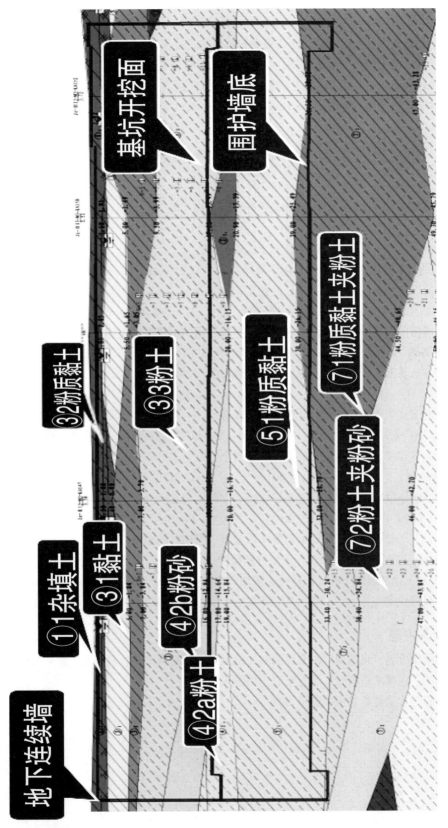

图 4-39 横山路站地址剖面图

## 小结

本学习情境主要介绍了地下连续墙支护类型的发展现状,并以地铁车站地下连续墙为例详细阐述了地下连续墙施工图纸识读方法,分工序详细介绍了地下连续墙的施工工艺及质量控制措施,并对常见的地下连续墙施工质量缺陷产生原因及处理措施进行了介绍,最后给出了某地铁工程地下连续墙施工案例。

## 课后习题

### 一、单选题

1. 成槽深度大于( )m 的地下连续墙为超深地下连续墙。
 A. 30　　　　　　B. 50　　　　　　C. 80　　　　　　D. 100
2. 下列哪项不属于复合钠基膨润土组成部分?( )
 A. 钠基膨润土　　B. 化学糨糊　　　C. 纯碱　　　　　D. 砂
3. 地下连续墙的基本施工单元,通常简称为( )。
 A. 槽段　　　　　B. 导墙　　　　　C. 转角幅　　　　D. 标准幅
4. 成槽前沿地下连续墙两侧起定位、导向作用的钢筋混凝土墙体称为( )。
 A. 导墙　　　　　B. 钢筋笼　　　　C. 接头　　　　　D. 以上均错
5. 开挖深度大于等于( )m 的导墙称为深导墙。
 A. 2.5　　　　　　B. 3　　　　　　　C. 3.5　　　　　　D. 4
6. 地下连续墙的混凝土设计强度等级宜取( )。
 A. C20~C30　　　B. C30~C40　　　C. C30~C45　　　D. C20~C45
7. 地下连续墙导墙混凝土强度等级不得小于( )。
 A. C15　　　　　 B. C20　　　　　 C. C25　　　　　 D. C30
8. 地下连续墙在吊放钢筋笼之后( )时间内必须浇筑混凝土。
 A. 1h　　　　　　B. 2h　　　　　　C. 3h　　　　　　D. 4h
9. 以下不属于地下连续墙钢筋笼质量检查一般项目的是( )。
 A. 主筋间距　　　B. 钢筋材质检验　C. 箍筋间距　　　D. 直径
10. 水下灌注混凝土时,初灌量要求埋入混凝土面以下不应少于( )m。
 A. 0.5　　　　　　B. 0.6　　　　　　C. 0.8　　　　　　D. 1.0

### 二、思考题

1. 导墙检测(包括项目、允许偏差、检查频率、检查方法、范围及点数)有何要求?
2. 地下连续墙钢筋笼吊装方案应包括哪些内容?
3. 膨润土的检测包括哪些项目?

• 学习情境 5

# 围护桩工程施工

## 情境描述

通过本情境的学习，要求学习人员掌握各类围护桩施工的工艺流程与质量控制方法，能根据工程图纸要求做好人员安排、施工现场的布置、施工材料准备与施工机械安排。实施过程中要求遵守规范强制性要求和图纸要求，做好施工协调工作。实施中可以由教师与学生共同设置施工情景，进行角色定位，虚拟施工准备过程；同时也可布置任务，进行相应的工地现场调研，使学生进入各类围护桩施工现场，了解围护桩施工工作内容，以报告形式提交学习成果。

## 学习目标

知识目标

① 掌握高压旋喷桩施工工艺流程及施工质量控制要点；
② 掌握搅拌桩施工工艺流程及施工质量控制要点；
③ 掌握 SMW 工法桩施工工艺流程及施工质量控制要点；
④ 掌握预制桩施工工艺流程及施工质量控制要点；
⑤ 掌握钻孔灌注桩施工工艺流程及施工质量控制要点。

能力目标

① 能够理解并掌握各类围护桩加固的原理和程序；
② 能够对各类围护桩施工的人、材、机进行合理安排；
③ 能够熟练进行各类围护桩施工质量控制。

素质目标

① 吃苦耐劳，具备强烈的工程质量意识，遵守规范及标准要求；
② 善于表达，能够在施工准备环节与工程相关的设计单位、监理单位、专业分包单位等各部门进行沟通与交流；
③ 善于观察和思考，养成发现问题、提出问题、及时解决问题的良好学习和工作习惯。

## 5.1 旋喷桩施工

### 5.1.1 旋喷桩施工概述与基本要求

旋喷桩法又称为喷射注浆法，是地基加固的一种常用方法，二十世纪七十年代初期最早在日本开始使用。旋喷桩法与传统的注浆方法存在差异，传统注浆法是在浆液的压力作用下通过对土体的劈裂、渗透、压实达到注浆加固的目的，但是对于细颗粒砂性土通过对土体的劈裂加固效果有限，加固体的均匀性、强度和渗透性有限。而高压旋喷桩法则能解决这一难题，其是通过高速喷射流切割土体并使水泥与土搅拌混合形成土体加固，能够弥补传统注浆法的不足。同时，由于用喷射流形成的加固体形状灵活，适用多种加固要求，因此高压旋喷桩法目前已在世界范围内得到广泛应用。我国自二十世纪七十年代末开始应用在建筑物基础托换、基坑工程以及水利建设工程等领域，目前随着我国地铁、隧道、高层建筑地下室等地下工程的发展，旋喷桩法得到了大力发展。在施工机具方面，由于工程机械制造水平的限制，长期以来我国应用最多的是三管法，二十世纪末开始双管法的应用得到发展，但应用更多的仍然是三管法。双管法中桩的直径通常采用 0.8~1.0m，而三管法为 1.0~1.5m。若采用水和浆液压力均为 25MPa 以上的双高压旋喷法，桩的直径达到 2m 左右。随着地下工程深度的增加，旋喷桩加固深度随之增加，目前最大加固深度可达 50m 以上。

大量的工程实践证明旋喷桩是一种简单有效的地基加固手段，一般在地铁车站及明挖隧道工程中主要用作深基坑围护结构的止水与挡水措施，同时能减少地基变形，能解决诸多基坑施工难题，确保施工安全，同时可以降低造价并加快施工进度。

一般而言根据地基加固的作用，旋喷桩工程可以达到以下几种目的：

① 止水、堵水，形成止水帷幕，切断地下水的渗流路径，同时防止坑底部软弱土失稳或砂性土管涌，亦可对基坑内被动区土体进行加固。这些在地铁深基坑围护加固中具有非常重要的作用。

② 保护相邻构筑物或地下埋设物，可对旧有构造物地基及桩基础进行补强。

③ 可用于盾构始发井与接收井地层加固。

高压喷射注浆喷射流的压力通常在 20MPa 以上，由于射流能量大、速度快，当它连续和集中地作用在土体上，压应力和冲蚀作用等多种因素便在很小的区域内产生效应，对从粒径很小的细粒土到含有颗粒直径较大的卵石碎石土，均有巨大的冲击和搅动作用，使注入的浆液和土拌和凝固为新的固结体。实践表明，本法对淤泥、淤泥质土、流塑或软流塑黏性土、粉土、砂土、素填土等地基都有良好的处理效果。一般来说，旋喷桩的适用土层主要包括 $N<15$ 的砂性土、$N<10$ 的黏性土以及不含砾石的填土（$N$ 为标准贯入试验锤击数），对于 $N>50$ 的砂性土以及 $N>10$ 的黏性土以及含有块石及存在大量裂隙的人工填土需慎重选用。而对于含有卵石的砾砂层，因浆液易被卵石阻挡，其加固效果可能不佳。另外在地下水流速过大或已涌水的防水工程中使用经验不多，因此不提倡在此类工程中使用。对于含有较多块石或大量植物根茎的地基，因喷射流可能受到阻挡或被削弱，冲击破碎力急剧下降，切削范围小，会影响处理效果；而对于含有过多有机质的土层，则其处理效果取决于固结体的化学稳定性，需通过现场试验确定。

根据喷嘴旋转的角度不同，旋喷桩可以进行定喷、摆喷及旋喷（图 5-1），形成三种类型的加固体。定喷是指在喷射和提升钻杆过程中钻杆不转动，使喷嘴对着同一方向喷射，浆液凝固后在土体中形成壁状加固体。摆喷是指在喷射和提升钻杆过程中使钻杆在一定角度内来回摆动喷射，浆液凝固后在土体中形成截面类似扇形的加固体。旋喷是指在提升钻杆同时旋转钻杆进行喷射注浆，浆液凝固后在土体中形成类似圆柱状加固体。高压旋喷是目前应用最为广泛的成桩形式。

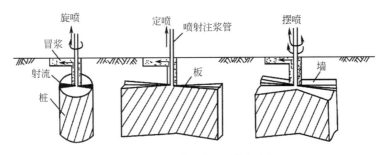

图 5-1 高压喷射注浆三种基本形式

采用高压喷射注浆的目的就是提高土体强度（或刚度）和改善土体抗渗性能。不同的用途对高压喷射注浆的要求不一样：改善土体抗渗性能，需保证桩体的成桩直径、搭接及桩体均匀性，因此一般宜采用三管法旋喷及双高压旋喷桩，并采用相对保守的技术参数；提高土体强度，一般宜采用以水泥浆作为喷射流介质的单管法及双管法。因此在设计前必须明确其用途，才可做到既保证施工质量，又经济合理。抗渗加固要求成桩桩体均匀性好，并要求在不同土层里都要保证成桩直径，则势必放慢钻杆提升速度，因此水泥用量较承载力工程高。定喷及摆喷的有效桩径约为旋喷直径的 1.0～1.5 倍。

喷射流压力、流量及钻杆提升速度这 3 个参数整体代表了喷射流的能量，同轴高压空气用来降低在泥浆中喷射流能量的损耗，这些因素是保证成桩直径的关键。在相同提升速度下，三种成桩方法所成桩径为：单管法<双管法<三管法。其主要原因为由于缺少同轴高压空气来降低高压泥浆喷射流的损耗，因此单管法形成桩径小于双管法；而三管法旋喷高压水切割压力较大，形成桩径较前两者更大；而双高压旋喷，通过高压水、高压泥浆的双重切割，成桩直径最大。

旋喷桩施工时可采用单桩、单排及多排方式，一般多采用多排咬合方式以提高其加固效果，如图 5-2 所示。通常情况下梅花形布桩有利于加固体的整体性，因为后排桩可对前排桩接缝薄弱处进行补偿，尤其在地下水量较发育地区主要以堵水为目的时，施工时建议尽量采用梅花咬合方式以增强防水的可靠性。

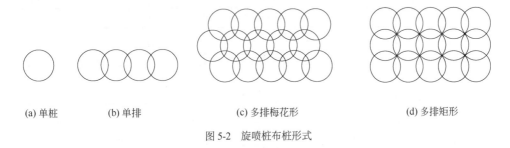

(a) 单桩　　　(b) 单排　　　(c) 多排梅花形　　　(d) 多排矩形

图 5-2 旋喷桩布桩形式

喷射注浆的浆液一般采用强度等级为 32.5 级及以上的硅酸盐或普通硅酸盐水泥浆液，亦可以在水泥浆中加入早强剂、悬浮剂等外加剂和掺合料，以改善水泥浆液的性能。所用外加剂或掺合料的配合比，应根据水泥土的特点通过室内试验或现场试验确定。

学习情境 5　围护桩工程施工　115

类似于水泥浆强度,加固体的强度一般与浆液水灰比成反比,水灰比越小加固体强度越高,但水灰比太小会造成浆液稠度大、喷射困难,同等压力下喷射能量将会下降,按照施工经验一般水灰比取 1.0 比较合适。

## 5.1.2 旋喷桩施工工艺

(1) 施工原理及工艺流程

喷射注浆法一般分为单管法、双管法、三管法三种类型(图 5-3),目前也有多重管法和与搅拌相结合的方法,单管法和双管法中的喷射管较细,一般可借助喷射管本身的喷射或振动将浆液灌入,当地层土质较硬难以灌入时,可在地基中预先成孔(孔径为 6~10cm),然后放入喷射管进行喷射注浆加固。若采用三管法,喷射管直径通常为 7~9cm,直径较大且结构复杂,需要预先钻孔,然后置入三管喷射进行搅拌加固。三种喷射注浆法有所区别,单管法施工中水泥、水及膨润土采用称量系统,并二次进行搅拌、混合后输送至高压泵。双管法施工是将水泥浆和压缩空气同时喷射。三管法施工中专门单独设置了水泥仓、水箱和称量系统。此外,在输送水泥浆、高压水、压缩空气的过程中,通过监测装置分别进行控制可保证施工质量。

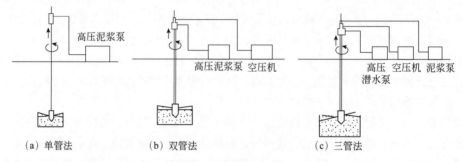

图 5-3 喷射注浆法施工工艺

各种加固法均可根据具体条件采用不同类型的设备,表 5-1 列出了部分设备型号可供参考。专业机械设备是保证工程质量的前提,各类机械设备进场后,施工单位项目部应逐一验收,并将设备情况报给监理单位进行备案验收,以确保各配套设备施工能力可满足质量控制要求。

表 5-1 高压喷射注浆常规设备

| 设备名称 | 型号 | 适应工艺 | 平面尺寸/(m×m) | 高度/m |
| --- | --- | --- | --- | --- |
| 旋喷机 | GD-2 | 双高压 | 4.5×7 | 18 |
| | XP-30 | 三管法 双管法 | 4×6 | 15 |
| | XP-20 | 三管法 双管法 | 2.2×3 | 4.5 |
| | 自制 | 双管法 | 9×10 | 28 |
| 高压水泵 | GZB-40A | 三管法 双高压 | 2×4 | 2 |
| 高压泥浆泵 | CYB-1 | 双管法 | 2×4 | 2 |
| 自动拌浆系统 | Z-20 | 所有高压喷射注浆工艺 | 10×6 | 15 |

一般单套旋喷施工的场地需求可参考表 5-2，施工时产生的泥浆应及时外运，否则应相应扩大临时泥浆池。若施工场地表层已经开挖，双高压和三管法在基坑内部施工时应该及时排浆，地面也仍应预留排浆场地。

表 5-2　单套旋喷施工场地需求

| 适应工艺 | 设备堆放面积/m² | 临时泥浆池面积/m² |
| --- | --- | --- |
| 双高压 | 100 | 200 |
| 三管法 | 100 | 150 |
| 双管法 | 80 | 100 |

高压喷射施工时单套旋喷设备用电量可以表 5-3 作为参考。

表 5-3　单套旋喷设备用电量

| 高压喷射注浆工艺 | 用电量/(kW·h) |
| --- | --- |
| 双高压 | 300 |
| 三管法 | 250 |
| 双管法 | 250 |

三管法高压旋喷桩施工工艺流程如图 5-4 所示。

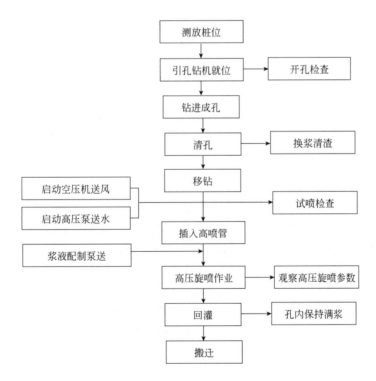

图 5-4　旋喷桩施工工艺流程

高压旋喷桩施工前应进行试桩，根据实际情况确定预定的浆液配比、喷射压力、喷浆量等技术参数是否合适。试桩数量不少于 3 根，具体位置根据现场实际情况与监理单位一同确定。

浆量计算：用单位时间喷射的浆量及喷射持续时间，可计算出浆量，计算公式为

$$Q=(H/v)q(1+\beta)$$

式中　$Q$——浆量，$m^3$；

　　　$H$——喷射长度，m；

　　　$q$——单位时间喷浆量，$m^3/min$；

　　　$\beta$——损失系数，通常取 0.1～0.2；

　　　$v$——提升速度，m/min。

根据试桩参数计算所需的喷浆量，以确定水泥使用量。

(2) 施工工艺

① 施工准备

a. 场地平整　正式进场施工前，进行管线调查后，清除施工场地地面以下 2m 内的障碍物，不能清除的做好保护措施，然后整平、夯实；同时合理布置施工机械、输送管路和电力线路位置，确保施工场地的"三通一平"。

b. 桩位放样　施工前用全站仪测定旋喷桩施工的控制点，埋石标记，经过复测验线合格后，用钢尺和测线实地布设桩位，并用竹签钉紧，一桩一签，保证桩孔中心移位偏差小于 50mm。

c. 修建排污和灰浆拌制系统　旋喷桩施工过程中将会产生 10%～20%的返浆量，将废浆液引入沉淀池中，沉淀后的清水根据场地条件可进行无公害排放。沉淀的泥土则在开挖基坑时一并运走。沉淀和排污统一纳入全场污水处理系统。灰浆拌制系统应设置在水泥堆放处附近，便于作业，其主要由灰浆拌制设备、灰浆储存设备、灰浆输送设备组成。

② 钻机就位　钻机就位后，对桩机进行调平、对中，调整桩机的垂直度，保证钻杆与桩位一致，偏差应在 10mm 以内，钻孔垂直度误差小于 0.3%；钻孔前应调试空压机、泥浆泵，使设备运转正常；校验钻杆长度，并用红油漆在钻塔旁标注深度线，保证孔底标高满足设计深度要求。

③ 引孔钻进　钻机施工前，应首先在地面进行试喷，在钻孔机械试运转正常后，开始引孔钻进。钻孔过程中要详细记录好钻杆节数，保证钻孔深度准确。

④ 拔出岩芯管、插入注浆管　引孔至设计深度后，拔出岩芯管，并换上喷射注浆管插入预定深度。在插管过程中，为防止泥砂堵塞喷嘴，要边射水边插管，水压不得超过 1MPa，以免压力过高，将孔壁射穿。高压水喷嘴要用塑料布包裹，以防泥土进入管内。

⑤ 旋喷提升　当喷射注浆管插入设计深度后，接通泥浆泵，然后由下向上旋喷，同时将泥浆清理排出。喷射时，先应达到预定的喷射压力，喷浆后再逐渐提升旋喷管，以防扭断旋喷管。为保证桩底端的成桩质量，喷嘴下沉到设计深度时，在原位置旋转 10s 左右，待孔口冒浆正常后再旋喷提升。钻杆的旋转和提升应连续进行，不得中断，钻机发生故障，应停止提升钻杆和旋转，以防断桩，并立即检修排除故障。为提高桩底端成桩质量，在桩底部 1.0m 范围内应适当增加钻杆旋喷时间。在旋喷提升过程中，可根据不同的土层，调整旋喷参数。

⑥ 钻机移位　旋喷提升到设计桩顶标高时停止旋喷，提升钻头出孔口，清洗注浆泵及输送管道，然后将钻机移位。

## 5.1.3　旋喷桩施工环境与质量控制

由于高压旋喷桩施工时将不可避免地对周边环境产生扰动，包括土体挤压、膨胀、抬升，同时施

工后会产生收缩、沉降。在施工中，需要严格进行信息化施工管理，需要控制周边环境变形时，高压喷射注浆施工应严格按照施工流程进行。当施工区域附近存在对变形控制要求严格的建筑物、管线时，应采取由建筑物或管线近端向远端推进的施工顺序，同时必须加强对建筑物、管线等的监测。

减少高压喷射注浆对周边环境影响的措施主要有：

① 采用由建筑物或管线的近端向远端方向施工的施工顺序，将挤压应力引向远端方向；

② 在高压喷射注浆施工区域与建筑物或管线之间预钻泄压孔，释放一部分挤压应力；

③ 采用大直径钻头或下放旋喷钻杆的同时预喷水扩孔，使返浆更为畅通，有利于地内压力释放；

④ 长距离跳孔施工或减缓施工速度，利用施工后的收缩效应减缓挤压抬升效应；

⑤ 对地下管线进行曝露悬吊；

⑥ 采用回灌浆措施减少施工后浆液收缩带来的沉降等；

⑦ 合理控制施工节奏，对变形超过预警值的，先暂停施工，待变形区域稳定后继续施工。

由于高压旋喷桩经常用于基坑止水帷幕，因此施工时对孔位偏差要求较为严格，孔位偏差过大会影响加固效果。一般规定孔位偏差值应小于50mm，深度误差小于100mm，同时要保证垂直度。

施工时跳桩施工有利于提高施工质量，减小环境影响，特别是双高压和三管法旋喷。主要原因是三管法和双高压法均采用高压水喷射流作为主要喷射切割介质，如短时间内在已施工桩位附近进行施工，可能造成高压水喷射流进入之前未初凝的桩体，造成混合泥浆被稀释或将未完全初凝的水泥浆返出，对施工质量造成极大危害。

当旋喷桩由于特殊原因采用分段施工时，为保证成桩的整体性，规定前后喷射搭接不得小于50cm。喷射压力对成桩质量有重要影响，应时刻关注施工中的压力变化，压力变化太大可能导致断桩、强度不足或导致注浆管爆裂等质量事故。当存在较大流速地下动水流时，可能导致水泥浆液迁移现象，此时应采取止水措施后再进行施工，如有地下空洞，应在填充空洞之后再进行施工。如在喷射注浆过程中因故中断，中断时间超过浆液初凝时间，均应立即拔出钻杆清洗备用，以防浆液凝固后拔不出钻杆。因特殊情况停工超过1个小时，应拔出钻杆并进行清洗，防止钻杆、喷嘴堵塞。为减少高压浆液在输送过程中能量的损失，应尽量减小高压橡胶管长度，提高喷射流的初始能量以保证加固半径。

施工中在钻机就位后应对孔位进行检查，在成孔前、中、后分别对钻杆垂直度进行检查，成孔后对成孔深度进行检查。在检查过程中应对有异议的留下影像资料，以备后续查证。浆体必须经过搅拌机充分搅拌均匀后才能开始压注，并应在注浆过程中不停顿地缓慢搅拌，搅拌时间应小于浆液初凝时间。拌制好的浆体中若有较大颗粒杂质，浆体在泵送前应经过筛网过滤，以免堵塞直径较小的喷嘴，造成不必要的麻烦。拌制好的浆液应进行随机抽检。浆液相对密度每个班抽检2次，并做好书面记录，浆液相对密度误差不得大于±0.05，在旋喷桩施工过程中监理单位应全程进行旁站监督。

## 5.2 搅拌桩施工

### 5.2.1 搅拌桩施工概述与基本要求

搅拌桩本质上与高压旋喷桩类似，属于水泥土结构，都是通过专用施工设备将水泥等固化剂和地基土强行搅拌，形成连续搭接的水泥土柱状加固体挡墙。搅拌桩根据搅拌机械轴数的不同，通过双轴与三轴搅拌机施工，常见的搅拌桩横截面主要有双轴、三轴两类，目前随着施工机械的发展也有一些更多轴的设备面世。水泥土搅拌桩根据平面布置可分为满膛布置、格栅形布置和宽窄结合的锯齿形布置等形式，常见的布置形式为格栅形布置；在竖直方向上水泥土搅拌桩的布置有等断面布置、台阶形布置等形式。二轴、三轴搅拌桩常见平面布置形式见图5-5、图5-6。

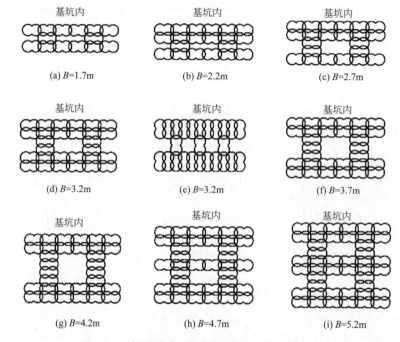

图 5-5　二轴搅拌桩常见平面布置形式（$B$ 为加固厚度）

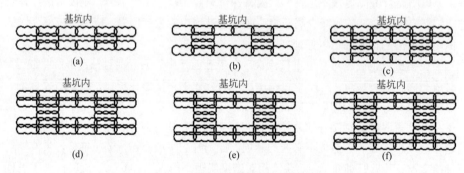

图 5-6　三轴搅拌桩常见平面布置形式

水泥土搅拌法用于特殊地基土及无工程先例的地区时，一般均需采取针对性措施，以控制加固效果。因此，必须通过现场试验及室内配比试验确定其适用性。当黏土的塑性指数 $I_P>25$ 时，施工中容易在搅拌头叶片上形成泥团，无法使水泥与土拌和。在黏土的塑性指数 $I_P>25$ 的地基土中采用水泥土搅拌法，一般需调整钻头叶片、喷浆系统和施工工艺等。

当在酸性环境中进行搅拌桩施工时，酸性物质将与水泥发生化学反应，影响水泥的固化，从而使得固结体强度下降，因此在 pH 值小于 4 时，水泥土的加固效果较差，此时一般需采取掺加石灰、选用耐酸性水泥等措施。

## 5.2.2 搅拌桩施工工艺

(1) 施工准备

常用的双轴及三轴搅拌设备尺寸、型号及成桩深度等参数见表 5-4～5-7。

表 5-4　双轴搅拌桩施工设备型号及深度

| 双轴搅拌机型号 | 深度/m |
| --- | --- |
| SJB-Ⅱ | <20 |

表 5-5　三轴搅拌桩施工设备型号及搅拌深度

| 三轴搅拌头型号 | 桩机型号 | 搅拌深度/m |
| --- | --- | --- |
| $\phi$650MAC150-3J | DH508/608 | <25 |
| $\phi$850MAC200-3J | DH608 | <25 |
| $\phi$850MAC240-3JC | DH608 | <25 |
|  | JB160 | <35 |
|  | DH608/JB160 | 接钻杆方式<60 |
| $\phi$1000 | JB160 | <35 |

表 5-6　搅拌桩机占地及拼装要求

| 设备名称 | 底盘平面尺寸大小/m×m | 起机架所要求最小场地/m×m |
| --- | --- | --- |
| 双轴搅拌机 SJB-Ⅱ | 9×10 | 10×34（拼装 24m 井架） |
| DH608 履带式三轴桩机 | 5.5×8 | 13×42（拼装 30m 井架） |
| JB160 步履式液压三轴桩机 | 9.5×16.5 | 20×56（拼装 39m 井架） |

表 5-7　三轴搅拌法辅助设备名称及型号

| 设备名称 | 规格型号 |
| --- | --- |
| 自动拌浆系统 | Z-20 |
| 贮浆桶 | SS-400 |
| 压浆泵 | BW320/BW250/BW200 |
| 挖土机 | $0.4m^3$ |
| 空压机 | $6m^3$ |

由于施工设备体积大且自重较大，施工前，必须先进行施工区域内的场地平整，清除表层硬物，素土须夯实。地基承重荷载以能行走 160t 履带式桩架为准。为确保安全，若场地不平整需要回填且回填深度超过 1.5m 时，应进行分层回填，且每回填 1m 素土加一层水泥灰并压实，直至回填至地面标高，以保证桩机在回填位置施工时有足够的地基承载力。桩机立柱直立后，行走最大坡度不能大于 5°。表 5-8 给出了常用搅拌设备要求的接地最小压力。按照桩位平面布置图，确定合理的施工顺序及配套机械、水泥等材料的堆放位置。

表 5-8 搅拌桩机要求接地最小压力

| 设备 | 接地最小压力/ (t/m²) |
|---|---|
| DH608 桩机及 $\phi$650 搅拌头 | 5.5 |
| DH608 桩机及 $\phi$850 搅拌头 | 6.5 |
| JB160 桩机及 $\phi$850 搅拌头 | 8 |
| JB160 桩机及 $\phi$1000 搅拌头 | 9 |

施工现场应注意文明施工与环境保护，搭设的平台应该有防尘措施，阻挡拌浆过程中水泥灰的扬尘。水泥筒仓应该选用顶部封闭下部出气的样式，并且将下部出气口埋入水中，控制扬尘，禁止采用筒仓顶部出气的样式。

(2) 施工工艺流程

各种搅拌桩的施工工艺流程较为类似，以目前最常用的三轴搅拌桩为例，图 5-7 为其施工工艺流程。

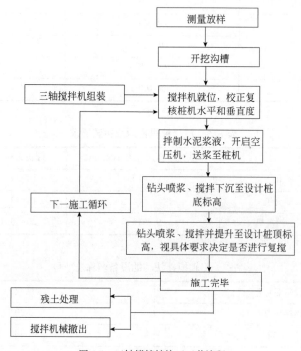

图 5-7 三轴搅拌桩施工工艺流程

(3) 施工顺序

三轴止水搅拌桩施工一般分为跳幅、顺幅及搭接三种类型。如图 5-8 所示，其中阴影部分为重复套钻，为保证墙体的连续性和接头的施工质量，跳幅施工一般适用于 $N$ 值小于 50 的地基土，水泥土搅拌桩的搭接以及施工设备的垂直度补正是依靠重复套钻来保证的，以起到止水的作用。

(4) 障碍物清理

因搅拌桩进行连续施工，故在施工前应对围护施工区域地下障碍物进行探测清理，以保证施工顺利进行。

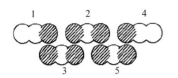

(a) 跳幅施工 套打施工顺序(施工时采用小幅施工)　(b) 顺幅施工 挤压法施工顺序(施工时采用中幅施工)　(c) 搭接施工 搭接施工顺序(施工时采用大幅施工)

图 5-8　三轴搅拌桩施工类型

(5) 测量放线

根据业主提供的坐标基准点、总平面布置图、围护工程施工图，项目部应按图放出桩位控制线，设立临时控制桩，做好技术复核单，施工单位技术人员复核无误后提请监理单位验收。

(6) 施工参数选择

为了保证施工质量，必须对主要技术参数进行控制，并在现场做到挂牌施工，主要技术参数见表 5-9。施工前，必须先做两根试桩，试桩的目的是确定合理的搅拌速度、输浆泵工作压力、提升速度等施工参数，使之符合设计和规范的相关要求。

表 5-9　三轴搅拌桩施工主要技术参数

| 序号 | 技术参数 | | 参数指标 |
|---|---|---|---|
| 1 | 水泥掺入百分数 | 加固区 | 18% |
|   |   | 非加固区 | 2% |
| 2 | 供浆流量/(L/min) | | 165 |
| 3 | 浆液配比 | | 水∶水泥=1.5∶1 |
| 4 | 输浆泵工作压力/MPa | | 不小于 2.8 |
| 5 | 提升速度/(m/min) | | $0.3 \leq v \leq 0.5$ |
| 6 | 28d 无侧限抗压强度/MPa | | ≥0.8 |
| 7 | 水泥浆的相对密度 | | ≥1.37 |
| 8 | 搅拌速度/(r/min) | | 两边搅拌头：26.0；中间搅拌头：14.5 |
| 9 | 每立方米被搅土体水泥用量/kg | | 324 |

(7) 开挖沟槽

在三轴搅拌桩施工过程中会涌出大量的泥浆，为了保证桩机的安全移位及施工现场的整洁，需要使用挖机在搅拌桩桩位上预先开挖沟槽。一般采用 0.4m³ 挖机开挖槽沟。沟槽尺寸根据搅拌桩直径确定，一般宽度为 1.5 倍搅拌桩直径，深度在 1m 左右。在施工现场还需开挖一泥浆池，把三轴搅拌桩施工过程中产生的泥浆置于其内，待达到一定数量后及时外运。

(8) 桩机就位

由当班班长统一指挥桩机就位，桩机下铺设钢板，移动前看清上、下、左、右各方向的情况，发现有障碍物应及时清除，移动结束后检查定位情况并及时纠正。桩机应平稳、平正，并用经纬仪或线锤进行观测以确保钻机的垂直度。搅拌桩桩位定位偏差应小于 50mm。成桩后桩径偏差不得超过 20mm，桩身垂直度偏差不得超过 1/200。可根据桩架垂直度指示针调整桩架垂直度，并用线锤或经纬仪进行校核。在桩架上焊接一半径为 5cm 的铁圈，10m 高处悬挂一铅锤，利用经纬仪校直钻杆垂直度，使铅锤正好通过铁圈中心。每次施工前必须适当调节钻杆，使铅锤位于铁圈内，即把钻杆垂直度误差控制在0.5%以内。开机前应该对桩机进行空载试钻，检查限位有无磨损、运转有无异响、钻杆有无弯曲等情况。检查自动拌浆仪是否能正常上料，泥浆泵能否正常出浆。

(9) 桩长控制标志

搅拌桩桩长控制很重要，施工前应在钻杆上做好标记，控制搅拌桩桩长不得小于设计桩长，当桩长变化时擦去旧标记，做好新标记。为保证成桩质量，始喷深度应在设计桩底深度以下0.3~0.5m；停喷深度应在设计桩顶深度以上0.3~0.8m。

(10) 水泥土配合比

水泥浆在搅拌桶中按规定的水灰比配制拌匀后排入存浆桶，再由两台泥浆泵抽吸加压后经过输浆管压至钻杆内注浆孔。为了保证供浆压力，供浆平台距离施工地点100m左右为宜，水泥浆液的水灰比应进行严格控制。需要说明的是水泥浆液配比须根据现场试验进行修正，参考水灰比配比范围为：1.5~2.0。

根据围护施工的特点，水泥土配比的技术要求如下。

① 设计合理的水泥浆液及水灰比，以确保水泥土的强度。

② 水泥掺入比的设计，必须确保水泥土强度，降低土体置换率，减轻施工时对环境的扰动影响。

③ 根据设计要求，结合工程实际，拟订此次三轴搅拌桩的各项指标为：

a. 水泥采用复合硅酸盐水泥，标号为P·C32.5级；

b. 水灰比为1.7（可视现场土层情况适当调整）；

c. 水泥浆相对密度1.364，水泥掺入量20%；

d. 止水三轴搅拌桩水泥掺量20%，即每立方米搅拌桩体中水泥掺量360kg；

e. 桩身28d无侧限抗压强度≥0.8MPa。

④ 搅拌桩施工时每个台班做三组70.7mm×70.7mm×70.7mm试块，自然条件下养护28d，送检测中心做抗压试验。

(11) 制备水泥浆液及浆液注入

在施工现场布设水泥浆搅拌系统（自动搅拌站），附近安置水泥罐，在开机前按要求进行水泥浆液的搅制。将配制好的水泥浆送入贮浆桶内备用。

水泥浆配制好后，停滞时间不得超过2h，搭接施工的相邻搅拌桩施工间隔不得超过24h（初凝时间）。注浆时通过两台注浆泵两条管路同Y形接头从H口混合注入。注浆压力：宜不大于2MPa；注浆流量：每台150~250L/min。

(12) 桩机钻杆下沉与提升、复搅

施工前应先确定搅拌机械的灰浆泵输浆量，灰浆经输浆管到搅拌机喷浆口的时间、提升速度等施工参数，在第一根桩施工时予以校核，消除理论与实际施工参数间的差距。灰浆泵宜用可调流量泵控制输浆速度，使（分出）注浆泵出口压力控制在0.4~0.6MPa，并应使搅拌提升速度与输浆速度同步。需要注意的是根据现场施工要求，钻杆在下沉和提升时均可注入水泥浆液。钻杆下沉速度一般不大于0.7m/min，提升速度一般不大于0.8m/min，现场设专人跟踪检测，监督桩机下沉、提升搅拌速度，可在桩架上每隔1m设明显标记，用秒表测试钻杆速度以便及时调整钻机速度，以达到搅拌均匀的目的。在桩底部分适当持续搅拌注浆至少30s，确保水泥土搅拌桩的成桩均匀性，并做好每次成桩的原始记录。

应提升至距桩顶设计标高 0.3~0.8m 后再关闭灰浆泵，搅拌桩桩体应搅拌均匀，表面要密实、平整。桩顶凿除部分的水泥土也应上提注浆，确保桩体的连续性和桩体质量。

(13) 清洗、移位

在集料斗中加入适量清水，开启灰浆泵，清洗压浆管道及其他所用机具，之后移位，再进行下一根桩的施工。

(14) 报表记录

施工过程中由专人负责记录，记录要求详细、真实、准确。

(15) 施工监测

如施工区域周边道路、管线及房屋情况较为复杂，在施工过程中应由业主委托有资质的第三方监测单位对周围环境进行变形监测。

## 5.2.3 搅拌桩施工要点与质量控制

(1) 施工要点

① 开机前必须探明和清除一切地下障碍物，须回填土的部位，必须分层回填夯实，以确保桩的质量。

② 桩机行驶路轨和轨枕不得下沉，桩机垂直偏差不大于 1%。

③ 采用标准水箱，按设计要求严格控制水灰比，水泥浆搅拌时间不少于 3min，滤浆后倒入集料池中，随后不断地搅拌，防止水泥离析，压浆应连续进行，不可中断。搁置时间超过 2h 的拌制浆液作为废浆处理，不得再用。

④ 严格控制注浆量和提升速度，防止出现夹心层或断浆情况。

⑤ 桩与桩搭接的工程应注意下列事项：

a．桩与桩搭接时间不应大于 24h。

b．如超过 24h，则在第二根桩施工时增加注浆量 20%，同时减慢提升速度。

c．如因相隔时间太长致使第二根桩无法搭接，则在设计单位认可后采取局部补桩或注浆措施。

(2) 质量控制

① 施工过程必须严格控制并跟踪检查每根桩的水泥用量、桩长、搅拌头下降和提升速度、浆液流量、浆液相对密度、喷浆压力、成桩垂直度、深度标高等。

② 在成桩过程中对水泥土取样，制成标准试块。取样数量为每台班每机架一组，每组 6 块。

③ 搅拌桩桩体在达到龄期 28d 后，应钻孔取芯测试其强度，其无侧限抗压强度不小于 0.8MPa。

④ 对加固体的抗渗检验要在盾构始发前进行，加固体的渗透系数≤$1.0 \times 10^{-8}$cm/s。

(3) 常见问题及处理措施

① 喷浆阻塞　主要原因包括：a．水泥受潮结块；b．制浆池滤网破损以及清渣不及时。预防和处理措施包括：a．改善现场临时仓库的防雨防潮条件；b．加强设备器具的检查及维修保养工作，定期更换易损件。

② 喷浆不足　主要原因包括：a．输浆管有弯折、外压或漏浆情况；b．输浆管道过长，沿程压力损失增大。预防和处理措施包括：a．及时检查、理顺管道，清除外压，发现漏浆点

应进行补漏,严重时可停机换管;b. 制浆池尽量布置得靠近桩位,以缩短送浆管道。当场地条件不具备时,可适当调增泵送压力。

(4) 检验项目及检验标准 (表 5-10)

表 5-10 水泥土搅拌桩质量检验标准

| 项目 | 序号 | 检查项目 | 允许偏差或允许值 | 检查方法 |
|---|---|---|---|---|
| 主控项目 | 1 | 水泥及外掺剂质量 | 设计要求 | 查产品合格证书或抽样送检 |
| | 2 | 水泥用量 | 参数指标 | 查看流量计 |
| | 3 | 桩体强度 | 设计要求 | 按规定办法 |
| | 4 | 地基承载力 | 设计要求 | 按规定办法 |
| 一般项目 | 1 | 机头提升速度/(m/min) | 0.3~0.5 | 测机头上升距离及时间 |
| | 2 | 桩底标高/mm | ±200 | 测机头深度 |
| | 3 | 桩顶标高/mm | +100 / −50 | 水准仪 |
| | 4 | 桩径误差/mm | < 0.04D（D 为桩径） | 用钢尺量 |
| | 5 | 桩位偏差/mm | < 50 | 用钢尺量 |
| | 6 | 垂直度/% | < 1 | 经纬仪 |

#  5.3 SMW 工法桩施工

SMW 工法桩施工工艺 1

## 5.3.1 SMW 工法桩施工概述与基本要求

SMW 工法桩又称型钢水泥土搅拌桩 (soil mixed wall),是在三轴搅拌桩的基础上,在其内部插入型钢形成的复合挡土截水结构,也即在三轴搅拌桩施工完成后,在水泥土浆液尚未硬化之前插入型钢的一种地下工程支护结构。

型钢水泥土搅拌墙最初应用于基坑工程,并在基坑工程支护领域获得了广泛应用,随着对于该工法认识的深入和施工工艺的成熟,型钢水泥土搅拌墙也逐渐应用于地基加固、水利工程等领域。

如图 5-9 所示,SMW 工法桩是在深层搅拌桩的基础上发展而来,其拥有诸多优点,这种结构充分发挥了水泥土加固体与型钢的力学特性,同时 SMW 工法桩在基坑内主体结构完成后,可以将 H 型钢从水泥土搅拌桩中拔出,达到回收和再次利用的目的,具有较好的经济性。因此与其他如地下连续墙、钻孔桩等支护类型相比,该工法不仅工期短,施工过程无污染,场地整洁干净、噪声小,而且可以节约社会资源,避免围护体在地下室施工完毕后永久遗留于地下,成为地下障碍物。

一般情况下考虑到 SMW 工法桩中的搅拌桩既要作为截水帷幕,同时兼顾对型钢包裹嵌固作用,因此规定 SMW 工法桩中搅拌应采用三轴水泥土搅拌桩,以确保施工质量和围护结构较好的截水封闭性。

由于 SMW 工法桩以水泥土搅拌桩为基础,因此能够施工三轴水泥土搅拌桩的场地都可以考虑使用该工法。其适用地层从黏性土到砂性土,从软弱的淤泥和淤泥质土到较硬、较密实的砂性土，甚至在含有砂卵石的地层中经过适当的处理都能够进行施工，适用土质范围较广。表 5-11 为土层性质对 SMW 工法桩施工难易的影响。

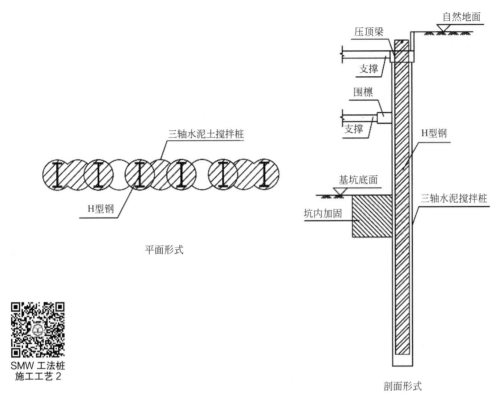

图 5-9　SMW 工法桩构造示意

表 5-11　土层性质对 SMW 工法桩施工难易的影响

| 粒径 | 0.001 | 0.005 | 0.074 | 0.42 | 2.0 | 5.0 | 20 | 75 | 300 |
|---|---|---|---|---|---|---|---|---|---|
| 土粒区分 | 淤泥质土 | 黏土 | 粉土 | 细砂 | 粗砂 | 砂砾 | 中粒 | 粗粒 | 大卵石 | 大阶石 |
| | | | | 砂 | | 砾 | | | | |
| 施工性质 | 较易施工，搅拌均匀 | | | 较难施工 | | | | 难施工 | |

除了地层条件外，从实际工程中的应用来看，选用 SMW 工法桩作为基坑围护结构还需考虑以下几点因素。

① 基坑周边环境条件、场地土层条件、基坑规模等因素对 SMW 工法桩施工效果影响很大，同时基坑内支撑的设置也至关重要。从基坑安全的角度看，SMW 工法桩的选型主要是由基坑周边环境条件所确定的容许变形值控制的，即 SMW 工法桩的选型及参数设计首先要能够满足周边环境保护的要求。

② SMW 工法桩的选择也受到基坑开挖深度的影响。根据华东软土地区工程经验，在常规支撑设置下，搅拌桩直径为 650mm，一般开挖深度在 8.0m 以内；搅拌桩直径为 850mm，一般开挖深度不超过 10.0m；搅拌桩直径为 1000mm，一般开挖深度 12.0～13.0m。当 SMW 工法桩用于超过此类开挖深度的基坑时，工程风险将增大，需要采取一定的技术措施确保安全，此时应对比其他类型的支护结构。

③ 应考虑场地条件对施工工艺的限制，由于 SMW 工法桩只需在三轴水泥土搅拌桩中内插型钢，所需施工空间仅为三轴水泥土搅拌桩的厚度和施工机械必要的操作空间，因此当施工场地狭小或距离用地红线、建筑物等较近时，SMW 工法桩具有较明显的优势。

④ 应考虑支护结构的刚度影响，与地下连续墙、钻孔灌注桩相比，SMW 工法桩的刚度较低，因此常常会产生相对较大的变形，在对周边环境保护要求较高的工程中，例如基坑紧邻运营中的地铁隧道、历史保护建筑、重要地下管线时，应慎重选用。

⑤ 当基坑周边环境对地下水位变化较为敏感，搅拌桩桩身范围内大部分为富水的砂（粉）性土等透水性较强的土层时，若 SMW 工法桩变形较大，搅拌桩桩身易产生裂缝，造成渗漏，后果较为严重。这种情况下，如果围护设计采用型钢水泥土搅拌墙，围护结构的整体刚度应该适当加强，并控制内支撑水平及竖向间距，必要时应选用刚度更大的围护方案。

## 5.3.2 SMW 工法桩施工工艺

（1）施工准备

① 机械准备　三轴搅拌机应根据地质条件和周边环境条件、成桩深度、桩径等选用，同时与其配套的桩架性能参数应与搅拌机的成桩深度相匹配，钻杆及搅拌叶片构造应满足在成桩过程中水泥和土能充分搅拌的要求。同时满足以下具体要求：

a. 搅拌驱动电机应具有工作电流显示功能；

b. 应具有桩架垂直度调整功能；

c. 主卷扬机应具有调速功能；

d. 采用电机驱动的主卷扬机应有电机工作电流显示，采用油压驱动的主卷扬机应有油压显示；

e. 桩架立柱下部搅拌轴应有定位导向装置；

f. 在搅拌深度超过 20m 时，应在搅拌轴中部位置的立柱导向架上安装移动式定位导向装置；

g. 注浆泵的工作流量应可调节，其额定工作压力不应小于 2.5MPa，并应配置计量装置。

② 现场准备　SMW 工法桩施工前，施工单位应掌握工程的性质与用途、规模、工期、安全与环境保护要求等情况，并应结合调查得到的施工条件、地质状况及周围环境条件等因素编制施工方案，施工方案应经监理单位批准。

由于地质条件将影响搅拌桩成桩质量及施工安全，施工单位应对施工场地及周围环境进行调查，如机械设备和材料的运输路线、施工现场周围环境、作业空间、地下障碍物的状况等。应对施工场地进行平整，清除搅拌桩施工区域的表层硬物和地下障碍物，现场道路的承载能力应满足桩机和起重机平稳行走的要求。

施工前应通过试桩确定搅拌下沉和提升速度、水泥浆水灰比等参数，测定水泥浆从输送管到达搅拌机喷浆口的时间。对于有腐蚀性的地下水宜通过试验选用合适的水泥。

（2）施工工艺流程及施工工序

SMW 工法桩施工工艺流程及施工工序如图 5-10、图 5-11 所示。

SMW 工法桩一般按图 5-12 所示顺序进行施工。其中两圆相交的公共部分为重复套钻，以保证墙体的连续性和接头的施工质量。该施工顺序一般适用于 $N<50$ 的地基土。

跳槽式双孔全套复搅式连接（图 5-12）：一般情况下均采用此种方式进行施工。

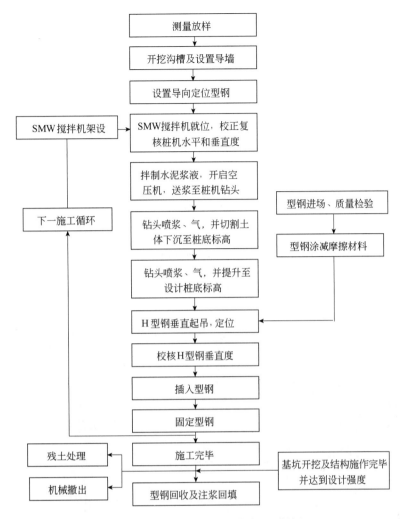

图 5-10 SMW 工法桩围护结构施工工艺流程

单侧挤压式连接（图 5-13）：对于围墙转角或有施工间断情况下采用此连接。

(3) 桩位放样

施工前根据确定的施工顺序，在现场对型钢、配套机具、水泥等物资进行布置。同时根据建设单位提供的导线点作为起算依据，在现场布设施工控制点兼水准点并进行测量、计算。施工控制点测量采用全站仪，按方向四测回及全圆观测法测量，其成果应满足规范要求。利用复测过的坐标控制点和设计坐标值，经计算并复核有关测量数据后，准确放出 SMW 围护桩中心线位置。考虑围护结构施工误差及变形，围护桩的中心线外放 10cm。根据 SMW 围护桩中心线位置，做好测量技术复核单，提请监理单位进行复核验收签证。确认无误后方可进行搅拌施工。根据设计图纸，测放桩位、钉上木桩并编号，测量桩位地面标高，确定钻孔深度。

(4) 开挖导向沟槽

根据基坑围护内边控制线，采用普通挖机开挖导向沟，遇有地下障碍物时，用挖土机清除。开挖导向沟产生的余土应及时处理，以保证桩机能水平行走，并达到文明工地要求。

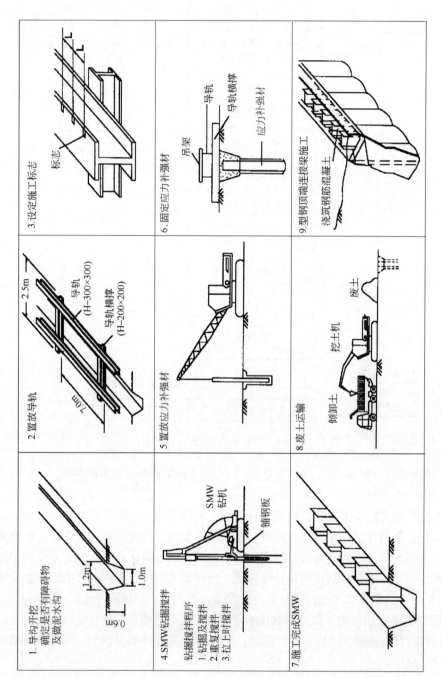

图 5-11 SMW 工法桩施工程序

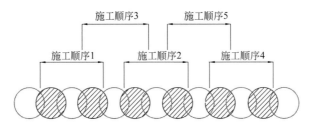

图 5-12 跳槽式双孔全套复搅式连接

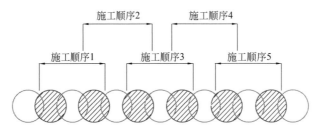

图 5-13 单侧挤压式连接

(5) 定位型钢放置

垂直导向沟方向放置两根定位型钢，一般可选用规格为 200mm×200mm，长约 2.5m，再在平行导向沟方向放置两根定位型钢，规格 300mm×300mm，长约 8～20m，型钢搭设应平稳顺直。然后按内插 H 型钢间距 120cm，在导轨面用红漆标定施工分档刻度标记。转角处 H 型钢与围护中心线成 45°角插入，H 型钢定位采用型钢定位卡，如图 5-14 可供参考。

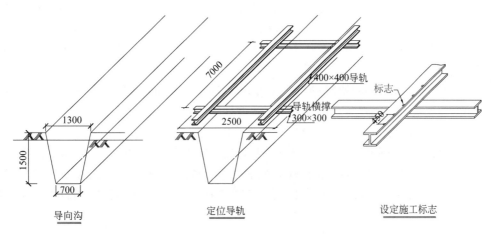

图 5-14 SMW 导向沟及导轨布置示意

(6) 水泥土配合比

根据 SMW 工法的特点，水泥土配合比的技术要求如下：

① 设计合理的水泥浆液及水灰比，使其确保水泥土强度的同时，在插入型钢时，尽量使型钢靠自重插入。若型钢靠自重仍不能顺利到位，则可利用三轴搅拌机轴略微施加外力，使型钢插入到规定位置。

② 水泥土 28d 无侧限抗压强度应达到为 1.0MPa 以上。

③ 水泥掺入比的设计，必须确保水泥土强度，降低土体置换率，减轻施工时环境的扰动

影响。

④ 水泥土和涂有隔离层的型钢具有良好的握箍力，确保水泥土和型钢发挥复合效应，起到共同止水挡土的效果，并创造良好的型钢上拔回收条件，因为在上拔型钢时隔离涂层易损坏，应具有一定的隔离层间隙。

⑤ 水泥土在型钢起拔后能够自立不塌，便于充填孔隙。

⑥ 根据工程实际情况确定其基本配合比为32.5级普通硅酸盐水泥（kg）：膨润土（kg）：水（L）=548：34：822，水泥掺量为20%，水灰比为1.5，其水泥土抗剪强度为1~3MPa。实际施作时，根据具体情况再行调整。

（7）搅拌桩孔位定位

由施工单位作业班组长统一指挥桩机就位。移动前应认真核对各个方向情况，发现障碍物应及时清除，桩机移动结束后认真检查定位情况并及时纠正；桩机要保持稳定、平正，并用线锤观测龙门立柱垂直度以确保桩机的垂直度；三轴水泥搅拌桩桩位定位后再进行定位复核，偏差值应小于20mm，立柱导向架的垂直度偏差不应大于1/250。

（8）搅拌速度及注浆控制

① 制备水泥浆液及浆液注入　在施工现场搭建拌浆施工平台，平台附近搭建水泥库，在开机前搅制浆液。根据设计要求，采用32.5级普通硅酸盐水泥，水灰比为1.5，每立方搅拌水泥土水泥用量为324kg，拌浆及注浆量以每钻的加固土体方量换算。注浆压力为1.5~2.5MPa，根据浆液输送能力控制。

② 搅拌喷浆下沉　在施工现场搭建拌浆施工平台，平台附近搭建一定面积的水泥库，在开机前应进行浆液的拌制，开钻前对拌浆工作人员做好交底工作。启动电动机，根据土质情况按计算速度，放松卷扬机使搅拌头自上而下切土拌和下沉，边注浆、边搅拌、边下沉，使水泥浆和原地基土充分拌和并下沉至桩底设计标高。根据经验搅拌机搅拌下沉速度宜控制在0.5~1m/min且保持匀速下沉。对于硬质土层，当成桩有困难时，可采用预先松动土层的先行钻孔套打方式施工。

③ 搅拌喷浆提升　待搅拌机头下沉至设计标高后，座浆30s，然后按计算要求的速度提升搅拌头，边注浆、边搅拌、边提升，提升速度宜控制在1~2m/min，使水泥浆和原地基土充分拌和，提升时不应在孔内产生较大负压而导致对周边土体过大扰动，搅拌次数和搅拌时间应能保证水泥土搅拌桩的成桩质量，一直提升至桩顶设计标高后再关闭灰浆泵。浆液泵送量应与搅拌下沉或提升速度相匹配，保证搅拌桩中水泥量的均匀性，搅拌机头在正常情况下应上下各一次对土体进行喷浆搅拌，对含砂量大的土层，宜在搅拌桩底部2~3m范围内进行上下重复喷浆搅拌。

（9）涂刷减摩剂

① 减摩剂重量配合比为氧化石蜡：阳离子乳化剂：OP：助乳剂：防锈剂：水=15：1.3：0.8：2：2：65。

② 清除H型钢表面的污垢及铁锈。

③ 减摩剂必须用电热棒加热至完全熔化，用搅棒搅拌时感觉厚薄均匀时才能涂敷于H型钢上，否则涂层不均匀，易剥落。

④ 如遇雨雪天，型钢表面潮湿，先用抹布擦干其表面后涂刷减摩剂。不可以在潮湿表面上直接涂刷，否则将剥落。

⑤ 如H型钢在表面铁锈清除后不立即涂减摩剂，必须在以后涂刷施工前抹去表面灰尘。

⑥ H 型钢表面涂上涂层后，一旦发现涂层开裂、剥落，必须将其铲除，重新涂刷减摩剂。

⑦ 基坑开挖后，设置支撑牛腿时，必须清除 H 型钢外露部分的涂层方能电焊。地下结构完成后撤除支撑，必须清除牛腿，并磨平型钢表面，然后涂刷减摩剂。

⑧ 浇筑连接梁时，埋设在梁中的 H 型钢部分必用 10mm 厚泡沫塑料片包裹好。使型钢与混凝土隔离良好，以利型钢拔除。

(10) 插入型钢

三轴水泥搅拌桩施工完毕后，吊机应立即就位，准备吊放 H 型钢，宜在搅拌桩施工结束后 30min 内插入，插入前应检查其平整度和接头焊接质量。

① H 型钢使用前，在距其顶端 25cm 处开一个中心圆孔，孔径约 8cm，并在此处型钢两面加焊两块各厚 1cm 的加强板，其规格为 450mm×450mm，中心开孔与型钢上孔对齐。

② 根据建设单位提供的高程控制点，用水准仪引放到定位型钢上，根据定位型钢与 H 型钢顶标高的高度差，在型钢两腹板处外侧焊好吊筋（直径 12mm 线材），误差控制在±5cm 以内。

③ 安装好吊具及固定钩，然后用 35t 吊机起吊 H 型钢，用线锤校核其垂直度。

④ 在沟槽定位型钢上设 H 型钢定位卡，固定插入型钢平面位置，型钢定位卡必须牢固、水平，而后将 H 型钢底部中心对正桩位中心并沿定位卡徐徐垂直插入水泥土搅拌桩体内，采用线锤控制垂直度。

⑤ H 型钢下插至设计深度后，用槽钢穿过吊筋将其搁置在定位型钢上，待水泥土搅拌桩达到一定硬化时间后，将吊筋及沟槽定位型钢撤除。

⑥ 若 H 型钢插放达不到设计标高时，则重复提升下插使其达到设计标高，此过程中始终用线锤跟踪控制 H 型钢垂直度。

(11) 与冠梁连接施工

一般 SMW 工法桩顶均与钢筋混凝土冠梁进行连接，沿沟槽设吊架临时固定型钢，完成 SMW 工法桩后，在沟槽内按设计要求绑扎钢筋、立模、浇筑钢筋混凝土连接梁，固定型钢顶端，并于其中设置各类预埋件，SMW 工法桩冠梁配筋剖面见图 5-15。

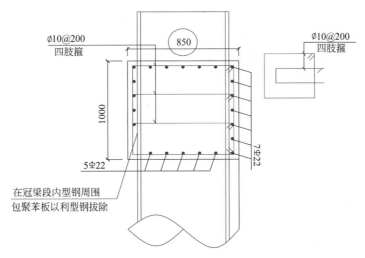

图 5-15 SMW 工法桩冠梁配筋剖面

学习情境 5　围护桩工程施工　　133

（12）型钢拔除

主体结构施作完毕且恢复地面后，开始拔除 H 型钢，型钢起拔应采用专用液压起拔设备。将专用夹具及千斤顶以圈梁为反梁，起拔回收 H 型钢。H 型钢拔出后及时对桩体内部空隙压注 6%～8%的水泥浆填充，以控制变形量。在拆除支撑和腰架时应将残留在型钢表面的腰梁限位或支撑抗剪构件、电焊疤等清除干净。

### 5.3.3 SMW 工法桩施工质量控制

SMW 工法桩施工质量控制内容应包括：验证施工机械性能，材料质量，检查搅拌桩和型钢的定位、长度、标高、垂直度，搅拌桩的水灰比、水泥掺量，搅拌下沉与提升速度，浆液的泵压、泵送量与喷浆均匀度，水泥土试样的制作，外加剂掺量，搅拌桩施工间歇时间及型钢的规格，拼接焊缝质量等。

（1）SMW 工法桩的质量标准

① 桩位布置偏差不得大于 50mm，成桩垂直度偏差（包括 H 型钢）不超过 1/250，钻孔深度误差小于±50mm。

② 搅拌桩桩体搅拌均匀，表面要密实、平整，桩顶凿除部分的水泥土也应提升注浆（放浆），确保桩体的连续性和整体质量。严格按设计要求控制浆液配合比。

③ 桩顶标高和桩深应满足设计要求。

④ 水泥浆灌入量要有严格保证，下沉速度不大于 1m/min，提升速度不大于 2m/min。

⑤ H 型钢平面度平行基坑方向 $L±5cm$（$L$ 为型钢间距），垂直于基坑方向 $S±2cm$（$S$ 为型钢朝基坑面保护层厚度）。

⑥ H 型钢形心转角小于 3°。

（2）质量管理措施

① 加强技术管理，认真贯彻各项技术管理制度　开工前落实各级人员岗位责任制，做好技术交底；施工中认真检查执行情况，开展 QC（quality control，质量控制）小组活动，做好隐蔽工程记录；施工结束后，认真进行工程质量检验（自检、互检、专检三结合）和评定，做好技术档案管理工作。

② 认真进行原材料检验　进场的钢材和水泥等材料，供货单位必须提供质量保证书等有关资料，工地按规定做好复检、抽检，待检验合格后方准投入使用。

③ 加强材料管理　建立工、料消耗台账，实行"当日记载，月底结账"制度。钢筋工程采用现场集中配料，确保质量。

④ 材料试验及样品保管　用于本工程的材料，必须全部使用符合设计规定的型号、牌号、标号和质量的材料。

⑤ 加强工种之间的配合与衔接　SMW 工法桩施工要严格按施工组织设计的要求进行。同时其内部各工种也需按各自的工艺要求和进度计划，有机地配合与衔接，从而确保施工有序进行。

（3）技术管理措施

① 深层搅拌桩施工质量保证措施

a. 严格控制浆液配合比，做到挂牌施工，并配有专职人员负责管理浆液配制。浆体搅拌后采取防止其发生离析的措施。

b．施工前对搅拌桩机进行维护保养，尽量减少施工过程中由于设备故障而造成的质量问题。设备由专人负责操作，上岗前必须检查设备的性能，确保设备运转正常。

c．查看桩架垂直度指示针调整桩架垂直度，并用线锤进行校核。

d．工程实施过程中，严禁发生定位型钢移位现象，一旦发现挖土机在清除沟槽土时碰撞定位型钢使其跑位，立即重新放线。

e．场地布置综合考虑各种因素，避免设备多次搬迁、移位，减少搅拌和型钢插入的间隔时间，尽量保证施工的连续性。

f．严禁使用过期水泥、受潮水泥，对每批水泥进行复试合格后方可使用。

② 施工冷缝处理　施工过程中一旦出现冷缝则采取在冷缝处围护桩外侧补搅素桩方案（图 5-16）。在围护桩达到一定强度后进行补桩，以防偏钻，保证补桩效果，素桩与围护桩搭接厚度约 10cm。

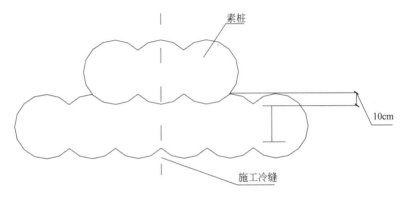

图 5-16　施工冷缝处理

③ 确保桩身强度和均匀性的要求

a．严格控制每搅拌桶的水泥用量及用水量，并用比重仪随时检查水泥浆液的相对密度。

b．防止浆液发生离析现象，水泥浆液严格按规定配合比制作。为防止灰浆离析，放浆前必须搅拌 30s 再倒入存浆桶。

c．土体充分搅拌，严格控制钻孔下沉、提升速度，使原状土充分破碎，有利于水泥浆与土均匀拌和。

d．压浆阶段输浆管道不能堵塞，不允许发生断浆现象，全桩须注浆均匀，不得出现土浆夹心层。

e．发生管道堵塞，应立即停泵处理。待处理结束后立即把搅拌钻具上提和下沉 1.0m 后方能继续注浆，等 10～20s 恢复向上提升搅拌，以防断桩发生。

f．当喷浆口到达桩顶设计标高时，停止提升，搅拌数秒，以保证桩头均匀密实。

g．施工停浆面高出桩顶设计标高 0.5m，待冠梁施工时再将多余部分凿除。桩与桩搭接的间隔时间不应超过 12h，如间隔时间太长，搭接质量无法保证时，应采取局部补浆或注浆措施。

④ 插入 H 型钢质量保证措施

a．型钢进场后请监理检查验收，确认其制作精度、焊接质量符合要求后，进行下插 H 型

学习情境 5　围护桩工程施工　　135

钢施工。

b. 型钢进场后要逐根吊放，其底部垫枕木以减少型钢变形，下插 H 型钢前要检查型钢的平整度，确保其顺利下插。

c. 型钢插入前必须将型钢的定位设备准确固定，并校核其水平。

d. 型钢吊起后用经纬仪调整型钢的垂直度，达到垂直度要求后下插 H 型钢，利用水准仪控制 H 型钢的顶标高，保证 H 型钢的插入深度。

e. 型钢吊起前必须重新检查表面的减摩剂涂层是否完整。

f. 桩内插入 H 型钢时，必须在搅拌成桩后 2～4h 内完成。

## 5.4 排桩施工工艺与质量控制

### 5.4.1 排桩施工概述与基本要求

排桩支护是基坑工程中较为常见的一种支护方式，其是利用各类常规的桩体，将它们并排连续起来形成的挡土结构。按照单个桩体成桩工艺的不同，排桩桩型大致有以下几种：钻孔灌注桩、预制混凝土桩、挖孔桩、压浆桩等。这些单个桩体可在平面布置上采取不同的排列形式形成挡土结构，来支挡不同地质和施工条件下基坑开挖时的侧向水土压力，平面布置方式如图 5-17 所示。

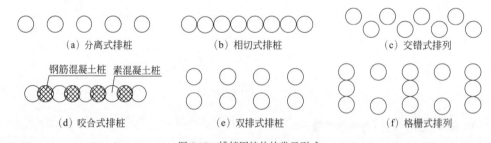

图 5-17 排桩围护体的常见形式

咬合桩施工工艺

分离式排桩适用于北方地区或地下水位较深、土质较好的情况。在地下水位较高时应与其他防水措施（如旋喷桩止水帷幕）配合使用。一字形相切排列式，往往因桩垂直度达不到要求，或施工中产生桩体扩颈等质量瑕疵影响其防水性能，目前在防水要求较高的地区较少采用。如在侧土压力较大工程中，一般为了增大排桩围护体的整体抗弯刚度，可把桩体交错排列。咬合式排桩主要用于因场地狭窄等导致无法同时设置排桩和止水帷幕的场景，通过专门施工工艺将相邻桩体进行相互咬合形成一体，可起到止水作用。如开挖后无法设置内支撑，而需要进一步增大排桩的整体抗弯刚度来提高抗侧向变形能力时，可将桩设置成为前后双排，并利用横向连梁将前后排桩顶冠梁进行连接，形成双排门架式挡土结构。此外还可以将双排式排桩进一步发展为格栅式，可以达到进一步增大排桩的整体抗弯刚度和抗侧移能力的目的。

### 5.4.2 排桩施工工艺

排桩工程按照成桩方式通常可分为沉入桩和灌注桩，成桩施工方法具体可分为预制沉入桩、灌注桩、人工挖孔桩等，如图 5-18 所示。

(a) 预制沉入桩　　　　　　(b) 钻孔灌注桩　　　　　　(c) 人工挖孔桩

图 5-18　排桩工程成桩方式

#### 5.4.2.1　沉入桩施工工艺

(1) 预制桩的种类

预制桩主要有实心桩、空心桩和钢桩。实心桩主要有普通钢筋混凝土（RC）实心桩和预应力混凝土（PC）实心桩，实心桩一般在施工现场预制生产，常为方形断面，边长 250～550mm，其中 RC 实心桩混凝土强度等级不低于 C30，PC 实心桩不低于 C40。预制实心方桩制作与堆场如图 5-19、图 5-20 所示。

图 5-19　预制实心方桩制作

空心桩（图 5-21）有预应力混凝土管桩和预应力混凝土空心方桩两种。其中管桩是采用预应力和离心成型法制成的混凝土空心筒体预制构件，由圆筒形桩身、端头板和钢套箍等组成。按混凝土强度等级可分为预应力混凝土（PC）桩和预应力高强混凝土（PHC）桩，管桩外径为 0.3～1.4m，壁厚 70～150mm，常用分节长度 7～15m。PC 桩混凝土强度等级不低于 C60，PHC

桩混凝土强度等级不低于C80。

图 5-20　预制实心方桩堆场

空心方桩（PS）：边长 250~700mm，壁厚 60~120mm，常用分节长度 6~15m，接头一般采用端板焊接。空心方桩采用先张法预应力工艺在工厂生产，混凝土强度等级不低于C60。

(a) 先张法PC管桩　　　　　　(b) 后张法 PHC管桩　　　　　　(c) 空心方桩

图 5-21　典型空心桩实物

钢桩（图 5-22）有钢管（SP）桩和 H 型钢桩。钢管桩可用无缝钢管或低碳钢板卷制焊接而成。用于地下水有侵蚀性的地区或腐蚀性土层的钢桩，应按设计要求作防腐处理。

(a) 钢管(SP)桩　　　　　　　　(b) H型钢桩

图 5-22　典型钢桩实物

（2）沉入桩的施工工艺

沉入桩的沉桩方法有锤击法、静力压桩法、振动法（图 5-23）和水冲法。

锤击沉桩设备包括桩锤、桩架和动力设备。桩锤包括落锤、气锤与柴油锤，落锤的构造简单、施工方便，锤重一般 0.5~1.5t，用卷扬机拉升施打，可随意调整落锤高度。但速度慢、效率低、对桩身有损伤，仅适用于小型桩基工程。气锤则利用蒸汽或压缩空气为动力进行锤击，有单动和双动之分，适用于打各类桩。由于噪声、振动和空气污染，加之需考虑外部气源的供应,目前已较少使用。柴油锤的构造简单、施工方便,有导杆式和筒式两种 [图 5-24 (a)、(b)],适用面广,由于噪声、振动和空气污染等,在城市施工受到限制。

(a) 锤击法沉桩

(b) 静力压桩法沉桩

(c) 振动法沉桩

图 5-23 沉入桩典型施工方法

液压打桩锤 [图 5-24 (c)] 无噪声、冲击频率高、贯入度大,并适合水下打桩,是理想的冲击式打桩设备,但构造复杂、造价较高。

(a) D180筒式柴油锤

(b) 导杆式柴油锤

(c) 液压打桩锤

图 5-24 各类锤击沉桩设备

桩架(图 5-25)是支持桩身和桩锤、在打桩过程中引导桩的方向的设备。常用桩架有多功能桩架和履带式桩架。多功能桩架由立柱、斜撑、回转工作台、底盘及传动机构组成;履带式桩架以履带式起重机为底盘,加装立柱及传动机构用以打桩,性能灵活,移动方便,适应各类预制桩或灌注桩的施工。

桩架高度是选择桩架的关键。桩架高度=桩长+滑轮组高度+桩锤高度+桩帽高度+起锤移位高度(取 1~2m)。桩基定位放线如图 5-26 所示。

锤击打桩顺序直接影响打桩速率和打桩质量,应综合桩距大小、桩机性能、工程特点和工期要求综合考虑,打桩顺序应满足以下要求。

学习情境 5 围护桩工程施工

图 5-25 典型桩架

图 5-26 桩基定位放线

① 当一侧毗邻建筑物时，由毗邻建筑物处向另一方向施打，俗称逐排施打［图 5-27 (a)］。逐排打时，桩的就位和起吊方便，打桩效率高，但土壤向一个方向挤压，桩距≥4 倍桩径时，土壤的挤压影响可忽略不予考虑，桩距<4 倍桩径时可产生桩身倾斜或浮桩，应考虑跳打或变换打桩顺序。

② 对于密集桩群，自中间向两侧施打［图 5-27 (b)］或四周对称施打［图 5-27 (c)］。

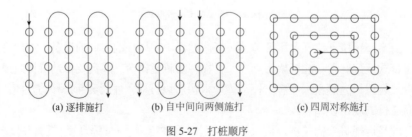

(a) 逐排施打　　(b) 自中间向两侧施打　　(c) 四周对称施打

图 5-27 打桩顺序

③ 对标高不一的桩应遵循"先深后浅"的原则；对不同规格的桩，应遵循"先大后小、先长后短"的原则。沉桩顺序不合理容易造成桩位偏移、桩体上浮、地面土体隆起，甚至邻近

建筑物破坏等事故。

锤击打桩施工流程包括取桩、吊桩就位、初始沉桩、正常施打、终止沉桩及沉桩的质量控制几个方面。

① 取桩。桩的堆放不超过 2 层时可利用桩机拖拉取桩（图 5-28）；上层桩取桩时，对桩的拖地端用弹性材料加以保护。管桩叠层堆放超过 2 层时，应用吊机取桩，严禁拖拉取桩；三点支撑自行式打桩机不应拖拉取桩。

桩身立直后扣桩帽、对桩位，用 2 台经纬仪交汇测量控制桩身垂直度（图 5-29）。检查桩身垂直度偏差不超过 0.5%后，固定桩锤和桩帽，并使桩、桩帽、桩锤在同一铅垂线上，确保桩能垂直下沉。桩头保护：桩帽底面与桩顶之间应加弹性衬垫（俗称桩垫，可用纸板或胶合板制作），桩帽和桩顶周围应有 5～10mm 的间隙；桩帽上部受锤击部位应设置用硬木或盘绕叠层的钢丝绳制作的"锤垫"，以防锤击损伤桩头。

图 5-28 桩机的拖拉取桩

图 5-29 交汇测量控制桩身垂直度

② 初始沉桩与正常施打。初始时应起锤轻压或轻击数锤，观察桩身、桩架、桩锤等垂直一致，方可转入正常施打。正常施打时桩锤宜重锤低击、连续施打，使桩均匀下沉。打桩过程中，如遇贯入度剧变，桩身突然倾斜、位移或严重回弹，桩顶或桩身严重裂缝、破碎时，应暂停打桩，待处置后再行施工。

③ 终止沉桩。当桩端位于一般土层时，以控制桩端设计标高为主，贯入度为辅；桩端达到坚硬、硬塑土层时，以贯入度控制为主，桩端标高为辅；贯入度已达到设计要求而桩端标高未达到时，应继续锤击 3 阵，按每阵 10 击的贯入度不大于设计规定的数值确认。

④ 沉桩质量控制。桩位的允许偏差：对于有基础梁的桩，垂直中心线为 100mm，沿中心线 150mm；对于群桩而言，1～3 根桩应控制在 100mm，4～16 根桩应控制在 1/2 桩径或边长，对于 16 根以上桩边桩应控制在 1/3 桩径或边长，中间桩应控制在 1/2 桩径或边长。

如桩顶标高低于自然地面，则需用专制钢质送桩器将桩送入土中。锤击法送桩深度不宜＞2m，安装送桩杆时应检查桩头质量与桩身垂直度，桩与送桩杆应在同一垂直线上，合格后及时送桩。送桩器宜做成圆筒形，长度满足送桩深度要求，上下两端面平整，并有足够的强度、刚度和耐打性。送桩作业时，送桩器与桩头之间应设置厚度不小于 60mm 的弹性衬垫。拔出送桩杆后，桩孔应及时回填。送桩施工工艺见图 5-30。

静力压桩是利用静压力将桩压入土中，施工中无振动、无噪声，但存在挤土效应，适用于软弱土层和邻近有怕振动的建（构）筑物的情况。静力压桩多选用顶压式液压压桩机或抱压式液压压桩机，压力可达 8000kN。场地地基承载力应大于 1.2 倍的压桩机接地压强，且场地应平整。

(a) 安装送桩杆　　　　(b) 开始送桩施打　　　　(c) 送桩到位　　　　(d) 拔出送桩杆

图 5-30　送桩施工工艺

静力压桩采用分段预制、分节压入、逐段接长。当下节桩压入土中后上端距地面 0.8～1m 时接长上节桩，继续压入。每根桩的压入、接长应连续。液压式压桩机的最大压桩力应取压桩机的机架重量与配重之和乘以 0.9，且不小于设计的单桩竖向极限承载力标准值，必要时可由现场试验确定。

压桩顺序对于场地地层中局部含砂、碎石、卵石时，先对该区域进行压桩；当持力层埋深或桩的入土深度差别较大时，先施压长桩后施压短桩。

① 桩身垂直度控制：第一节桩下压时垂直度偏差应小于 0.5%；当桩身垂直度偏差大于 1% 时，应找出原因并纠正；桩尖进入较硬土层后，严禁用移动机架等方法强行纠偏。

② 压桩施工：抱压力应小于桩身允许侧向压力的 1.1 倍；每根桩宜一次性连续压到底，最后一节有效桩长不宜小于 5m。

③ 终压操作：终压结束前应进行连续复压和稳压，入土深度≥8m 的桩，复压次数为 2～3 次；入土深度<8m 的桩，复压次数为 3～5 次。稳压压桩力不小于终压力，稳压时间为 5～10s。终压力应根据现场试桩结果确定。图 5-31 为静压法沉桩施工过程。

(a) 桩尖入土准备　　　　(b) 桩身压入土中　　　　(c) 焊接接桩

图 5-31　静压法沉桩施工过程

振动法是将振动锤吊至预制桩顶，将桩头套入与振动箱连接的桩帽或液压夹桩器内夹紧，振动锤产生的激振力通过桩身带动土体振动，使土颗粒间的摩擦力大大减小，桩在自重和机械力作用下沉入土中。振动法沉桩设备构造简单、使用方便、效率较高，主要用于钢板桩、钢管桩的沉桩施工，借助起重设备可以拔桩。钢筋混凝土预制桩一般不得使用。

振动沉桩机工作时，选用的频率和振幅因桩而异，在砂石类地层施工大直径钢管桩一般采用低频、大振幅；钢板桩一般采用中高频、中振幅。频率高则能与桩的自振频率产生共振，使沉桩速度快而噪声小，宜于城市施工。冲击式沉桩机适用于黏土地层。各类振动锤如图 5-32 所示。

图 5-32　各类振动锤

射水沉桩法往往与锤击（或振动）法同时使用。在砂夹卵石层或坚硬土层中，一般以射水为主，锤击或振动为辅；在粉质黏土或黏土中，一般以锤击或振动为主，射水为辅，并控制射水时间和水量。水压与流量根据地质条件、沉桩机具、沉桩深度和射水管直径、数目等因素确定，通常在沉桩施工前经过试桩选定。

下沉空心桩，一般用单管桩内射水，当下沉较深或土层较密实，可用锤击或振动配合射水；下沉实心桩，将射水管对称装在桩身两侧，并可沿桩身上下自由移动，以便在任何高度上射水冲土。

射水沉桩法助沉包括如下几个施工要点：

① 先将射水管装好使喷射管嘴离地面约 0.5m，桩插正立稳后，压上桩帽桩锤，开始桩主要靠自重下沉，用较小水压控制桩身缓慢下沉，并注意控制和校正桩身垂直度。下沉渐趋缓慢时，可开锤轻击。沉至一定深度（8～10m）已能保持桩身垂直度后，可逐步加大水压和锤的冲击动能。

② 射水进行中，放水阀不可骤然大开，以免水压突然降低（水量突然减少），涌入泥砂堵塞射水嘴；再射水时，射水管和桩必须垂直，并要求射水均匀，水冲压力一般为 0.5～1.6MPa。吊插桩时要注意及时引送射水胶管，防止拉断或脱落。

③ 不论采取何种射水施工方法，在桩沉至距设计标高 1～2m 时，应停止射水，拔出射水管，用锤击或振动沉桩至设计深度，以保证桩的承载力。

#### 5.4.2.2　灌注桩施工工艺

（1）灌注桩成桩种类

与沉入桩类似，灌注桩根据成孔的方式不同也分为多种类型，主要分为泥浆护壁成孔桩、干作业成孔桩及沉管桩三大类（表 5-12），本节主要介绍在基坑支护领域最常用的泥浆护壁成孔灌注桩施工工艺。

表 5-12　灌注桩主要类型

| 序号 | 成桩方式与设备 | | 适用土质条件 |
| --- | --- | --- | --- |
| 1 | 泥浆护壁成孔桩 | 正循环回转钻 | 黏性土、粉砂、细砂、中砂、粗砂、含少量砾石或卵石（含量少20%）的土、软岩 |
| | | 反循环回转钻 | 黏性土、砂类土、含少量砾石或卵石（含量少于20%，粒径小于钻杆内径2/3）的土 |
| | | 冲抓钻 冲击钻 旋挖钻 | 黏性土、粉土、砂土、填土、碎石土及风化岩层 |
| 2 | 干作业成孔桩 | 长螺旋钻孔 | 地下水位以上的黏性土、砂土及人工填土非密实的碎石类土、强风化岩 |
| | | 钻孔扩底 | 地下水位以上的坚硬、硬塑的黏性土及中密以上的砂土风化岩层 |
| | | 人工挖孔 | 地下水位以上的黏性土、黄土及人工填土 |
| 3 | 沉管桩 | 夯扩 | 桩端持力层为埋深不超过 20m 的中、低压缩性黏性土、粉土、砂土和碎石类土 |
| | | 振动 | 黏性土、粉土和砂土 |

(2) 灌注桩施工工艺

① 施工准备　钻孔灌注桩施工前应熟悉设计施工图纸，了解和掌握工程地质条件、周边环境条件，踏勘施工现场，并应按有关标准、规范和设计文件要求，编制专项施工方案。同时应按设计文件和施工方案要求进行逐级技术交底。技术人员应复核测量基准线、基准点，并应按基准线、基准点完成轴线、桩位的测量、放线、布点。基准线、基准点应设在不受桩基施工影响的区域，并应在施工中加以保护。

根据岩土工程勘察报告及现场勘探情况，正式施工前还应进行下列准备：

a．对需要保护的临近建（构）筑物、管线等应采取防护措施。

b．应对桩位区域的地下障碍物进行清除，并分层回填压实，回填土内不得夹有石块等障碍物。

干作业成孔及水下灌注要点

c．不做清除的废弃管道，应探明管网情况并进行封堵。

d．施工场地应进行整平。

e．施工用的供水、供电、道路、排水、临时房屋等临时设施，必须在开工前准备就绪。

f．施工道路、材料堆场、桩位区施工场地等表面应做混凝土硬地面。

g．旋挖钻机、起重机械等大型设备作业时，应验算其在最不利工况下的地基承载力，并按验算结果对地基进行相应的处理。

采用泥浆护壁钻孔灌注桩施工，不论是正循环、反循环还是旋挖钻工艺均需要设置泥浆循环系统，泥浆循环系统的设置和使用应符合下列规定：

a．泥浆循环系统应包括循环池、沉淀池、循环槽（循环泵管）、储浆池（箱）、泥浆泵等设施、设备，并应设有排水、清洗、排渣等设施。含砂量高的土层，应采用除砂设备。

b．循环池与沉淀池应组合设置。1 个循环池配置的沉淀池不宜少于 2 个，循环池与沉淀池隔墙上口应设有溢流口，泥浆经两级沉淀后，由溢流口流入循环池再循环使用。若采用除砂设备，宜设置在一级沉淀池和二级沉淀池之间。

c. 采用制备泥浆时，应配置相适应的设备和设施，不得使用循环池作为新浆储存设施。

d. 循环池与沉淀池数量、容量应按场地条件、桩数量和钻机配置的台（套）数确定；循环池与沉淀池的布位应按桩位分布确定。

e. 桩孔与沉淀池之间由循环槽（循环泵管）连接，采用反循环工艺的循环槽回浆量应与反循环泵的出浆量匹配，必要时配备泥浆泵保证泥浆的循环。

f. 循环过程的多余泥浆或废浆应设置储浆池（箱）临时储存。储浆池（箱）设置容量应满足桩基日产量的需要。循环池与储浆池之间宜采用泥浆泵输送循环。

g. 循环池、循环槽、沉淀池、储浆池（箱）应经常疏通清理。清出的泥渣应集中堆放、及时外运。当配置泥水分离系统时，应对废浆进行循环利用。

护筒的选用和埋设应符合下列规定：

a. 钻孔前设置坚固、不漏水的孔口护筒，采用钢板卷制的护筒应有足够的强度和刚度。护筒内径宜比设计桩径大100mm。采用旋挖钻机工艺时，护筒内径宜比设计桩径大200mm，顶面高出原地面30cm。

b. 护筒应埋设准确，护筒中心与桩位中心的偏差不应大于20mm，护筒垂直度偏差不宜大于1/200。底部埋入原状土深度应大于200mm，当桩周边有需保护的管线、地下构筑物时，可采取加长护筒等措施。桩位遇有障碍物时，应清障后再埋设护筒。

c. 桩孔口标高低于承压水水头标高时，宜采取接长护筒或降低承压水水头标高等措施，保证成孔过程承压水水头标高低于护筒口。

d. 护筒上口应开设溢浆口，埋设时溢浆口应对正循环槽。护筒埋设后，护筒周围应采用黏土分层回填、夯实，成孔中护筒应有防止下坠的措施。

e. 不适合采用护筒作业的场合应有其他保护孔口土体稳定的措施。

② 施工工艺流程图　钻孔灌注桩施工工艺流程如图5-33所示。

③ 钻机就位及钻进　成孔设备应根据工程现场情况、工程地质条件、成孔直径及深度、周边环境条件等因素综合平衡进行选用，可选用回转钻机或旋挖钻机。

钻头直径应根据设计桩径、工程地质条件和成孔工艺合理选定，且不应小于设计桩径。成孔用钻头应设置保径装置，每根桩成孔前应检查确认钻头直径。旋挖钻机成孔宜根据持力层特性、沉渣厚度要求、扩底等因素配备专门的清渣斗。机械式扩孔钻具应在竖向力的作用下能自由收敛；钻具伸扩臂的长度、角度与其连杆行程应根据设计扩孔段外形尺寸确定。

钻机就位前对钻机机座处进行平整并搭设钻机作业平台，对配套设备的就位及水电供应亦应俱全。钻机就位后，检查钻杆、钻具是否同桩中心重合。钻机开钻前，使之空转一段时间，低于护筒顶面0.3m后再正式钻进。开始钻进时，采用低速钻进措施，待钻至护筒底下1m后，再以正常速度钻进。

钻孔作业必须连续进行，不得中断。因故必须停止钻进，孔口必须加盖防护，并且必须把钻头提出孔口，以防坍孔埋钻。钻孔的钻进速度，一般若地下水位在设计桩底以下且地质条件很好，可采用干钻法，相对钻进速度可适当加大，一般为15m/h（经验值）。若不能同时满足前述两个条件则采用湿钻，当通过砂、砂砾和含砂量较大的卵石层时，采用7~12r/min的低速钻进速度，当通过含砂低液限黏土等黏土层时，因土层本身可造浆，应降低输入的泥浆稠度，并采用低速钻进，防止卡钻、埋钻。正循环钻钻机如图5-34所示。

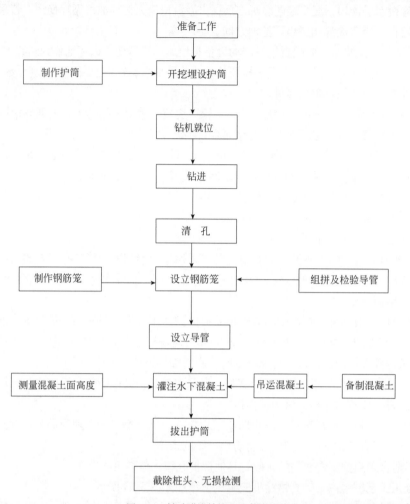

图 5-33 钻孔灌注桩施工工艺流程

图 5-34 正循环钻钻机

在钻孔过程中,应根据地质条件不同情况,选择合适的钻头、钻速和泥浆指标等参数,在土层变化处捞取渣样,以判别土层,并记录表中,与设计地质资料核对。若发现实际岩层与设计有较大出入时,及时通知监理单位、设计单位作出变更。

在钻进过程中，防止发生坍孔、缩孔、超钻等现象。当钻孔达到设计标高时，对孔深、孔径等进行检查，填写好隐蔽工程检查证，经现场监理工程师签认后，立即进入下道工序，以免间隔时间过长，造成坍孔。

钻进过程中应注意以下几点注意事项：

a．在表层护筒插入到预定深度以前，均需使用钻头的铰刀。

b．为防止钻斗内的土掉落到孔内而使泥浆性质变坏或沉淀到孔底，斗底铁门在钻进过程中要始终保持关闭状态。

c．在钻进过程中如发现钻杆摇晃或难以钻进时，可能遇到硬土、石块或硬物等，这时应立即提钻检查，等查明原因并妥善处理后再钻，避免造成桩孔严重倾斜、偏移，甚至使钻杆、钻具扭断或损坏。

d．如采用旋挖钻成孔，必须控制钻斗的升降速度。因为若快速移动钻斗，那么水流将以较快的速度由钻斗外侧和孔壁之间的空隙中流过，导致冲刷孔壁，有时还会在上升钻斗时在其下方产生负压而导致孔壁坍塌，所以应按孔径的大小及土质情况来调整升降钻斗的速度，表 5-13 给出了旋挖钻不同桩径下的钻斗及孔钻斗升降速度。

表 5-13　主要施工参数设置

| 钻斗升降速度 | | 空钻斗升降速度 | |
| --- | --- | --- | --- |
| 桩径/m | 升降速度/（m/s） | 桩径/m | 升降速度/（m/s） |
| 1.2 | 0.575 | 1.2 | 0.83 |
| 1.8 | 0.462 | 1.8 | 0.83 |

e．随深度增加，钻斗的升降速度要控制，但升降速度不要变化太大。

f．钻进过程中应随时清除孔口的积土和地面散土，并保证地表水不流入孔内，以免水侵地表使其强度降低发生意外。

g．在桩端持力层中钻进时，由于钻斗的吸引现象会使桩端持力层松弛，为此提钻斗时要缓慢。若桩端持力层倾斜时，为防止钻斗倾斜，应稍加压钻进。

如果采用正循环钻进工艺成孔，首根桩宜采用制备泥浆开孔，钻进前，应先开泵在护筒内灌满泥浆，然后开机钻进，应先轻压、慢转并控制泵量，正常钻进后，逐渐加大转速和钻压。正常钻进时，应合理控制钻进参数。操作时，应控制起重滑轮组钢丝绳和水龙带的松紧度，减小晃动。在易塌方地层中钻进时，应根据试成孔数据调整泥浆相对密度和黏度。加接钻杆时，应先停止钻进，将钻头提离孔底 200～300mm，待泥浆循环 2～3min 后，再拧卸接头。加接钻杆后，应先原位空转再钻进。钻进中遇异常情况时，应停机检查，查出原因并处理后方可继续钻进。

正循环成孔钻进控制参数应符合表 5-14 的规定。

表 5-14　正循环成孔钻进控制参数

| 土层 | 钻进参数 | | | |
| --- | --- | --- | --- | --- |
| | 钻压/kPa | 转速/（r/min） | 最小泵量/（m³/h） | |
| | | | 桩径 $D \leq 1000$mm | 桩径 $D > 1000$mm |
| 粉性土<br>黏性土 | 10～25 | 40～70 | 100 | 150 |
| 砂土 | 5～15 | 35～45 | 100 | 150 |

注：$D$ 为桩的设计直径。

若成孔采用泵吸反循环工艺，开钻前应对钻具和泵组等进行检查，应先启动砂石泵，待泵组启动并形成正常反循环后，才能开动钻机慢速回转下放钻头至孔底。开钻时应先轻压慢转，进入正常钻进后，可逐渐加大转速调整钻压。正常钻进时，应合理控制钻进参数。加接钻杆时，应先停止钻进，将钻头提离孔底200~300mm，待泥浆循环2~3min后，再停泵加接钻杆。钻进中遇异常情况时，应停机检查，查出原因并处理后方可继续，泵吸反循环成孔的钻进参数应符合表5-15的规定。

表5-15　泵吸反循环成孔钻进参数

| 土层 | 钻进参数 | | | |
|---|---|---|---|---|
| | 钻压/kPa | 钻头转速/(r/min) | 砂石泵排量/(m³/h) | 钻进速度/(m/h) |
| 粉性土黏性土 | 10~25 | 30~50 | 140~180 | 6~10 |
| 砂土 | 5~15 | 20~40 | 160~180 | 4~6 |

注：1. 砂石泵排量应根据孔径大小和地层情况控制调整，外环间隙泥浆流速不宜大于10m/min，钻杆内流体上返速度宜为2.5~3.5m/s。

2. 桩径不小于800mm时，钻压宜选用上限，转速宜选用下限。

若成孔采用气举反循环方式，开钻前，应对钻具和空压机等进行检查。开钻时，开孔阶段，宜采用正循环或空气压缩机反吹钻进，待孔深满足沉没比要求后，改用气举反循环钻进。气举反循环钻进时，应先开空压机送气吸泥循环，然后开动动力头。加接钻杆时，应先停止钻进，将钻头提离孔底200~300mm，待泥浆循环2~3min后，再停泵加接钻杆。停钻时，要先停止钻进，然后停止动力头，最后停气。钻进中遇异常情况，应停钻检查，查出原因并处理后方可继续钻进。气举反循环压缩空气的供气方式可选用并列的两个送气管或双层管柱钻杆方式。

若成孔采用旋挖钻工艺进行钻进，应配备成孔和清孔用泥浆及泥浆池（箱）。旋挖钻机施工时，应保证机械稳定、安全作业，地基的验算安全，成孔前应检查钻斗直径、钻斗保护装置，确认符合要求。当钻斗提出时，应清除钻斗上的渣土，并应检查钻斗磨损情况，成孔钻进过程中钻杆应确保垂直。砂层中钻进时，宜降低钻进速度及转速，并提高泥浆相对密度和黏度。钻斗的升降速度宜控制在0.7~0.8m/s。软弱土层厚度较大时，宜采用增设导流槽或导流孔的钻斗，并应根据钻进及提升速度同步补充泥浆，保持液面平稳。旋挖钻机成孔应采用跳挖方式，弃土堆放与桩孔的最小距离应大于6m，并及时清除。在较厚的砂层成孔宜更换砂层钻斗，并应减少旋挖进尺，钻孔达到设计深度时，应采用清渣斗清除孔内虚土。

④ 成孔检测　灌注桩成孔工艺应根据工程特点、地质资料、设计要求和试成孔情况合理选用。成孔施工前必须进行试成孔工艺性试验，试成孔数量不应少于两个。试成孔后，应进行孔壁静态稳定试验，采集施工参数并调整施工工艺。对于成孔施工紧邻地铁区间隧道、重要管线及其他重要保护对象时，宜采用非原位的试成孔工艺性试验，并加强环境监测，采集、分析监测数据，调整施工工艺。非原位试成孔的桩孔，检测完成后宜采用低标号素混凝土回填。

对于旋挖钻机定位时，应校正钻机垂直度；回转钻机定位时，应校正回转盘的水平度。回转钻机成孔过程中，钻杆应始终保持垂直并经常观测、检查和调整，回转盘中心与桩位中心应对准，其偏差不应大于20mm。

成孔至设计深度后，应对桩孔的各项技术指标进行检测，并报请监理工程师复查，合格后进行下步工作。成孔质量应符合设计要求和表5-16规定，检测合格后再进行下道工序作业，且成孔直径不应小于设计桩径。

表 5-16 成孔允许偏差及检测方法

| 项次 | 项目 | | 允许偏差 | 检测方法 |
|---|---|---|---|---|
| 1 | 孔径 | 基础桩 | 0<br>+50mm | 用井径仪或超声波测井仪 |
| | | 支护桩 | 0<br>+30mm | |
| 2 | 垂直度 | 基础桩 | ≤1/100 | 用测斜仪或超声波测井仪 |
| | | 支护桩 | ≤1/150 | |
| | | 支撑立柱桩 | ≤1/150 | |
| | | 桩柱一体立柱桩 | ≤1/200 | |
| 3 | 孔深 | | 0<br>+300mm | 核定钻头和钻杆长度，或用测绳 |
| 4 | 桩位 | 基础桩 $D<1000mm$ | ≤70+0.01$H$(mm) | 开挖前量护筒，开挖后量桩中心 |
| | | 基础桩 $D⩾1000mm$ | ≤100+0.01$H$(mm) | |
| | | 支护桩 | ≤50mm | |

注：$D$ 为桩径，$H$ 为开挖深度。

孔深采用标准测锤检测，测锤采用锥形锤，锤底直径 13～15cm，高度 20～22cm，质量 4～6kg，保证孔深度不小于设计值。孔径、孔形应根据设计桩径制作检孔器入孔检测。笼式井径器用直径 20mm 钢筋制作，外径与钻孔设计孔径相等，长度为孔径的 4～6 倍。检测时，将井径器吊起，使笼的中心、孔的中心与起吊钢绳保持一致，慢慢放入孔内，上下通畅无阻表明孔径大于设计的笼径；若中途遇阻则有可能在遇阻部位有缩径或倾斜现象，应采取措施消除。

竖直度测量应采用圆球检测法测量。在孔口沿钻孔直径方向设一标尺，标尺中点与桩孔中心吻合，并使滑轮中心、标尺中点和钻孔中心在同一铅垂线上，量出滑轮到标尺中点的高差 $H$，将球系于测绳上。将圆球放入孔底，待测绳静止不动后，读得测绳在标尺上的偏距 $e$，再根据 $\tan a=e/H$ 求得孔斜值（其中，$a$ 为孔斜角度），使竖直度偏差不大于 1%。

桩位检测通过护桩恢复桩位中心，并配合用全站仪检测。桩位偏差符合规范要求，在 50mm 以内。

成孔施工与后道工序应连续施工，成孔完毕至灌注混凝土的间隔时间不宜大于 24h。采用多台钻机同时施工时，应避免相互干扰。在混凝土刚灌注完毕的邻桩旁成孔时，其安全距离不应小于 4 倍桩径，或间隔时间不应少于 36h。

⑤ 泥浆制备　回转钻机成孔可采用原土造浆护壁，当地层以粉性砂土为主或地下水较丰富时，宜采用现场制备泥浆，采用旋挖钻机成孔时应采用制备泥浆。泥浆制备应选用高塑性黏土或膨润土，泥浆应根据施工机械、施工工艺及施工土层情况进行配合比设计。制备泥浆的性能指标应符合表 5-17 规定。

泥浆护壁成孔技术要点

表 5-17 制备泥浆的性能指标

| 项次 | 项目 | 性能指标 | | 检验方法 |
|---|---|---|---|---|
| 1 | 相对密度 | 1.03～1.10 | | 泥浆比重计 |
| 2 | 黏度/s | 黏性土 | 22～30 | 漏斗法<br>(用时间表征泥浆流变性能) |
| | | 砂土 | 25～35 | |
| 3 | pH 值 | 8～9 | | pH 试纸 |
| 4 | 失水量/(mL/30min) | <30 | | 失水量仪 |
| 5 | 泥皮厚度/mm | <1.5 | | 失水量仪 |

在成孔过程中，孔内泥浆液面应保持稳定。泥浆液面高度不应低于自然地面以下300mm；采用反循环成孔时，由于泥浆使用量大，补充泥浆应充足。钻进过程应根据土层情况，按表5-18的规定调整泥浆指标，在松软和易塌方土层中钻进，泥浆指标宜按表5-18规定值的上限取用。

表5-18 循环泥浆性能指标

| 项次 | 项目 | 性能指标 | | 检验方法 |
| --- | --- | --- | --- | --- |
| 1 | 相对密度 | ≤1.30 | | 泥浆比重计 |
| 2 | 黏度/s | 黏性土 | 22～30 | 漏斗法 |
| | | 砂土 | 25～40 | （用时间表征泥浆流变性能） |
| 3 | pH值 | 8～11 | | pH试纸 |
| 4 | 失水量/(mL/30min) | <30 | | 失水量仪 |
| 5 | 泥皮厚度/mm | <3 | | 失水量仪 |
| 6 | 含砂率/% | 黏性土 | ≤4 | 洗砂瓶 |
| | | 砂土 | ≤7 | |

⑥ 清孔　为减少桩底沉渣量，提高灌注桩施工质量，采用循环钻机成孔的桩孔应进行清孔。一般情况下清孔应分两次进行，第一次清孔应在成孔完毕后进行，第二次清孔应在安放钢筋笼和导管安装完毕后进行。

清孔方法应综合考虑桩孔规格、设计要求、地质条件及成孔工艺等因素，对于大直径钻孔桩或砂层较厚时，应采用反循环清孔。清孔过程中和结束时应测定泥浆指标，清孔结束时应测定孔底沉渣厚度。第二次清孔结束后，孔底沉渣和孔底500mm以内的泥浆指标应符合表5-19的规定。清孔后，孔内应保持水头高度，并应及时灌注混凝土。当清孔超过30min时，灌注混凝土前应重新测定孔底沉渣厚度。

表5-19 清孔后泥浆指标和孔底允许沉渣厚度及检测方法

| 项次 | 项目 | | 技术指标 | 检测方法 |
| --- | --- | --- | --- | --- |
| 1 | 泥浆指标 | 相对密度　孔深<60m | ≤1.15 | 泥浆比重仪 |
| | | 相对密度　孔深≥60m | ≤1.20 | |
| | | 含砂率/% | ≤8 | 洗砂瓶 |
| | | 黏度/s | 18～22 | 漏斗法（用时间表征泥浆流变性能） |
| 2 | 沉渣厚度/mm | 基础桩　端承型桩 | ≤50 | 沉渣仪或测锤 |
| | | 基础桩　摩擦型桩 | ≤100 | |
| | | 基础桩　抗拔、抗水平力桩 | ≤200 | |
| | | 支护桩 | ≤200 | |

注：1. 表列孔深系指自然地面标高至桩端标高的深度。

2. 清孔时应同时检测泥浆相对密度和黏度。当泥浆黏度已接近下限，泥浆相对密度仍不达标时，应检测泥浆含砂率；含砂率>8%时，应采用除砂设备除砂，以保证泥浆相对密度达标。

当成孔采用正循环方式时，第一次清孔时应先将钻头提离孔底200～300mm，输入泥浆循环清孔，钻杆缓慢回转上下移动，输入泥浆指标应符合制备泥浆的性能。孔深小于60m的桩，清孔时间宜为15～30min；孔深大于60m的桩，清孔时间宜为30～45min。第二次清孔利用导管输入泥浆循环清孔。

当采用反循环成孔方式时，清孔分为泵吸反循环清孔和气举反循环清孔。

泵吸反循环清孔，可利用成孔施工的泵吸反循环系统进行。清孔时应将钻头提离孔底200～300mm，输入泥浆进行清孔，输入泥浆指标应符合制备泥浆的性能指标，清孔时输入孔内的泥浆量不应小于泵的排量，同时，应合理控制泵量，避免泵量过大，吸垮孔壁。

气举反循环清孔出浆管可利用灌注混凝土导管，清孔施工时出浆管底口下放至距沉渣面300～400mm为宜，送气管下放深度以气水混合器至液面距离与孔深之比的0.55～0.65为宜。开始清孔时，应先向桩孔内供泥浆再送气，停止清孔时，应先关送气管再停止供泥浆。送气量应由小到大，气压应稍大于孔底水头压力。当孔底沉渣较厚、块体较大或沉淀板结时，可适当加大送气量，摇动出浆管，以利排渣。随着沉渣的排出，孔底沉渣厚度减小，出浆管应同步跟进，以保证出浆管底口与沉渣面距离，清孔过程应保证补浆充足和孔内泥浆液面稳定。

⑦ 钢筋笼制作　进场钢筋的质量应符合现行国家标准《钢筋混凝土用钢》(GB/T 1499)的有关规定，钢筋必须有出厂质量证明书和试验报告。钢筋应按批号、规格分批验收，并应按国家规范规定抽样复检合格后方可使用。钢筋进场后，应按批按规格分类堆放，标识清楚，妥善保管，防止污染和锈蚀。带有粒状或片状老锈的钢筋不得使用。钢筋笼加工根据桩长整节或分节在钢筋棚内加工制作，钢筋在加工前应除锈、调直、擦洗油污。钢筋调直一律采用钢筋调直机，不得采用卷扬机拉伸盘条圆钢以免发生安全事故。

钢筋下料前按图计算下料长度，并应考虑到焊接接头的位置，保证成型钢筋满足焊接要求。每个断面接头数量不大于50%，相邻接头断面间距不小于1.5m。加工好的钢筋笼按安装要求分节、分类编号堆存。钢筋原材料应分型号堆码，架离地面60cm，上覆下垫，以防雨水锈蚀。钢筋笼主筋的最小净距不宜小于80mm。钢筋笼的外形尺寸应符合设计要求，其允许偏差应符合表5-20的规定。

表5-20　钢筋笼制作允许偏差

| 项次 | 项目 | 允许偏差/mm |
| --- | --- | --- |
| 1 | 主筋间距 | ±10 |
| 2 | 箍筋间距 | ±20 |
| 3 | 钢筋笼直径 | ±10 |
| 4 | 钢筋笼整体长度 | ±100 |
| 5 | 主筋保护层厚度 | ±20 |

钢筋笼焊接用焊条应根据母材的材质合理选用，钢筋连接采用搭接焊，焊接长度应符合表5-21的规定，两主筋端面的间隙应为2～5mm。设置密度为竖向每隔2m设一道，每一道沿圆周按设计布置4个。

为避免薄弱环节位于同一截面处，要求同一截面内的接头数量不应大于主筋总数的50%。相邻接头应上下错开，错开距离不应小于35倍主筋直径。环形箍筋与主筋的连接应采用电弧焊点焊连接，螺旋箍筋与主筋的连接可采用铁丝绑扎并间隔点焊固定，或直接点焊固定。钢筋笼主筋采用机械连接时，钢筋机械连接应符合下述规定，提供钢筋机械连接的单位应提交有效的型式检验报告。同一连接区段内有接头的受力钢筋截面面积占受力钢筋总截面面积的百分率，Ⅱ级接头不应大于50%，Ⅰ级接头不受限制，接头错开距离不应小于35倍受力钢筋直径。钢筋笼制作允许偏差还应满足机械连接接头的要求。钻孔桩钢筋骨架的保护层厚度可用焊接钢筋"耳朵"进行设置，亦可使用专用保护层垫块进行设置，垫块间距竖向为2m，每个横断面不少于 4 块,焊接"耳朵"用钢筋制作,见图 5-35。

表 5-21 钢筋焊接长度

| 钢筋型号 | 焊缝形式 | 焊接长度 |
| --- | --- | --- |
| HPB300<br>HPB400 | 单面焊 | ≥10$d$ |
| HRB400<br>HRB500 | 双面焊 | ≥5$d$ |

图 5-35 钢筋笼保护层厚度保障措施

钢筋骨架绑扎结实,在钢筋交叉点处,应用扎丝,按逐点改变绕丝方向交错扎结,并使钢筋相靠紧。钢筋骨架绑扎完毕,应妥善加以保护,不得在其上搬运和提送材料。若有浮锈须清除。钢筋骨架安装就位后,详细检查并做记录,如有差错立即纠正。将每根桩的钢筋笼按设计长度分节并编号,保证相邻节段可在胎架上对应配对绑扎。

钢筋笼运输应采取有效措施防止钢筋笼变形,严禁拖拽;模块化预制的钢筋笼应采用平板车运输,车上应设置支座固定钢筋笼。钢筋笼吊装时配备专用托架,平板车运至现场,骨架在孔口利用汽车吊吊装,为保证骨架不变形,须用两点吊:第一吊点设在骨架的上部,第二吊点设在骨架长度的中点到三分点之间。起吊时先提第一吊点,使骨架稍稍提起,再与第二吊点同时起吊,待骨架离开地面后,第一吊点停止起吊,继续提升第二吊点。随着第二吊点不断提升,慢慢放松第一吊点,直到骨架同地面垂直,停止起吊。检查骨架是否顺直。骨架入孔时应慢慢下放,严禁摆动、碰撞孔壁。将骨架临时支撑于护筒口,再起吊第二节骨架,使上下两节骨架位于同直线上进行焊接,焊接时应先焊顺桥方向的接头,最后一个接头焊好后,全部接头就可以下沉入孔,直至所有骨架安装完毕。主筋对位后进行单面搭接焊,焊接长度不得小于 10$d$ ($d$ 为钢筋直径)。钢筋笼安装就位后立即将钢筋笼中 2 根 $\phi$16mm 的吊筋与钢护筒顶部焊接固定,防止混凝土灌注过程中钢筋笼上浮。

⑧ 导管的安装　采用内径 30cm 的丝扣式导管灌注水下混凝土,在导管外壁用明显标志逐节编号,导管吊装前先试拼,接口连接牢固,封闭严密,并进行导管水密性试验,试压的压力宜等于孔底静水压力的 1.5 倍。同时检查拼装后的垂直情况。根据桩孔的深度,确定导管的拼装长度,导管下口至孔底的距离宜为 25～40cm。

吊装时导管位于井孔中央,根据配管计算的导管管节长度逐节稳步安放,做好导管安装记录,防止卡挂钢筋笼,并在浇注混凝土前进行升降试验。每次混凝土灌注完毕必须马上清洗后用干净编织袋包裹丝口端,确保导管内壁光滑圆顺,丝扣表面干净。因使用时间过长而变形、磨损的导管应剔除。

⑨ 水下混凝土灌注　灌注桩用混凝土优先采用预拌混凝土,其供应能力应满足混凝土连续灌注的施工要求。拌制混凝土水泥宜采用普通硅酸盐水泥、矿渣硅酸盐水泥,严禁采用快硬型水泥。水泥的质量应符合现行国家标准《通用硅酸盐水泥》(GB 175)的要求,必须有出厂质量证明书,并必须复试合格。用于同一根桩内的混凝土,必须采用同一品种、同一强度等级

和同一厂家的水泥拌制，胶凝材料用量不应少于360kg/m³。

粗骨料宜选用连续级配坚硬碎石或卵石。最大粒径不应大于钢筋笼主筋最小净距的1/3，宜优先采用5～25mm碎石，最大粒径应小于40mm。粗骨料的质量应符合现行行业标准《普通混凝土用砂、石质量及检验方法标准》（JGJ 52）的有关规定，并应有产品合格证。细骨料宜优先采用细度模数为2.3～2.8的天然中砂，含砂率宜为40%～50%。细骨料的质量应符合现行行业标准《普通混凝土用砂、石质量及检验方法标准》（JGJ 52）的有关规定，并应有产品合格证。

掺合料、外加剂及拌制用水应符合相关标准的规定，配合比设计应按现行行业标准《普通混凝土配合比设计规程》（JGJ 55）的规定进行。强度等级小于C40的混凝土配制强度应比设计桩身强度提高一级，强度等级大于等于C40的混凝土配制强度应比设计桩身强度提高两级，混凝土配制强度等级应按照表5-22执行。

表5-22 混凝土设计强度等级对照

| 混凝土设计强度等级 | C30 | C35 | C40 | C45 | C50 | C60 |
| --- | --- | --- | --- | --- | --- | --- |
| 水下灌注的混凝土配制强度等级 | C35 | C40 | C50 | C55 | C60 | C70 |

混凝土在搅拌站集中拌制，用混凝土搅拌运输车运至施工现场。当混凝土运至现场后，灌注水下混凝土是钻孔桩施工的重要工序，在灌注前，要再次检孔，不符合规范要求时需要再次清孔，直到满足要求为止。灌注前应及时报请监理单位进行验收，验收合格后开始灌注水下混凝土。混凝土的初凝时间不应少于正常运输和灌注时间之和的2倍，且不应少于8h。混凝土输送到灌注地点时，应经常抽检其和易性、坍落度等情况。混凝土应具有良好工作性能，由于采用水下浇筑工艺，现场混凝土坍落度宜为180～220mm，当采用高性能减水剂时，现场坍落度宜200～240mm。

混凝土应采用导管法水下灌注，导管应与桩径、桩长匹配，内径宜为200～300mm，内径250mm以下的导管壁厚不应小于5mm，内径300mm的导管壁厚不应小于6mm。导管截面应规整，长度方向应平直，无明显挠曲和局部凹陷，能保证灌注混凝土用隔水塞顺畅通过。

导管连接应密封、牢固，施工前应试拼并进行水密性试验，导管的第一节底管长度不应小于4m。导管标准节长度宜为2.5～3m，并可设置各种长度的短节导管。导管使用后应及时清洗，清除管壁内外及节头处黏附的混凝土残浆。导管应定期检查，不符合要求的应进行整修或更换。

混凝土灌斗宜用4～6mm厚钢板制作，并设置加筋肋。灌斗下部锥体夹角不宜大于80°，与导管的连接节头应便于连接。灌斗容量应满足混凝土初灌量的要求；所采用商品混凝土连续供料能力大于初灌量时，灌斗容量可不受此限制。

混凝土灌注用隔水塞宜优先选用混凝土隔水塞。混凝土隔水塞应采用与桩身混凝土强度等级相同的细石混凝土制作，外形应规则、光滑并设有橡胶垫圈。采用球胆作隔水塞时，应确保球胆在灌注过程中浮出混凝土面。

混凝土开始灌注前导管应全部安装入孔，位置应居中，导管底部距孔底高度以能放出隔水塞和混凝土为宜，宜为300～500mm，隔水塞应采用铁丝悬挂于导管内。待初灌混凝土储备量满足混凝土初灌量后，方可截断隔水塞的系结钢丝将混凝土灌至孔底。混凝土初灌量应能保证混凝土灌入后，导管埋入混凝土深度不小于1.0m，导管内混凝土柱和管外泥浆柱应保持平衡。首批混凝土灌入孔底后，立即探测孔内混凝土面高度，计算出导管内埋置深度，若符合要求，即可正常灌注。测锤一般采用锥形锤，锤底直径6~8cm，高10~15cm，质量5kg左右。如果发现导管内大量进水，表明出现灌注事故，必须立即停止灌注进行处理。

灌注开始后，应连续有节奏地进行，并尽可能缩短拆除导管的间隔时间，导管内混凝土不满时，混凝土应沿料斗边徐徐灌注，防止在导管内形成高压气囊，使导管产生破坏。在灌注过程中，严禁中途停工。在灌注过程中，应防止混凝土拌和物从漏斗顶溢出或从漏斗外掉入孔底，应注意观察管内混凝土下降和孔内水位升降情况，及时测量孔内混凝土面高度，正确指挥导管的提升和拆除。导管的埋置深度应控制在2~4m，同时应经常测探孔内混凝土面的位置，即时调整导管埋深。

为确保桩顶质量，应在桩顶设计标高以上加灌混凝土1m；混凝土初凝以前必须完成灌注。处于地面及桩顶以上的整体式钢护筒，在混凝土灌注完后立即拔出。

混凝土初灌量根据孔深与导管长度，计算首批封底混凝土的数量，以满足导管初次埋置深度不小于1m的要求。水下灌注混凝土储料斗的混凝土初灌量可按下式计算。

$$V \geqslant \frac{\pi d^2}{4}h_1 + \frac{k\pi D^2}{4}h_2$$

式中　$V$——首批混凝土所需数量，$m^3$；

　　　$h_1$——导管内混凝土柱与导管外水（或泥浆）压平衡时所需要的高度，即 $h_1 \geqslant \frac{(h-h_2)\gamma_w}{\gamma_c}$；

　　　$h$——桩孔深度，m；

　　　$h_2$——初灌首批混凝土后混凝土面至孔底高度，一般取1.3~1.8m；

　　　$D$——钻孔直径，m；

　　　$d$——导管直径，m；

　　　$k$——充盈系数，取1.0~1.3；

　　　$\gamma_w$——泥浆重度，按照制备泥浆取用；

　　　$\gamma_c$——混凝土重度，取23000kN/$m^3$。

混凝土灌注过程中导管应始终埋在混凝土中，严禁将导管提出混凝土面。导管埋入混凝土面的深度宜为3~10m，最小埋入深度不得小于2m，一次提管拆管不得超过6m。

混凝土灌注至钢筋笼底端时，导管埋入混凝土的深度宜保持在3m左右，灌注速率应适当放慢。混凝土面进入钢筋笼底端1~2m后，宜适当提升导管。导管提升应平稳，避免出料冲击过大或钩带钢筋笼。

混凝土灌注中应经常检测混凝土面上升情况，当混凝土灌注达到规定标高时，经测定符合要求后方可停止灌注。混凝土实际灌注高度应高于设计桩顶标高。高出的高度应根据桩长、地质条件和成孔工艺等因素合理确定，其最小高度不宜小于桩长的3%，且不应小于1m。桩顶标高达到或接近地面时，桩顶混凝土泛浆应充分，确保桩顶混凝土强度达到设计要求。

在混凝土灌注完毕36h内，小于4倍桩径范围内不得开孔。混凝土灌注完毕的桩孔应采用砂石或土等均匀回填至孔口。冬期施工期间，预拌混凝土的原材料、配合比设计及拌制应按冬期施工要求控制。冬期施工期间，桩顶标高与自然地面标高持平或接近的桩，桩顶应采取保温措施。

混凝土施工中应进行坍落度检测。单桩检测次数应按表 5-23 的规定执行。

表 5-23  单桩混凝土坍落度检测次数

| 项次 | 单桩混凝土量/m³ | 检测次数 | 检测时间 |
| --- | --- | --- | --- |
| 1 | ≤50 | 2 | 灌注混凝土前、后阶段各 1 次 |
| 2 | >50 | 3 | 灌注混凝土前、中、后阶段各 1 次 |

混凝土强度检验的试件应在施工现场随机抽取。同组试件，应取自同车混凝土。来自同一搅拌站的混凝土，每灌注 50m³ 必须至少留置 1 组试件，当混凝土灌注量不足 50m³ 时，每连续灌注 12h 必须至少留置 1 组试件，养护后进行混凝土抗压强度试验。对单柱单桩，每根桩应至少留置 1 组试件。有抗渗等级要求的灌注桩应留置混凝土抗渗等级的检测试件，一个级配不宜少于 3 组。

## 5.4.3  钻孔灌注桩常见质量事故及质量控制

桩基础施工
质量控制 1

（1）钻孔灌注桩常见事故的预防及处理

常见的钻孔（包括清孔时）事故原因及处理方法分述如下。

① 坍孔原因及处理措施　各种钻孔方法都可能发生坍孔事故，坍孔的特征是孔内水位突然下降，孔口冒细密的水泡，出渣量显著增加而不见进尺，钻机负荷显著增加等。坍孔的原因主要包括如下几个方面：

a. 泥浆相对密度不够及其他泥浆性能指标不符合要求，使孔壁未形成坚实泥皮。

b. 由于孔内出现承压水，或钻孔通过砂砾等强透水层，孔内水流失等而造成孔内水头高度不够。

c. 护筒埋置太浅，下端孔口漏水、坍塌或孔口附近地面受水浸湿泡软，或钻机直接接触在护筒上，由于振动使孔口坍塌，扩展成较大坍孔。

d. 在松软砂层中钻进进尺太快。

e. 提出钻锥钻进，回转速度过快，空转时间太长。

f. 吊入钢筋骨架时碰撞孔壁。

坍孔的预防和处理措施主要包括：

a. 发生孔口坍塌时，可立即拆除护筒并回填钻孔，重新埋设护筒再钻。

b. 如发生孔内坍塌，判明坍塌位置，回填砂和黏质土（或砂砾和黄土）混合物到坍孔处以上 1~2m，如坍孔严重时应全部回填，待回填物沉积密实后再行钻进。

c. 吊入钢筋骨架时应对准钻孔中心竖直插入，严防触及孔壁。

② 钻孔偏斜原因及处理措施　各种钻孔方法均可能发生钻孔偏斜事故，产生偏斜的主要原因包括：

a. 钻孔中遇有较大的孤石或探头石。

b. 在有倾斜的软硬地层交界处，岩面倾斜钻进；在粒径大小悬殊的砂卵石层中钻进，钻头受力不均。

c. 扩孔较大处，钻头摆动偏向一方。

d. 钻机底座未安置水平或产生不均匀沉陷、位移。

e. 钻杆弯曲，接头不正。

钻孔偏斜预防和处理措施包括：

a. 安装钻机时要使转盘、底座水平,起重滑轮缘、固定钻杆的卡孔和护筒中心三者应在一条竖直线上,并经常检查校正。

b. 由于主动钻杆较长,转动时上部摆动过大。必须在钻架上增设导向架,控制杆上的提引水龙头,使其沿导向架对中钻进。

c. 钻杆接头应逐个检查,及时调整,当主动钻杆弯曲时,要用千斤顶及时调直。

③ 掉钻落物原因及处理措施 掉钻落物原因主要包括:

a. 卡钻时强提强扭,操作不当,使钻杆或钢丝绳超负荷或疲劳断裂。

b. 钻杆接头不良或滑丝。

c. 电动机接线错误,钻机反向旋转,钻杆松脱。

d. 转向环、转向套等焊接处断开。

e. 操作不慎,落入扳手、撬棍等物。

掉钻落物的预防及处理措施包括:

a. 开钻前应清除孔内落物,零星铁件可用电磁铁吸取,较大落物和钻具也可用冲抓锥打捞,然后在护筒口加盖。

b. 经常检查钻具、钻杆、钢丝绳和联结装置。

c. 掉钻后应及时摸清情况,若钻锥被沉淀物或坍孔土石埋住应首先清孔,使打捞工具能接触钻杆和钻锥。

④ 糊钻和埋钻原因及处理措施 糊钻和埋钻常出现于正反循环回转钻进中,主要原因是在细粒土层中钻进时进尺缓慢,甚至不进尺出现憋泵现象。

预防和处理办法为当严重糊钻时,应停钻,清除钻渣。对钻杆内径、钻渣进出口和排渣设备的尺寸进行检查。

⑤ 扩孔和缩孔原因及处理措施 扩孔比较多见,一般表现为局部的孔径过大。在地下水呈运动状态、土质松散地层处或钻锥摆动过大时,易于出现扩孔,扩孔发生原因与坍孔相同,轻则为扩孔,重则为坍孔。若只孔内局部发生坍塌而扩孔,钻孔仍能达到设计深度则不必处理,只是混凝土灌注量会大大增加。若因扩孔后继续坍塌影响钻进,应按坍孔事故处理。

缩孔即孔径的超常缩小,一般表现为钻机钻进时发生卡钻、提不出钻头或者提外鸣叫等现象。缩孔原因有两种:一种是钻锥焊补不及时,严重磨耗的钻锥往往会钻出较设计桩径稍小的孔;另一种是由于地层中有软塑土(俗称橡皮土),遇水膨胀后使孔径缩小。各种钻孔方法均可能发生缩孔。为防止缩孔,前者要及时修补磨损的钻头,后者要使用失水率小的优质泥浆护壁并须快转慢进,并复钻二三次,或者使用卷扬机吊住钻锥上下、左右反复扫孔以扩大孔径,直至使发生缩孔部位达到设计要求为止。对于有缩孔现象的孔位,钢筋笼就位后须立即灌注,以免桩身缩径或露筋。

(2) 钻孔灌注桩施工质量控制

钻孔灌注桩施工质量控制,是指为保证工程质量达到国家规范及合同要求的标准,对整个施工过程进行各方面的控制。施工过程是使建设及设计方意图最终实现形成工程实物的直接阶段,也是决定工程成品质量的过程。质量控制包括对投入资源和条件的质量控制(亦称事前控制)、施工过程及各环节质量控制(亦称事中控制)、最终对所完成的工程产品的质量检验与控制(亦称事后控制)三方面内容。钻孔灌注桩施工的施工质量控制也应包括事前控制、事中控制及事后控制三个阶段。

① 钻孔灌注桩施工质量事前控制 对人的控制主要是对施工单位技术人员的技术资质与

条件进行审核，如选择专业分包单位承担灌注桩施工时，要审查承包商的技术能力和管理水平是否达到要求，不满足条件的分包单位及人员不允许进场。

对施工技术方案和施工组织方案的控制包括：

a．要合理安排施工程序，主要是各桩的施工成桩先后次序。

b．施工机械设备的选择应适应地层特点和施工工艺的要求，成孔机械必须与现场土质、桩径、桩深等要求相适应，同时要适应施工现场的场地大小、场内搬运条件、工期要求、供水及供电条件等。

c．合理确定灌注桩施工工艺。主要是成孔、成桩各工序的操作工艺，它是施工方案的核心，以及确定钻孔灌注桩施工工艺流程图。

对施工现场场地条件的准备工作做好控制，主要包括：

a．施工前首先要做好场地平整，探明和清除桩位处的地下障碍物，按平面布置图的要求做好施工现场的施工道路、供水供电、泥浆池和排浆槽等泥浆循环系统、施工设施布置、材料堆放等有关布设。

b．施工前应逐级进行图纸和施工方案交底，并做好原材料质量检验工作。

c．护筒位置应埋设准确和稳定，旱地、筑岛处护筒与坑壁之间用黏土分层回填夯实，护筒与桩位中心线偏差不得大于 50mm，倾斜度不大于 1%，高度宜高出地面 0.3m 或水面 1.0～2.0m。护筒埋置深度应根据设计要求或水文地质情况定，旱地、筑岛处一般超过杂填土埋藏深度 0.2m，在黏性土中不宜小于 1m，在砂土中不宜小于 1.5m，同时应保持孔内泥浆面高出地下水位 1m 以上。有冲刷影响的河床，沉入冲刷线不小于 1.0～1.5m。

d．进行试桩。主要目的是核对地质资料，检验所选设备、机具、施工工艺及技术要求是否合适。试成孔过程中，应根据持力层情况，决定选用钻头型式，选择合适的清孔方式。成孔结束后应检验孔径、垂直度、孔壁稳定和沉渣泥浆密度等指标是否满足设计要求，如满足，试成孔的施工工艺参数即为施工时选择工艺参数的依据。

② 钻孔灌注桩施工质量事中控制 对测量定位、成孔、清孔，下放钢筋笼、浇灌混凝土等工序要作为重点设立质量控制点。

成孔的质量控制包括如下内容：

a．从轴线控制点施测桩位，检查桩位对中，选多个角度检查磨盘的平整度；同时检查机架枕木基础是否稳定，在钻孔过程中随时复查垂直度及磨盘平整度，对偏差要及时调整。

b．按照试成孔的工艺参数组织钻进施工，根据钻进过程中各土层的情况，安排对泥浆相对密度进行检测。

c．合理确定是否入岩，应根据勘探报告所揭示的持力层等高线与孔深比较，加强巡查、记录，结合钻具自重大小、吊挂松紧程度等，观察在界面钻进过程以及进入持力层钻机的反应情况，并加强取样，对照试成桩时确定的岩样，最终判定入岩或终孔，确保桩基进入持力层的深度。

清孔的质量控制内容主要包括：

a．终孔后，应将钻头提离孔底进行空转，在保证护壁的前提下达到初步稀释泥浆，输入相对密度满足制备泥浆性能的新泥浆，循环 40～60min，尽可能将孔底岩屑、泥块打碎并随泥浆浮出孔外。

b．下笼后安装导管进行二次清孔。泥浆性能指标在浇注混凝土前，孔底 500mm 以内的相对密度、黏度、含砂率、pH 值均要达到规范要求，若清孔达不到沉渣厚度要求，坚决不能验收灌混凝土。

钢筋笼制作及吊运的质量控制内容包括：

a. 钢筋笼宜分段制作，连接时 50%的钢筋接头应予错开焊接，对钢筋笼立焊的质量要特别加强检查控制。

b. 钢筋笼入孔时，应保持垂直状态，对准孔位徐徐轻放，严禁强制性下放钢筋笼，造成钢筋笼变形，孔壁塌孔。钢筋笼就位后，还应将钢筋笼上端焊固在护筒上，可减缓混凝土上升时的顶托力，防止其上升。

混凝土及浇灌质量控制内容包括：

a. 二次清孔验收合格后，现场初灌料斗、混凝土隔水栓（或沙包）、人员等应及时准备到位，在混凝土到场后方可停止清孔，进行料斗等安装。

b. 混凝土灌注前必须检查混凝土坍落度是否满足要求，一般宜控制在 180~220mm。

c. 检查孔内导管的长度及离孔底的距离；根据导管内外混凝土的压力平衡法计算首灌混凝土量，确定采用的料斗容量，保证首灌后导管底埋入混凝土中大于 1m 以上。在料斗内放满混凝土后，剪断铁丝，隔水栓埋入底部混凝土。此时后续混凝土浇捣必须及时跟上，保证混凝土连续施工。

d. 浇捣过程中，检查导管提升、拆除等必须保证管底在混凝土中的埋置深度，宜控制在 2~6m，并应通过测量确定，不能盲目估计，避免拔空。在混凝土面上升将要接近钢筋笼底部时，应放慢浇捣的速率，减小导管埋深以降低混凝土上升的冲击力。

③ 钻孔灌注桩施工质量事后控制　钻孔灌注桩完成后的质量检测与验收，是对其质量进行事后控制手段，主要包括检测桩身结构完整性（即桩体质量）及桩承载力。

桩身完整性及承载能力检测有取芯法、动测法、声波透射法、射线法及静荷载法。静荷载法比较直观，得出的数据容易让人信服；动测法可通过波速检测出桩身的完整性及桩的长度，测出长度的误差一般在±300mm；取芯法较为直观但缺点是取芯深度有限；声波透射法机理明确，设备简单且使用方便，检测准确可靠，能测出桩身完整性、均匀性而被广泛应用。仅采用静荷载法不能保证施工后沉降达到设计要求；目前动测法还不能直接测出承载力值，因此，应把静荷载法和动测法结合起来较为合理。

钻孔灌注桩工程验收包括隐蔽工程验收和检验批、分项工程验收。隐蔽工程验收应在下道工序施工前进行；检验批、分项工程验收在基坑开挖至设计标高后组织验收。这两项验收均应在施工单位自检合格的基础上进行。施工单位确认自检合格后提出工程验收申请，验收由监理工程师及建设单位项目负责人组织勘察、设计单位及施工单位的项目负责人、技术负责人共同按设计要求、验收规范及其他合同有关规定进行。

## 💡 小结

本学习情境主要介绍了基坑工程中各类围护桩的结构构造与施工工艺，并以地铁车站围护桩支护结构为例，详细阐述了围护桩的施工构造、施工要点，分工序详细介绍了各类围护桩的施工工艺及质量控制措施，并对常见的围护桩施工质量缺陷产生原因及处理措施进行了阐述。

## 课后习题

一、单选题

1. 采用混凝土灌注桩时，其质量检测应采用低应变动测法检测桩身完整性，检测桩数不宜少于总桩数的（　　），且不得少于 5 根。

A．10%　　　　　B．20%　　　　　C．30%　　　　　D．35%

2．水泥土搅拌桩的施工应符合现行行业标准（　　）的规定。

A．《建筑地基基础设计规范》GB 50007

B．《建筑桩基技术规范》JGJ 94

C．《建筑地基处理技术规范》JGJ 79

D．《建筑地基基础工程施工质量验收标准》GB 50202

3．工法桩施工时提升的速度应控制在（　　）。

A．1～2m/min　　B．2～4m/min　　C．3～5m/min　　D．5～6m/min

4．下列不属于新鲜泥浆性能指标的是（　　）。

A．泥皮厚度　　　B．含水量　　　　C．相对密度　　　D．胶体率

5．SMW 工法桩时，应对 H 型钢涂刷（　　）。

A．沥青　　　　　B．柴油　　　　　C．脱膜剂　　　　D．防腐油漆

6．对于打入桩应该以控制（　　）为主。

A．贯入度　　　　B．设计标高　　　C．捶打次数　　　D．以上说法均不对

7．在钻孔灌注桩施工过程中，如果遇到塌孔，重新钻孔时应该回填（　　）。

A．黏土　　　　　B．粉土　　　　　C．砂土　　　　　D．水泥

## 二、多选题

1．钻孔灌注桩施工中，质量控制点包括（　　）。

A．测量定位　　　　　　　　　　　B．成孔、清孔

C．钢筋笼制作与下放　　　　　　　D．浇灌混凝土

2．钢筋笼制作的主控项目主要包括（　　）。

A．主筋间距　　　　　　　　　　　B．箍筋间距

C．钢筋笼直径　　　　　　　　　　D．钢筋笼整体长度

3．钻孔灌注桩用钻机主要包括（　　）。

A．长螺旋钻机　　B．循环钻　　　　C．冲抓钻　　　　D．旋挖钻机

## 三、简答题

1．膨润土的检测项目包括哪些？

2．试述水泥土桩搅拌施工步骤。

3．简述钻孔灌注桩施工钢筋笼上浮的主要原因。

## 四、案例分析

背景：某施工单位中标承建某市地铁车站一号出入口工程，周边地下管线较复杂，设计采用明挖顺作法施工。出入口基坑总长 80m，宽 12m，开挖深度 10m。基坑围护结构采用 SMW 工法桩，基坑沿深度方向设有两道支撑，其中第一道支撑为钢筋混凝土支撑，第二道支撑为 $\phi 609 \times 16mm$ 钢管支撑（图 5-36）。基坑场地地层自上而下依次为：2.0m 厚素填土、6m 厚黏质粉土、10m 厚砂质粉土。地下水位埋深约 1.5m。在基坑内布置了 5 口管井降水。

项目部选用坑内小挖机与坑外长臂挖机相结合的土方开挖方案。在挖土过程中发现围护结

构有两处出现渗漏现象，渗漏水为清水，项目部立即采取堵漏措施予以处理，堵漏处理造成直接经济损失20万元，工期拖延10天，项目部为此向业主提出索赔。

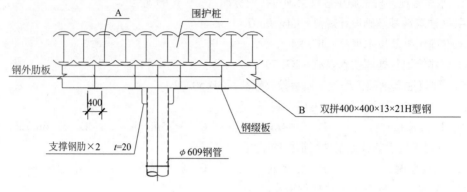

图5-36 案例分析图

问题：
1．写出图中A、B构（部）件的名称，并分别简述其功用。
2．根据两类支撑的特点分析围护结构设置不同类型支撑的理由。
3．简述SMW工法桩施工质量控制要点。
4．列出基坑围护结构施工的大型工程机械设备。

## 学习情境 6

# 支撑系统与土方开挖施工

## 情境描述

通过本情境的学习,要求学习人员有较好的现场分析能力,能准确理解设计意图或依据实际工程情况,从经济性等角度出发选择内支撑形式。任务实施可进行相应的工地现场调研,使学生深入工程一线,进一步加深对支撑体系的概念理解。本情境要求学习人员有较好的现场分析能力,要根据实际情况、设计要求,合理组织施工,在实施的同时,善于观察及时发现解决可能出现的各种情况。任务实施可以由教师和学生共同设置任务,进行角色定位,虚拟施工现场,了解施工内容,以报告的形式提交学习成果。

## 学习目标

**知识目标**

① 了解内支撑体系的组成;
② 掌握内支撑体系的形式;
③ 掌握钢筋混凝土支撑施工及拆除方法;
④ 掌握钢支撑施工及拆除方法;
⑤ 了解常见土方施工机械;
⑥ 掌握土方施工方法。

**能力目标**

① 能依据设计文件选择合理的内支撑形式;
② 能编制钢筋混凝土支撑施工及拆除专项施工方案;
③ 能编制钢支撑施工及拆除专项施工方案;
④ 能依据工程情况合理组织施工机械;
⑤ 能选择合理的土方施工方法。

**素质目标**

① 培养沟通交流能力;
② 培养强烈的工程质量意识,遵守技术规范、标准和要求。

## 6.1 内支撑组成及形式

内支撑是确保基坑稳定的重要支护手段。内支撑包含钢支撑、钢筋混凝土支撑及组合支撑等形式，种类较多，体系较为复杂，因此需要进行专业设计。

### 6.1.1 内支撑体系的组成

内支撑体系的基本构件包括围檩、水平支撑、钢立柱和立柱桩等。

（1）围檩

围檩是协调支撑和围护墙结构间受力与变形的重要受力构件，其可加强围护墙的整体性，并将其所受的水平力传递给支撑构件，因此要求具有较好的自身刚度和较小的垂直位移。首道支撑的围檩应尽量兼作围护墙的圈梁。必要时可将围护墙墙顶标高落低，如首道支撑体系的围檩不能兼作圈梁时，应另外设置围护墙顶圈梁。圈梁作用是可将离散的钻孔灌注围护桩、地下连续墙等围护墙连接起来，加强了围护墙的整体性，对减小围护墙顶部位移有利。

（2）水平支撑

水平支撑是平衡围护墙外侧水平作用力的主要构件，要求传力直接、平面刚度好而且分布均匀。

（3）钢立柱和立柱桩

钢立柱及立柱桩的作用是保证水平支撑的纵向稳定，加强支撑体系的空间刚度和承受水平支撑传来的竖向荷载，要求具有较好自身刚度和较小垂直位移。

### 6.1.2 内支撑体系的形式

内支撑体系的形式通常以支撑材料进行区分，可以采用钢或混凝土，也可以根据实际情况采用钢-混凝土组合的支撑形式（图6-1）。

(a) 钢支撑

(b) 混凝土支撑

(c) 钢-混凝土组合支撑

图6-1 典型支撑实物

（1）钢支撑

钢支撑常见有钢管支撑和型钢支撑（图6-2）。

钢支撑除了自重轻、安装和拆除方便、施工速度快以及可以重复使用等优点外，安装后能立即发挥支撑作用，对减少由于时间效应而增加的基坑位移也是十分有效的。因此如有条件应优先采用钢支撑。

钢支撑的节点构造和安装相对比较复杂，如处理不当，会由于节点的变形或节点传力的不直接而引起基坑过大的位移。因此，提高节点的整体性和施工技术水平是至关重要的。

(a) 钢管支撑　　　　　　　　　　　　　(b) 型钢支撑

图 6-2　典型钢支撑实物

常见钢支撑设计参数如表 6-1、表 6-2 所示。

表 6-1　常见 H 型钢支撑参数

| 尺寸 $A \times B \times t_1 \times t_2$/mm | 单位质量 $W$/(kg/m) | 断截面 $A$/cm² | 回转半径/cm | | 截面惯性矩/cm⁴ | | 截面抵抗力/cm² | |
|---|---|---|---|---|---|---|---|---|
| | | | $f_x$ | $f_y$ | $I_x$ | $I_y$ | $W_x$ | $W_y$ |
| 800×300×14×26 | 210 | 267 | 33 | 6.62 | 254000 | 9930 | 7290 | 782 |
| 700×300×12×14 | 185 | 236 | 29.3 | 6.78 | 201000 | 10800 | 5760 | 722 |
| 600×300×12×20 | 151 | 193 | 24.8 | 6.85 | 118000 | 9020 | 4020 | 601 |
| 500×300×11×18 | 129 | 164 | 20.8 | 7.03 | 71400 | 8120 | 2930 | 541 |
| 400×400×13×21 | 172 | 220 | 17.5 | 10.2 | 66900 | 22400 | 3340 | 1120 |

表 6-2　常见钢管支撑参数

| 尺寸 $D \times t$/mm | 单位质量 $g$/(kg/m) | 断截面 $A$/cm² | 回转半径 $f_x$/cm | 惯性矩 $I_x$/cm⁴ |
|---|---|---|---|---|
| 609×16 | 234 | 298 | 21 | 131117 |
| 609×12 | 177 | 225 | 21 | 100309 |
| 580×16 | 223 | 283 | 20 | 112815 |

(2) 混凝土支撑

现浇混凝土支撑由于其刚度大、整体性好，可以采取灵活的布置方式适应于不同形状的基坑，而且不会因节点松动而引起基坑位移，施工质量相对容易得到保证，所以使用面也较广。但是混凝土支撑在现场需要较长的制作和养护时间，制作后不能立即发挥支撑作用，需要达到一定的强度后，才能进行下土方作业，施工周期相对较长。同时，混凝土支撑采用爆破方法拆除时，对周围环境（包括震动、噪声和城市交通等）也有一定的影响，爆破后的清理工作量也很大，支撑材料不能重复利用。因此，提高混凝土的早期强度，提高材料的经济性，研究和采用装配式预应力混凝土支撑结构是今后值得研究的课题。

(3) 钢-混凝土支撑

采用钢-混凝土支撑可有效避免二者单独采用时的缺点，特别是地铁深基坑工程施工中，通常采用第一道钢筋混凝土支撑，其余各道为钢管支撑的方式。常见混凝土支撑与钢支撑配合如图 6-3 所示。

图 6-3 常见混凝土支撑与钢支撑配合

## 6.2 支撑结构的施工及拆除

支撑结构由于涉及基坑安全，施工应严格遵循有关规范，应强化规范意识，虽然内支撑结构最终要拆除掉，但不能将支撑结构看作是临时支撑，从而降低对其重视程度。

### 6.2.1 支撑施工原则

无论何种支撑，其总体施工原则都是相同的，土方开挖的顺序、方法必须与设计工况一致，并遵循"先撑后挖、限时支撑、分层开挖、严禁超挖"的原则进行施工，尽量减小基坑无支撑曝露的时间和空间。同时应根据基坑工程等级、支撑形式、场内条件等因素，确定基坑开挖的分区及其顺序。宜先开挖周边环境要求较低的一侧土方，并及时设置支撑。环境要求较高一侧的土方开挖，宜采用抽条对称开挖、限时完成支撑或垫层的方式。

基坑开挖应按支护结构设计、降排水要求等确定开挖方案，开挖过程中应分段、分层、随挖随撑、按规定时限完成支撑的施工，做好基坑排水，减少基坑曝露时间。基坑开挖过程中，应采取措施防止碰撞支护结构、工程桩或扰动原状土。支撑拆除的过程时，必须遵循"先换撑、后拆除"的原则进行施工。

### 6.2.2 钢筋混凝土支撑施工及拆除

钢筋混凝土支撑应首先进行施工分区和流程划分，支撑的分区一般结合土方开挖方案，按照盆式开挖、"分区、分块、对称"的原则确定，随着土方开挖的进度及时跟进支撑的施工，尽可能减少围护体侧开挖段无支撑曝露的时间，以控制基坑工程的变形和稳定性。钢筋混凝土支撑的施工由多项分部工程组成，根据施工的先后顺序，一般可分为施工测量、钢筋工程、模板工程以及混凝土工程。

(1) 施工测量

施工测量的工作内容主要有平面坐标系内轴线控制网的布设和场区高程控制网的布设。平面坐标系内轴线控制网应按照"先整体、后局部""高精度控制低精度"的原则进行布设。根据城市规划部门提供的坐标控制点，经复核检查后，利用全站仪进行平面轴线的布设。在不受施工干扰且通视良好的位置设置轴线的控制点,同时做好显著标记。在施工全过程中,对控制点妥善保护。根据施工需要,依据主轴线进行轴线加密和细部放线,形成平面控制网。施工过程中定期复查控制网的轴线,确保测量精度。支撑的水平轴线偏差控制在 30mm 之内。

场区高程控制网的布设应根据城市规划部门提供的高程控制点,用精密水准仪进行闭合检查,布设一套高程控制网。场区内至少引测三个水准点,并根据实际需要另外增加,以此测设出建筑物高程控制网。支撑系统中心标高误差控制在 30mm 之内。

(2) 钢筋工程

钢筋工程的重点是粗钢筋的定位和连接以及钢筋的下料、绑扎,以确保钢筋工程质量满足相关规范要求。

① 钢筋的进场及检验　钢筋进场必须附有出厂证明(试验报告)、钢筋标志,并根据相应检验规范分批进行见证取样和检验。钢筋进场时分类码放,做好标识,存放钢筋场地要平整,并设有排水坡度。堆放时,钢筋下面要垫设木枋或砖砌垫层,钢筋离地面高度不宜少于 20cm,以防钢筋锈蚀和被污染。

② 钢筋加工制作　受力钢筋加工应平直、无弯曲,否则应进行调直。各种钢筋弯钩部分弯曲直径、弯折角度、平直段长度应符合设计和规范要求。箍筋加工应方正,不得有平行四边形箍筋,截面尺寸要标准,这样有利于钢筋的整体性和刚度,不易发生变形。钢筋加工要注意首件半成品的质量检查,确认合格后方可批量加工。批量加工的钢筋半成品经检查验收合格后,按照规格、品种及使用部位,分类堆放。

③ 钢筋的连接　支撑及腰梁内纵向钢筋接长根据设计及规范要求,可以采用直螺纹套筒连接、焊接连接或者绑扎连接,钢筋的连接接头应设置在受力较小的位置,一般为跨度的 1/3 处,位于同一连接区段内纵向受拉钢筋接头数量不大于 50%。

钢筋绑扎在支撑底部垫层完成后开始,钢筋的绑扎按规范进行,对支撑与腰梁、支撑与支撑、支撑与立柱之间节点的钢筋绑扎应引起充分注意:由于在节点上的钢筋较密,钢筋的均匀摆放、穿筋合理安排将对施工质量和进度有较大的影响。在施工过程中,如第一道支撑梁钢筋与钢格构柱缀板相遇穿不过去时,在征得设计方同意的情况下,缀板采用氧气乙炔焰切割,开孔面积不能大于缀板面积的 30%;如支撑梁钢筋与钢格构柱角钢相遇穿不过去时,将支撑梁钢筋在遇角钢处断开,采用同直径帮条钢筋同时与角钢和支撑梁钢筋焊接,焊接满足相关规范要求。第二道支撑施工时,由于钢立柱已经处于受力状态,其角钢和缀板不能割除,对于第二道支撑在实际施工中钢筋穿越难度较大的节点,应及时与设计方联系,协商确定处理措施,通常采用的措施为钢筋遇角钢处断开并采用同直径帮条钢筋与角钢和支撑梁焊接。

④ 钢筋的质量检查　钢筋工程属于隐蔽工程,在浇筑混凝土前应对钢筋进行验收,及时办理隐蔽工程记录。钢筋加工均在现场加工成型,钢筋工程的重点是粗钢筋的定位和连接以及钢筋的下料、绑扎,以上工序均应严格按照相关规范要求进行施工。钢筋绑扎、安装完毕后,应进行自检,重点检查以下几方面:

a. 根据设计图纸检查钢筋的型号、直径、根数、间距是否正确。

b. 检查钢筋接头的位置及搭接长度是否符合规范规定。

c. 检查混凝土保护层厚度是否符合设计要求。

d. 钢筋绑扎是否牢固,有无松动变形现象。

e. 钢筋表面不允许有油渍、漆污。

f. 临时支撑钢筋的保护层厚度为 30mm,梁底钢筋保护层采用 20mm 厚水泥砂浆垫层。

钢筋位置的允许偏差详见表6-3。

表6-3 钢筋位置允许偏差

| 项次 | 项目 | | 允许偏差/mm | 检验方法 |
|---|---|---|---|---|
| 1 | 网眼尺寸 | 绑扎 | ±20 | 尺量连续三挡取最大值 |
| 2 | 骨架宽度、高度 | | ±5 | 尺量检查 |
| 3 | 骨架长度 | | ±10 | |
| 4 | 箍筋、构造筋间距 | 绑扎 | ±20 | 尺量连续三挡取最大值 |
| 5 | 受力钢筋 | 间距 | ±10 | 尺量两端中间各一点取最大值 |
| | | 排距 | ±5 | |
| 6 | 钢筋弯起点位移 | | 20 | |
| 7 | 受力钢筋保护层 | 梁 | ±5 | 尺量检查 |
| | | 板 | ±3 | |

(3) 模板工程

模板工程的目标为支撑混凝土表面颜色基本一致，无蜂窝麻面、露筋、夹渣、锈斑和明显气泡存在；结构阳角部位无缺棱掉角，梁柱、墙梁的接头平滑方正，模板拼缝基本无明显痕迹；表面平整，线条顺直，几何尺寸准确，外观尺寸允许偏差在规范允许范围内。

钢筋混凝土支撑底模一般采用土模法施工，即在挖好的原状土面上浇捣10cm左右素混凝土垫层。垫层施工应紧跟挖土进行，及时分段铺设，其宽度为支撑宽度两边各加200mm。为避免支撑钢筋混凝土与垫层黏在一起，造成施工时清除困难，在垫层面上用油毛毡做隔离层。隔离层采用一层油毛毡，宽度与支撑宽等同。油毛毡铺设尽量减少接缝，接缝处应用胶带纸满贴紧，以防止漏浆。冠梁、腰梁以及支撑的模板典型做法如图6-4、图6-5所示。

① 冠梁模板 将围护体顶凿至设计标高，即可作为第一道支撑压顶圈梁底模，梁底采用30mm厚水泥砂浆垫层，在垫层上面涂刷脱模剂。

② 腰梁模板 第二道及第二道支撑以下的腰梁底模采用30mm厚水泥砂浆垫层，在垫层上面涂刷脱模剂，侧模一边利用围护体、另一边支木模板加固，同时为了保证腰梁与围护体紧密接触，避免腰梁与围护体之间存在空隙，将腰梁与围护体接触部分混凝土表面凿毛清理干净后，再进行腰梁施工，以便保证腰梁与围护体连成整体。

③ 支撑模板 支撑梁底模采用30mm厚水泥砂浆垫层，在垫层上面涂刷脱模剂。

④ 栈桥区域梁板模板 栈桥区域土体应挖至梁底标高处，梁板模采用木胶合板，模板拼缝应严密，防止漏浆。所有木枋施工前均双面压刨平整以保证梁板及柱墙的平整度，要求所有木枋找平后方可铺设胶合板，以确保顶板模板平整。梁需用对拉螺杆加固；次梁安装应等主梁模板安装并校正后进行；模板安装后要拉中线进行检查，复核各梁模中心位置是否对正；待平板模安装后，检查并调整标高。栈桥区域平台板和梁的模板施工支撑体系采用普通扣件式钢管脚手架满堂架的形式，在基层土壤上铺4m×0.3m×0.05m木跳板作为钢管脚手架支撑的基础垫层。栈桥梁板模板施工详图如图6-6所示。

⑤ 模板体系的拆除 模板拆除时间以同条件养护试块达到强度的时间为准。模板拆除注意事项：

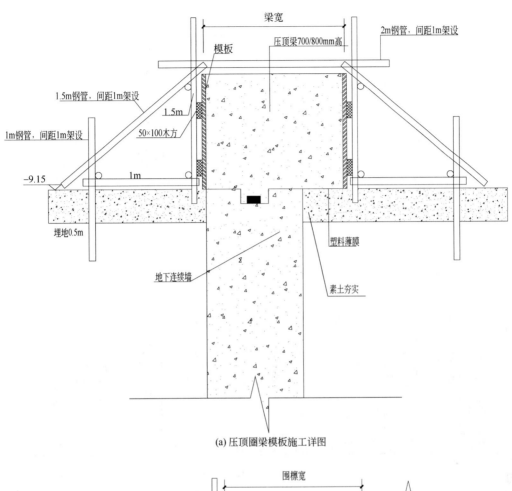

(a) 压顶圈梁模板施工详图

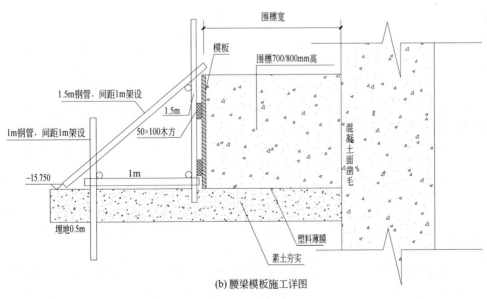

(b) 腰梁模板施工详图

图 6-4 冠梁与腰梁连接示意

学习情境 6 支撑系统与土方开挖施工

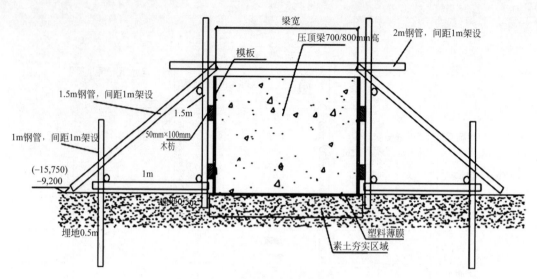

图 6-5 支撑模板施工详图

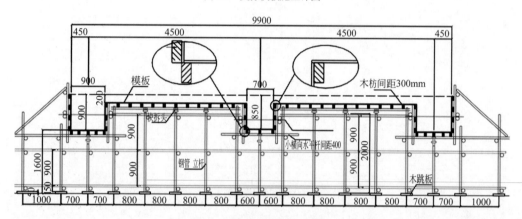

图 6-6 栈桥梁板模板施工详图

a. 在土方开挖时，必须清理掉支撑底模，防止底模附着在支撑上，在以后施工过程中坠落。特别是在大型钢筋混凝土支撑节点处，若不清理干净，附着的底模可能比较大，极易形成安全隐患。

b. 拆模时不要用力太猛，如发现有影响结构安全问题时，应立即停止拆除，经处理或采取有效措施后方可继续拆除。

c. 拆模时严禁使用大锤，应使用撬棍等工具。模板拆除时，不得随意乱放，防止模板变形或受损。

(4) 混凝土工程

钢筋混凝土支撑的混凝土工程施工目标为确保混凝土质量优良，确保混凝土的设计强度，特别是控制混凝土有害裂缝的发生。确保混凝土密实、表面平整，线条顺直，几何尺寸准确，色泽一致，无明显气泡，模板拼缝痕迹整齐且有规律性，结构阴阳角方正顺直。

① 技术要求 坍落度方面：混凝土采用输送泵浇筑的方式，其坍落度要求入泵时最高不超过20cm，最低不小于16cm；确保混凝土浇筑时的坍落度能够满足施工生产需要，保证混凝土供应质量。

和易性方面：为了保证混凝土在浇筑过程中不离析，在搅拌时，要求混凝土要有足够的黏聚性，要求在泵送过程中不泌水、不离析，保证混凝土的稳定性和可泵性。

初、终凝时间要求：为了保证各个部位混凝土的连续浇筑，要求混凝土的初凝时间保证在 7~8h；为了保证后道工序的及时跟进，要求混凝土终凝时间控制在 12h 以内。

② 混凝土输送管布置原则　根据工程和现场平面布置的特点，按照混凝土浇筑方案划分的浇筑工作面和连续浇筑的混凝土量大小、浇筑的方向及混凝土输送方向进行管道布置。管道布置在保证安全施工，装拆维修方便，便于管道清洗、故障排除、布料的前提下，尽量缩短管线的长度，少用弯管和软管。

在输送管道中应采用同一内径的管道，输送管接头应严密，有足够强度，并能快速拆装。在管线中，高度磨损、有裂痕、有局部凹凸或弯折损伤的管段不得使用。当在同一管线中有新、旧管段同时使用时，应将新管布置于泵前的管路开始区、垂直管段、弯管前段、管道终端接软管处等压力较大的部位。

管道各部分必须保证固定牢固，不得直接支承在钢筋、模板及预埋件上。水平管线必须每隔一定距离用支架、垫木、吊架等加以固定，固定管件的支承物必须与管卡保持一定距离，以使排除堵管、装拆清洗管道。垂直管宜在结构的柱或板上的预留孔上固定。

③ 混凝土浇筑　钢筋混凝土支撑采用商品混凝土泵送浇捣，泵送前应在输送管内用适量的与支撑混凝土成分相同的水泥浆或水泥砂浆润滑内壁，以保证泵送顺利进行。混凝土浇捣采用分层滚浆法浇捣，防止漏振和过振，确保混凝土密实。混凝土必须保证连续供应，避免出现施工冷缝。混凝土浇捣完毕，用木泥板抹平、收光，在终凝后及时铺上草包或者塑料薄膜覆盖，防止水分蒸发而导致混凝土表面开裂。

④ 施工缝处理　当前基坑工程的规模呈愈大愈深的趋势，单根支撑杆件的长度甚至达到了 200m 以上，混凝土浇筑后会产生压缩变形、收缩变形、温度变形及徐变变形等效应，在超长钢筋混凝土支撑中的副作用非常明显。为减少这些效应的影响必须分段浇筑施工。

支撑分段施工时设置的施工缝处必须待已浇筑混凝土的抗压强度不小于 1.2MPa 时，才允许继续浇筑。在继续浇筑混凝土前，施工缝混凝土表面要剔毛，剔除浮动石子，用水冲洗干净并充分润湿，然后刷素水泥浆一道，下料时要避免靠近缝边，机械振捣点距缝边 30cm，缝边人工插捣，使新旧混凝土结合密实。

临时支撑结构与围护体等连接部位都要按照施工缝处理的要求进行清理；剔凿连接部位混凝土结构的表面，露出新鲜、坚实的混凝土；剥出、扳直和校正预埋的连接钢筋。需要埋设止水条的连接部位，还须在连接面表面干燥时，用钢钉固定延期膨胀型止水条。冠梁上部需通长埋设刚性止水片，在混凝土浇筑前应做好预埋工作，保证止水钢板埋设深度和位置的准确性。在浇筑混凝土前要冲洗混凝土接合面，使其保持清洁、润湿，即可进行混凝土浇筑。

⑤ 混凝土养护　支撑梁、栈桥上表面采用覆盖薄膜进行养护，侧面在模板拆模后采用浇水养护，一般养护时间不少于 7d。

(5) 支撑拆除

① 钢筋混凝土支撑拆除要点　钢筋混凝土支撑拆除时，应严格按设计工况进行支撑拆除，遵循先换撑、后拆除的原则。采用爆破法拆除作业时应遵守当地政府的相关规定。

内支撑拆除要点主要包括如下内容：

a. 内支撑拆除应遵照当地政府的有关规定，考虑现场周边环境特点，按先置换后拆除的原则制订详细的操作条例，认真执行，避免出现事故。

b. 内支撑相应层的主体结构达到规定的强度等级，并可承受该层内支撑的内力时，按规定的换撑方式将支护结构的支撑荷载传递到主体结构后，方可拆除该层内支撑。

c. 内支撑拆除应小心操作，不得损伤主体结构。在拆除下层内支撑时，支撑立柱及支护结构在一定时期内还处于工作状态，必须小心断开支撑与立柱、支撑与支护桩的节点，使其不受损伤。

d. 最后拆除支撑立柱时，必须作好立柱穿越底板位置的加强防水处理。

e. 在拆除每层内支撑的前后必须加强对周围环境的监测，出现异常情况立即停止拆除并立即采取措施，确保换撑安全、可靠。

② 钢筋混凝土支撑拆除方法　目前钢筋混凝土支撑拆除方法一般有人工拆除法、静态膨胀剂拆除法和爆破拆除法。以下为三种拆除方法的简要说明。

人工拆除法，即组织一定数量的工人，用大锤和风镐等机械设备人工拆除支撑梁。该方法的优点在于施工方法简单、所需的机械和设备简单、容易组织。缺点是由于需人工操作，施工效率低，工期长；施工安全性较差；施工时，锤击与风镐噪声大、粉尘较多，对周围环境有一定污染。

静态膨胀剂拆除法，即在支撑梁上按设计孔网尺寸钻孔眼，钻孔后灌入膨胀剂，数小时后利用其膨胀力，将混凝土胀裂，再用风镐将胀裂的混凝土清掉。该方法的优点在于施工方法较简单；而且混凝土胀裂是一个相对缓慢的过程，整个过程无粉尘，噪声小，无飞石。其缺点是要钻的孔眼数量多；装膨胀剂时，不能直视钻孔，否则产生喷孔现象易使眼睛受伤，甚至致盲；膨胀剂膨胀产生的胀力小于钢筋的拉应力，胀力可使混凝土胀裂，但拉不断钢筋，要进一步破碎较困难，还需用风镐处理，工作量大；施工成本相对较高。

爆破拆除法，即在支撑梁上按设计孔网尺寸预留炮眼，装入炸药和毫秒电雷管，起爆后将支撑梁拆除。该方法的优点在于施工的技术含量较高；爆破率效率较高，工期短；施工安全；成本适中，造价介于上述二者之间。其缺点是爆破时产生爆破振动和爆破飞石，爆破时会产生声响，对周围环境有一定程度的影响。

上述三种支撑拆除方法中，爆破拆除法由于其经济性适中而且施工速度快、效率高以及爆破之后后续工作相对简单的特点，近年来得到了广泛的应用。

## 6.2.3　钢支撑施工及拆除

钢支撑架设和拆除速度快、架设完毕后不需等待即可直接开挖下层土方，而且支撑材料可重复循环使用，对降低基坑工程造价和加快工期具有显著优势，适用于开挖深度一般、平面形状规则、狭长形的基坑工程中。但与钢筋混凝土结构支撑相比，变形较大，且由于圆钢管和型钢的承载能力不如钢筋混凝土结构支撑的承载能力大，因而支撑水平向的间距不能很大，相对来说机械挖土不太方便。在大城市建筑物密集地区开挖深基坑，支护结构多以变形控制为主，在减小变形方面钢结构支撑不如钢筋混凝土结构支撑，如能根据变形发展，分阶段多次施加预应力，亦能控制变形量。钢支撑施工如图 6-7 所示。

钢支撑体系施工时，根据围护挡墙结构形式及基坑挖土的施工方法不同，围护挡墙上的围檩形式也有所区别。一般情况下采用钻孔灌注桩、SMW 工法桩、钢板桩等围护挡墙时，必须设置围檩，一般首道支撑设置钢筋混凝土围檩、下道支撑设置型钢围檩。混凝土围檩刚度大，承载能力高，可增大支撑的间距；钢围檩施工方便。钢围檩与挡墙间的空隙，宜用细石混凝土填实。围檩实物如图 6-8 所示。

图 6-7 钢支撑施工

(a) 混凝土围檩　　　　　　　　　　　　(b) 型钢围檩

图 6-8 围檩实物

当采用地下连续墙作为围护挡墙时，根据基坑的形状及开挖工况不同，可以设置围檩、也可以不设置围檩。当设置围檩体系时，可采用钢筋混凝土或钢围檩。无围檩体系一般用在地铁车站等狭长形基坑中，钢支撑与围护挡墙间常采用直接连接，地墙的平面布置为对称布置，一般情况下一幅地墙设置两根钢支撑。图 6-9 为上海市某地铁车站局部钢支撑平面布置图，图中每幅地墙设置两根钢支撑、端部采用角撑部位设置预埋件与钢支撑连接。

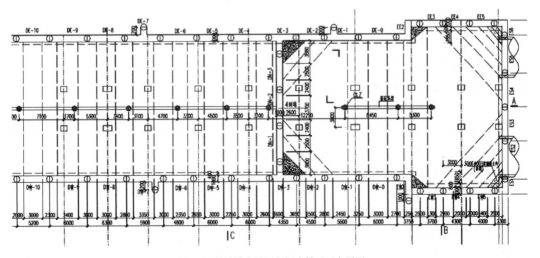

图 6-9 某地铁车站局部钢支撑平面布置图

学习情境 6　支撑系统与土方开挖施工　　171

无围檩支撑体系施工过程时,应注意当支撑与围护挡墙垂直时支撑与挡墙可直接连接,无须设置预埋件,当支撑与围护挡墙斜交时,应在地墙施工时设置预埋件,用于支撑与挡墙间连接。无围檩体系的支撑施工应注意基坑开挖发生变形后,常产生松弛现象,易导致坠落。

目前常用解决方法有两种:

① 凿开围檩处围护墙体钢筋,将支撑与围护墙体钢筋连接;

② 围护墙体设置钢牛腿,支撑搁置在牛腿上。

无围檩支撑如图 6-10 所示。

图 6-10　无围檩支撑

钢支撑的施工根据流程安排一般可分为测量定位、起吊、安装、施加预应力以及拆撑等施工步骤及质量控制,以下分别对各个施工步骤及质量控制进行说明。

(1) 测量定位

钢支撑施工之前应做好测量定位工作,测量定位工作基本上与混凝土支撑的施工相一致,包含平面坐标系内轴线控制网的布设和场区高程控制网的布设两个大方面。

钢支撑定位必须精确控制其平直度,以保证钢支撑能轴心受压,一般要求在钢支撑安装时采用测量仪器(卷尺、水准仪、塔尺等)进行精确定位。安装之前应在围护体上标好控制点,然后分别向围护体上的支撑埋件上引测,将钢支撑的安装高度、水平位置分别认真用红漆标出。

(2) 钢支撑的吊装

从受力可靠角度考虑,纵横向钢支撑一般不采用重叠连接,而采用平面刚度较大的同一标高连接,以下针对后者对钢支撑的起吊施工进行说明。

第一层钢支撑的起吊与第二及以下层支撑的起吊作业有所不同,第一层钢支撑施工时,空间上无遮拦相对有利,如支撑长度一般时,可将某一方向(纵向或者横向)的支撑在基坑外按设计长度拼接形成整体,其后 1~2 台吊车采用多点起吊的方式将支撑吊运至设计位置和标高,进行某一方向的整体安装。但另一方向的支撑需根据支撑的跨度进行分节吊装,分节吊装至设计位置之后,再采用螺栓连接或者焊接连接等方式与先行安装好的另一方向的支撑连接成整体。

第二及以下层钢支撑在施工时,由于已经形成第一道支撑系统,已无条件将某一方向的支撑在基坑外拼接成整体之后再吊装至设计位置。因此当钢支撑长度较长,需采用多节钢支撑拼接时,应按"先中间后两头"的原则进行吊装,并尽快将各节支撑连起来,法兰盘的螺栓必须拧紧,快速形成支撑。对于长度较小的斜撑在就位前,钢支撑先在地面预拼装到设计长度,再拼装连接。支撑钢管与钢管之间通过法兰盘以及螺栓连接。当支撑长度不够时,应加工饼状连接管,严禁在活络端处放置过多的塞铁,影响支撑的稳定。

(3) 施加预应力

钢支撑安放到位后,吊机将液压千斤顶放入活络端顶压位置,接通油管后开泵,按设计要求逐级施加预应力。预应力施加到位后,再固定活络端并烧焊牢固,防止支撑预应力损失后钢锲块掉落伤人。预应力施加应在每根支撑安装完以后立即进行。支撑施加预应力时,由于支撑长度较长,有的支撑施加预应力很大,安装的误差难以保证支撑完全平直,所以施加预应力的时候为了确保支撑的安全性,预应力应分阶段施加。支撑上的法兰螺栓全部要求拧到拧不动为止。

支撑应力复加应以监测数据检查为主,以人工检查为辅(监测数据检查的目的是控制在支撑每一单位控制范围内的支撑轴力)。其复加位置应主要针对正在施加预应力的支撑之上的一道支撑及曝露时间过长的支撑。复加应力时应注意每一幅连续墙上的支撑应同时复加,复加应力的值应控制在预加应力值的110%之内,防止单组支撑复加应力影响到其周边支撑。

采用钢支撑施工基坑时,最大问题是支撑预应力损失,特别是深基坑工程采用多道钢支撑作为基坑支护结构时,钢支撑预应力往往容易损失,对在周边环境施工要求较高的地区施工、变形控制的深基坑很不利。

造成支撑预应力损失的原因很多,一般有以下几点:①施工工期较长,钢支撑的活络端松动;②钢支撑安装过程中钢管间连接不精密;③基坑围护体系变形;④下道支撑预应力施加时,基坑可能产生向坑外的反向变形,造成上道钢支撑预应力损失;⑤换撑过程中应力重分布。

因此在基坑施工过程中,应加强对钢支撑应力的检查,并采取有效的措施,对支撑进行预应力复加。预应力复加通常按预应力施加的方式,通过在活络头子上使用液压油泵进行顶升,采用支撑轴力施加的方式进行复加,施工时极其不方便,往往难以实现动态复加。实践中也可设置专用预应力复加装置,一般有螺杆式及液压式两种动态轴力复加装置。采用专用预应力复加装置后,可以实现对钢支撑动态监控及动态复加预应力,确保了支撑受力及基坑的安全性。

对支撑的平直度、连接螺栓松紧、法兰盘的连接、支撑牛腿的焊接支撑等进行一次全面检查。确保钢支撑各节接管螺栓紧固、无松动且焊缝饱满。

(4) 钢支撑施工质量控制

① 钢立柱开挖出来后,用水准仪根据设计标高来画线焊接托架。

② 基坑周围堆载控制在 $20kPa/m^2$ 以下。

③ 做好技术复核及隐蔽验收工作,未经质量验收合格,不得进行下道工序施工。

④ 电焊工均持证上岗,确保焊缝质量达到设计及国家规范要求,焊缝质量由专人检查。

⑤ 法兰盘在连接前要进行整形,不得使用变形法兰盘,螺栓连接控制紧固力矩,严禁接头松动。

⑥ 每天派专人对支撑进行 1~2 次检查,以防支撑松动。

⑦ 钢支撑工程质量检验标准为:支撑位置标高允许偏差 30mm;平面允许偏差 100mm;预加应力允许偏差±50kN;立柱位置标高允许偏差 30mm;平面允许偏差 50mm。

(5) 拆撑

按照设计的施工流程拆除基坑内的钢支撑。支撑拆除前,先解除预应力。

## 6.2.4 支撑立柱的施工

内支撑体系的钢立柱目前用得最多的形式为角钢格构柱,即每根柱由四根等边角钢组成柱的四个主肢，四个主肢间用缀板或者缀条进行连接，共同构成钢格构柱。

钢格构柱一般均在工厂进行制作，考虑到运输条件的限制，一般均分段制作，单段长度一般最长不超过15m，运至现场之后再组成整体进行吊装。钢格构柱现场安装一般采用"地面拼接、整体吊装"的施工方法，首先将工厂里制作好运至现场的分段钢立柱在地面拼接成整体，其后根据单根钢立柱的长度采用两台或多台吊车抬吊的方式将钢格构柱吊装至安装孔口上方，调整钢格构柱的转向满足设计要求之后，和钢筋笼连接成一体后就位，调整垂直度和标高，固定后进行立柱桩混凝土的浇筑施工。

钢格构柱作为基坑支护施工阶段的重要的竖向受力支承结构，其垂直度至关重要，将直接影响钢立柱的竖向承载力，因此施工时必须采取措施控制其各项指标的偏差度在设计要求的范围之内。钢格构柱垂直度的控制首先应特别注意提高立柱桩的施工精度，立柱桩根据不同的种类，需要采用专门的定位措施或定位器械，其次钢立柱的施工必须采用专门的定位调垂设备对其进行定位和调垂。目前，钢立柱的调垂方法基本分为气囊法、机械调垂法和导向套筒法三大类。其中机械调垂法是几种调垂方法中最经济实用的，因此大量应用于内支撑体系中的钢立柱施工中，当钢立柱沉放至设计标高后，在钻孔灌注桩孔口位置设置H型钢支架，在支架的每个面设置两套调节丝杆，一套用于调节钢格构柱的垂直度，另一套用于调节钢格构柱轴线位置，同时对钢格构柱进行固定。

具体操作流程为：钢格构柱吊装就位后，将斜向调节丝杆和钢柱连接，调整钢格构柱安装标高在误差范围内，然后调整支架上的水平调节丝杆，调整钢柱轴线位置，使钢格构柱四个面的轴向中心线对准地面（或支撑架H型钢上表面）测放好的柱轴线，使其符合设计及规范要求，将水平调节丝杆拧紧。调整斜向调节丝杆，用经纬仪测量钢柱的垂直度，使钢立柱柱顶四个面的中心线对准地面测放出的柱轴线，控制其垂直度偏差在设计要求范围内。

## 6.3 土方施工

对于大型深基坑来说，土方工程量较大，各种施工机械相互配合，组织管理难度较大。应对常见土方施工的施工机械有所了解，并深入理解土方施工过程中施工组织管理的相应理念是如何体现的。

### 6.3.1 土方施工机械

常用土方施工机械主要可分为前期场地平整压实机械、土方挖掘机械、土方装运机械、土方回填压实机械等四类。这些机械有国外进口的，也有国产的。场地平整压实机械主要有推土机、压路机等；土方挖掘机械主要有反铲挖掘机、抓铲挖掘机等；土方装运机械主要有自卸式运输车等；土方回填压实机械主要有推土机、压路机和夯实机等。

(1) 反铲挖掘机

① 反铲挖掘机选型　反铲挖掘机（图6-11）是应用最为广泛的土方挖掘机械，具有操作灵活、回转速度快等特点。近年来反铲挖掘机市场飞速发展，挖掘机的生产向大型化、微型化、多功能化、专用化的方向发展。基坑土方开挖可根据实际需要，选择普通挖掘深度的挖掘机，也可以选择较大挖掘深度的接长臂、加长臂或伸缩臂挖掘机等。反铲挖掘机的主要参数有整机

质量、外形尺寸、标准斗容量、行走速度、回转速度、最大挖掘半径、最大挖掘深度、最大挖掘高度、最大卸载高度、最小回转半径、尾部回转半径等。

图 6-11 反铲挖掘机

反铲挖掘机的选型应根据基坑土质条件、平面形状、开挖深度、挖土方法、施工进度等情况，结合挖掘机作业方法等进行选型；在实际应用中，应根据生产厂家挖掘机产品的规格型号和技术参数，并结合施工单位的施工经验进行选型。

② 反铲挖掘机作业方法　反铲挖掘机每一挖掘作业循环包括挖掘、回转、卸土和返回等四个过程。反铲挖掘机停在土方作业面上，挖掘时将铲斗向前伸出，动臂带着铲斗落在挖掘处，铲斗向着挖掘机方向转动，挖出一条弧形挖掘带，此时铲斗装满土方，然后铲斗连同动臂一起升起，上部转台带动铲斗及动臂回转到卸土处，铲斗向前伸出，斗口朝下进行卸土，卸土后将动臂及铲斗回转并下放至挖掘处，准备下一循环的挖掘作业。

③ 反铲挖掘机单机挖土方法　反铲挖掘机单机挖土方法可分为坑内单机挖土、坑边定点单机挖土、坑边栈桥平台定点单机挖土、坑内栈桥平台或栈桥道路定点单机挖土等形式。挖土是动态的过程，定点挖土是相对的，挖掘机定点开挖范围内的土方挖土结束后，即可根据实际情况移至另一定点进行土方开挖。单机挖土是对一条作业线路而言，同一基坑可能有多条作业线路在进行单机挖土。

坑内单机挖土应根据挖掘机的工作半径、开挖深度，选择从基坑的一端挖至另一端，见图 6-12。挖土过程中应注意保持挖掘机及土方运输车辆所在土层的稳定，防止基坑边坡失稳。

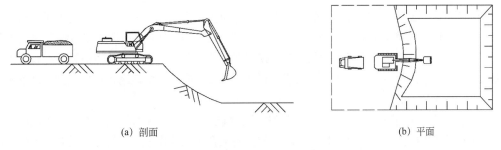

(a) 剖面　　　　　　　　　　　　(b) 平面

图 6-12 反铲挖掘机坑内单机挖土方法

坑边定点单机挖土（图6-13）应根据坑边土方运输车辆道路情况，结合挖掘机的工作半径、开挖深度，选择坑边挖掘机定点位置进行挖土，此时动臂及铲斗回转90°即可进行卸土。坑边挖掘方法的循环时间较短，挖土效率高，挖掘机始终沿基坑边作业和移动。该种挖土方式在支护设计时应考虑挖土机械及运输车辆在坑边的荷载。

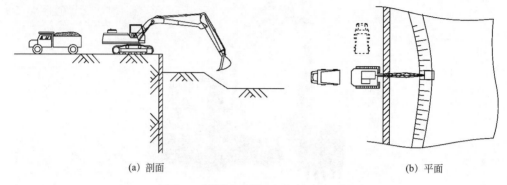

(a) 剖面　　　　　　　　　　　(b) 平面

图6-13　反铲挖掘机坑边定点单机挖土方法

坑边栈桥平台定点单机挖土与坑边定点单机挖土基本相似。该方式适用于坑边施工道路宽度较小无法满足土方运输车辆行走，或挖掘机需要加大挖土作业范围的情况。栈桥平台的大小应能满足挖掘机停放，也可根据挖掘机和土方运输车辆同时停放的要求设计栈桥平台。机械停放应能够满足栈桥平台设计荷载的要求。坑边栈桥平台定点单机挖土方法见图6-14。

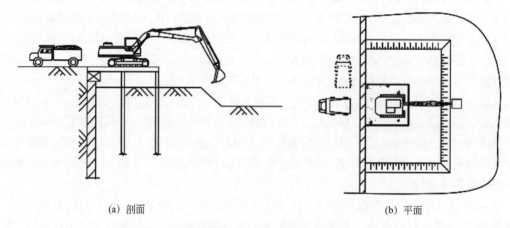

(a) 剖面　　　　　　　　　　　(b) 平面

图6-14　反铲挖掘机坑边栈桥平台定点单机挖土方法

坑内栈桥平台或栈桥道路定点单机挖土应根据坑内栈桥道路情况，结合挖掘机的工作半径、开挖深度，选择坑内栈桥道路或栈桥平台定点位置进行挖土。该方式既适用于场地狭小需在坑内设置栈桥道路的基坑，也适用于基坑面积较大需在坑内设置栈桥道路或栈桥平台的基坑。若栈桥道路有足够的宽度，挖掘机可直接停在栈桥道路上作业；若栈桥道路宽度较小无法满足土方运输车辆行走，可在栈桥道路边设置栈桥平台。坑内栈桥道路和栈桥平台定点单机挖土方法如图6-15所示。

④ 反铲挖掘机多机挖土方法　反铲挖掘机多机挖土方法可分为基坑内不分层多机挖土、基坑内分层多机挖土、基坑定点挖土与坑中挖掘机配合挖土等形式。多机挖土是对一条作业线路而言，同一基坑可能有多条作业线路在进行多机挖土。基坑内不分层多机挖土方法较为简单，

其中一台挖掘机负责挖掘土方，其他的挖掘机对挖掘出来的土方进行水平驳运，输送至土方运输车辆停放位置。不分层开挖的基坑应根据挖掘机作业半径、坑内土层、基坑大小、运输车辆停放位置等确定多机挖土的方法，如图 6-16 所示。

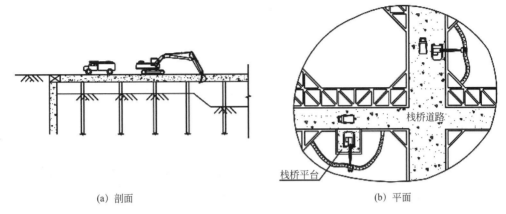

(a) 剖面　　　　　　　　　　　　　　(b) 平面

图 6-15　反铲挖掘机坑内栈桥道路和栈桥平台定点单机挖土方法

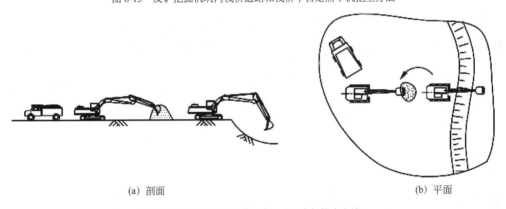

(a) 剖面　　　　　　　　　　　　　　(b) 平面

图 6-16　反铲挖掘机基坑内不分层多机挖土方法

基坑内分层多机挖土，一般采用接力挖土的方式。该方式可实现多层土方流水作业，即可由一台挖掘机负责下层土方的挖掘并卸至放坡平台，通过停放在上层的挖掘机将放坡平台的卸土以及上层挖掘的土方直接卸料至土方运输车辆（图 6-17）；也可由一台挖掘机负责下层土方的挖掘并卸至放坡平台，通过停放在上层的挖掘机将放坡平台的卸土以及上层挖掘的土方卸料至坡顶，再由另一台停放在上层的挖掘机将坡顶土方卸至土方运输车辆，形成三机接力挖土（图 6-18）。分层接力开挖过程中形成的临时多级边坡应验算稳定性，确保施工过程安全。

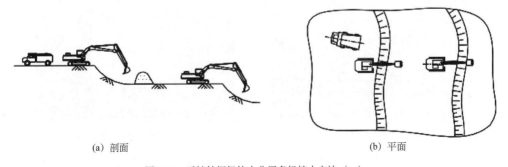

(a) 剖面　　　　　　　　　　　　　　(b) 平面

图 6-17　反铲挖掘机坑内分层多机挖土方法（一）

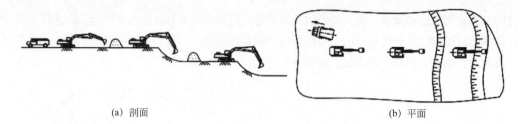

(a) 剖面　　　　　　　　　　　　(b) 平面

图 6-18　反铲挖掘机坑内分层多机挖土方法（二）

基坑定点挖土与坑内挖掘机配合挖土（图 6-19）适用于开挖较深、面积较大的基坑。这种方法是基坑土方工程中应用最为广泛的方法之一，为大型基坑工程所普遍采用。基坑定点挖土可参考坑边定点单机挖土、坑边栈桥平台定点单机挖土、坑内栈桥平台或栈桥道路定点单机挖土等方法进行。基坑内挖掘机挖土可参考单机挖土、不分层多机挖土、分层多机挖土等方法进行。该方法一般采用中小型挖掘机进行土方开挖，同时由其他的挖掘机在坑内进行水平驳运，并由停放在基坑边或基坑内的定点挖掘机将土方卸料至运输车辆外运。

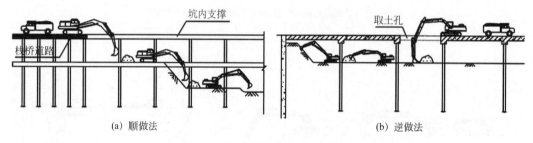

(a) 顺做法　　　　　　　　　　　　(b) 逆做法

图 6-19　基坑定点挖土与坑内挖掘机配合挖土方法

(2) 抓铲挖掘机

① 抓铲挖掘机的选型　抓铲挖掘机是基坑土方工程中常用的挖掘机械，主要用于基坑定点挖土。对于开挖深度较大的基坑，抓铲挖掘机定点挖土比反铲挖掘机定点挖土适用性更强。抓铲挖掘机分为钢丝绳索抓铲挖掘机和液压抓铲挖掘机，液压抓铲挖掘机的抓取力要比钢丝绳索抓铲挖掘机抓力大，但挖掘深度较钢丝绳索抓铲挖掘机小，为增大挖掘深度可根据需要设置加长臂。抓铲挖掘机的主要参数有整机质量、外形尺寸、抓斗容量、回转速度、最大及最小回转半径、最大挖掘深度、最大卸载高度、提升速度、尾部回转半径等。不同抓铲挖掘机类型如图 6-20 所示。

(a) 钢丝绳索抓铲挖掘机　　　　　　　　　　　　(b) 液压抓铲挖掘机

图 6-20　抓铲挖掘机类型

抓铲挖掘机的选型应根据基坑土质条件、支护形式、开挖深度、挖土方法等情况，结合挖掘机作业方法进行选型；施工单位应根据生产厂家挖掘机产品的规格型号和技术参数，结合施工需要进行选型。

② 抓铲挖掘机作业方法 抓铲挖掘机每一挖掘作业循环包括挖掘、回转、卸土和返回等四个过程。钢丝绳索抓铲挖掘机停在土方开挖面以上，挖掘时将抓斗伸向挖掘区域上方，钢丝绳索带着活瓣抓斗落在挖掘处，利用抓斗重力切土，收紧抓斗装满土方，钢丝绳提升抓斗至卸土高度，然后上部转台带动抓斗及动臂回转到卸土处，活瓣抓斗松开卸土，卸土后将动臂及抓斗回转并下放至挖掘处，准备下一循环的挖掘作业。液压抓铲挖掘机的土方挖掘方式与钢丝绳索抓铲挖掘机类同，其回转方式与反铲挖掘机相似。

③ 抓铲挖掘机单机挖土方法 抓铲挖掘机坑内单机挖土一般适用于面积较小、开挖深度较浅的基坑工程。开挖时应综合考虑各种因素，从基坑的一端挖至另一端。单机挖土是对一个作业点而言，同一基坑可能有多个作业点在进行单机挖土。

④ 抓铲挖掘机单机定点挖土方法 抓铲挖掘机单机定点挖土可分为坑边定点单机挖土（图6-21）、坑边栈桥平台定点单机挖土、坑内栈桥平台或栈桥道路定点单机挖土等方式。单机定点挖土是对一个作业点而言，同一基坑可能有多个作业点在进行单机定点挖土。抓铲挖掘机单机定点挖土一般适用于开挖深度较大或取土位置受到一定限制的基坑工程。抓铲挖掘机单机定点挖土方式的选择与反铲挖掘机单机定点挖土方式的选择基本相同，可参照反铲挖掘机相关内容。

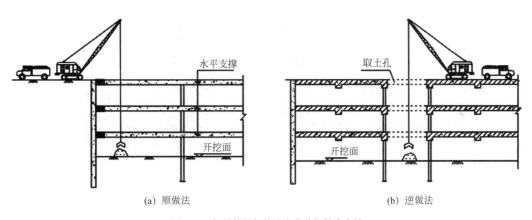

图6-21 抓铲挖掘机坑边定点单机挖土方法

⑤ 抓铲挖掘机定点挖土与坑中反铲挖掘机配合挖土方法 抓铲挖掘机定点挖土与坑中反铲挖掘机配合挖土一般适用于深度和面积较大的基坑工程。这种方法是基坑土方工程中应用最为广泛的方法之一，为超大超深基坑工程所普遍采用。抓铲挖掘机定点挖土与坑中反铲挖掘机配合挖土是对一条作业线路而言，同一基坑可能有多条作业线路在进行挖土。

在基坑土方工程施工中，抓铲挖掘机可根据基坑平面形状、支护设计形式、开挖深度等选择合适的定点开挖位置，如基坑边、坑边栈桥平台、坑内栈桥平台或栈桥道路等。应根据抓铲挖掘机定点位置，确定坑内反铲挖掘机合理的挖土分区。坑内各分区的土方开挖可参照反铲挖掘机的单机或多机挖土方法，通过单机或多机配合将坑内土方挖运或驳运至抓铲挖掘机定点作业范围，然后由抓铲挖掘机将土方卸料至运输车辆外运，如图6-22所示。

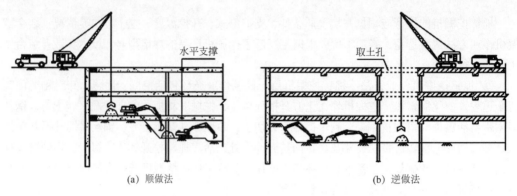

图 6-22 抓铲挖掘机坑边定点挖土与坑中反铲挖掘机配合挖土方法

(3) 自卸式运输车

① 自卸式运输车的选型 自卸式运输车可分为轻型自卸式运输车、中型自卸式运输车和重型自卸式运输车。由于基坑工程具有土方量大、运距远等特点，基坑土方工程运输车辆一般采用重型自卸式运输车。许多城市为了保护环境，减少污染，要求土方运输车辆安装密封盖等防护措施。自卸式运输车的主要技术参数包括自重量、载重量、外形尺寸、行走速度、爬坡能力、最小转弯半径、最小离地间隙、车厢满载举升和降落时间、车厢最大举升角度等，自卸式运输车如图 6-23 所示。

图 6-23 自卸式运输车

自卸式运输车的选型应根据施工道路条件、土方量、运输距离、挖土方法等情况，结合自卸式运输车的自身性能参数和适用范围进行选型。各生产厂家产品的技术性能和规格型号略有不同，实际应用中可结合施工条件进行选型。

② 自卸式运输车作业方法 自卸式运输车的作业方法较为简单，自卸式运输车一般行驶至挖掘机的侧方或后方停靠，装满土方后进行土方外运，外运至卸土点后，液压系统顶升土方箱体进行卸土，卸土后箱体复位，完成一次土方运输过程。

③ 自卸式运输车与挖掘机械配合施工方法 自卸式运输车的作业需与挖掘机械作业配合施工，运输车可根据挖掘机停放位置，选择合适的方式停在挖掘机旁，如基坑边、基坑内、基坑边栈桥平台、基坑内栈桥平台、基坑内栈桥道路等位置，由挖掘机直接将土方卸至自卸式运输车外运。自卸式运输车在挖掘机后方装土时，挖掘机取土后需要回转的角度大，循环消耗的时间多，效率较侧向装土低。

自卸式运输车停放和行驶区域的承载力应满足车辆的作业要求；自卸式运输车应与挖掘机保持安全距离，避免挖掘机作业时与之碰撞。

(4) 推土机

① 推土机的选型　推土机一般可分为履带式推土机和轮胎式推土机，基坑工程中一般采用履带式推土机。履带式推土机是一种在履带机械前端设置推土刀的自行式铲土运输机械，具有作业面小、机动灵活、行驶速度快、转移土方和短距离运输土方效率高等特点。按功率大小可分为轻型、中型及大型。推土机主要的参数有整机重量、外形尺寸、行走速度、挂铲宽度、挂铲高度、刮板抬升角度、铲刀提升高度、最大推挖深度等。推土机如图6-24所示。

图6-24　推土机实物图

推土机在基坑工程中应用较广，一般用于基坑场地平整、浅基坑开挖、土方回填、土方短距离驳运等施工作业。推土机的选型应根据工程场地情况、土质情况、运输距离，结合推土机自身性能参数和适用范围进行选型。

② 推土机作业方法　推土作业的方法较为简单，主要是依靠前端的推土装置，通过动力完成铲土、推土，进行场地平整、基坑回填等作业。

③ 推土机与其他机械配合施工　推土机可单独施工，也可与其他土方机械配合进行施工。根据其不同的使用功能，推土机可与挖掘机、压实机械等配合施工。推土机进行场地平整施工时，应先由挖掘机将高差较大的区域进行挖掘处理，然后由推土机实施场地平整和压实。推土机进行基坑回填施工时，运输车辆首先将土方卸至需回土的基坑边，推土机按照分层厚度要求进行回填，然后由压实机械进行压实作业。

压路机（图6-25）的选型应根据被压场地情况、质量控制要求、铺层厚度，结合压路机本身性能参数和适用范围进行选型。压路机的作业方法较为简单，主要是依靠压路机的自身重量，通过分层来回碾压土体实施土体压实的作业。压路机一般可与挖掘机、推土机等配合施工。压路机在压实土体前，一般由挖掘机或推土机完成场地平整或土方回填作业，然后由压路机实施土体压实作业。

(5) 夯实机

① 夯实机的选型　夯实机（图6-26）分为冲击、振动、振动冲击等形式。夯实机的工作原理是利用夯本身的重量、夯的冲击运动或振动，对被压实土体实施动压力，以提高土体密实度、强度和承载力。夯实机具有轻便灵活的特点，特别适用于基坑回填的分层压实作业。夯实机的主要参数包括整机质量、夯板面积、夯机能量、夯击次数、夯头跳高、前进速度等。

图 6-25 压路机实物

(a) 冲击式夯实机　　　　　(b) 振动式夯实机　　　　(c) 振动冲击式夯实机

图 6-26 夯实机

夯实机应根据被压场地条件、压实位置、质量控制要求,结合夯实机本身性能参数和适用范围进行选型。

② 夯实机的作业方法　夯实机作业方法较为简单,主要是依靠夯实机振动或冲击产生的压力,实施土体压实的作业。夯实机在作业时,一般可由人工进行基坑回填土,然后根据分层厚度要求用夯实机进行分层夯实作业。

③ 夯实机与其他机械的配合施工　夯实机一般可与挖掘机、推土机、压路机等配合施工。夯实机在基坑回填压实作业时,一般由挖掘机、推土机进行分层回填,然后由夯实机进行土方分层压实施工;对于压路机无法行走的区域,可与夯实机配合完成边角区域土体的压实施工。

## 6.3.2 土方开挖原则及方法

(1) 土方开挖原则

按照基坑支护设计的不同,基坑土方开挖可分为无内支撑基坑开挖和有内支撑基坑开挖。无内支撑基坑是指在基坑开挖深度范围内不设置内部支撑的基坑,包括采用放坡开挖的基坑,采用水泥土重力式围护墙、土钉支护、土层锚杆支护、钢板桩拉锚支护、板式悬臂支护的基坑。有内支撑基坑是指在基坑开挖深度范围内设置一道及以上内部临时支撑或以水平结构代替内部临时支撑的基坑。

按照基坑挖土方法的不同,基坑土方开挖可分为明挖法和暗挖法。无内支撑基坑开挖一般采用明挖法；有内支撑基坑开挖一般有明挖法、暗挖法、明挖法与暗挖法相结合等三种方法。基坑内部有临时支撑或水平结构梁代替临时支撑的土方开挖一般采用明挖法；基坑内部有水平结构梁板代替临时支撑的土方开挖一般采用暗挖法，盖挖法施工工艺中的土方开挖属于暗挖法的一种形式；明挖法与暗挖法相结合是指在基坑内部部分区域采用明挖和部分区域采用暗挖的一种挖土方式。

基坑开挖前应根据工程地质与水文地质资料、结构和支护设计文件、环境保护要求、施工场地条件、基坑平面形状、基坑开挖深度等，遵循"分层、分段、分块、对称、平衡、限时"和"先撑后挖、限时支撑、严禁超挖"的原则编制土方开挖施工方案。土方开挖施工方案应履行审批手续，并按照有关规定进行专家评审论证。

基坑工程中坑内栈桥道路和栈桥平台应根据施工要求以及荷载情况进行专项设计，施工过程中应严格按照设计要求对施工栈桥的荷载进行控制。挖土机械的停放和行走路线布置、挖土顺序、土方驳运、材料堆放等应避免引起对工程桩、支护结构、降水设施、监测设施和周围环境的不利影响，施工时应按照设计要求控制基坑周边区域的堆载。

基坑开挖过程中，支护结构应达到设计要求的强度，挖土施工工况应满足设计要求。采用钢筋混凝土支撑或以水平结构代替内支撑时，混凝土达到设计要求的强度后，才能进行下层土方的开挖。采用钢支撑时，钢支撑施工完毕并施加预应力后，才能进行下层土方的开挖。基坑开挖应采用分层开挖或台阶式开挖的方式，软土地区分层厚度一般不大于4m，分层坡度不应大于1∶1.5。基坑挖土机械及土方运输车辆直接进入坑内进行施工作业时，应采取措施保证坡道稳定。坡道宽度应能保证车辆正常行驶，软土地区坡道坡度不应大于1∶8。

机械挖土应挖至坑底以上20～30cm，余下土方应采用人工修底方式挖除，以减少对坑底土方的扰动。机械挖土过程中应有防止工程桩侧向受力的措施，坑底以上工程桩应根据分层挖土过程分段凿除。基坑开挖至设计标高应及时进行垫层施工。电梯井、集水井等局部深坑的开挖，应根据深坑现场实际情况合理确定开挖顺序和方法。

基坑开挖应对支护结构和周边环境进行动态监测，实行信息化施工。

(2) 无内支撑的基坑土方开挖

场地条件允许时，可采用放坡开挖方式。为确保基坑施工安全，一级放坡开挖的基坑，应按照要求验算边坡稳定性，开挖深度一般不超过4.0m；多级放坡开挖的基坑，应同时验算各级边坡的稳定性和多级边坡的整体稳定性，开挖深度一般不超过7.0m。采用一级或多级放坡开挖时，放坡坡度一般不大于1∶1.5；采用多级放坡时，放坡平台宽度应严格控制，不得小于1.5m，在正常情况下放坡平台宽度一般不应小于3.0m。

放坡坡脚位于地下水位以下时，应采取降水或止水的措施。放坡坡顶、放坡平台和放坡坡脚位置应采取集水明排措施，保证排水系统畅通。基坑土质较差或施工周期较长时，放坡面及放坡平台表面应采取护坡措施。护坡可采用钢丝网水泥砂浆、钢丝网细石混凝土、钢丝网喷射混凝土等方式。

采用土钉支护或土层锚杆支护的基坑，应保证成孔施工的工作面宽度，其开挖应与土钉或土层锚杆施工相协调，开挖和支护施工应交替作业。对于面积较大的基坑，可采取岛式开挖的方式，先挖除距基坑边8～10m的土方，中部岛状土体应满足边坡稳定性要求。基坑边土方开挖应分层分段进行，每层开挖深度在满足土钉或土层锚杆施工工作面要求的前提下，应尽量减小，每层分段长度一般不大于30m。每层每段开挖后应限时进行土钉或土层锚杆施工。

采用水泥土重力式围护墙或板式悬臂支护的基坑，基坑总体开挖方案可根据基坑大小、环境条件，采用分层、分块的开挖方式。对于面积较大的基坑，基坑中部土方应先行开挖，然后再挖基坑周边的土方。

采用钢板桩拉锚支护的基坑，应先开挖基坑边 2~3m 的土方进行拉锚施工，大面积开挖应在拉锚支护施工完毕且预应力施加符合设计要求后方可进行，大面积基坑开挖应遵循分层、分块开挖原则。

(3) 有内支撑的基坑土方开挖

有内支撑的基坑开挖方法和顺序应尽量减少基坑无支撑曝露时间。应先开挖周边环境要求较低一侧的土方，再开挖环境要求较高一侧的土方，应根据基坑平面特点采用分块、对称开挖的方法，限时完成支撑或垫层。基坑开挖面积较大的工程，可根据周边环境、支撑形式等因素，采用岛式开挖、盆式开挖、分层分块开挖的方式。

岛式开挖的基坑，中部岛状土体高度不大于 4.0m 时，可采用一级边坡；中部岛状土体高度大于 4.0m 时，可采用二级边坡，但岛状土体高度一般不大于 9.0m。一级边坡应验算边坡稳定性，二级边坡应同时验算各级边坡的稳定性和整体边坡的稳定性。

盆式开挖的基坑，盆边宽度不应小于 8.0m；盆边与盆底高差不大于 4.0m 时，可采用一级边坡；盆边与盆底高差大于 4.0m 时，可采用二级边坡，但盆边与盆底高差一般不大于 7.0m。

对于长度和宽度较大的基坑可采用分层分块土方开挖方法。分层的原则是每施工一道支撑后再开挖下一层土方，第一层土方的开挖深度一般为地面至第一道支撑底，中间各层土方开挖深度一般为相邻两道支撑的竖向间距，最后一层土方开挖深度应为最下一道支撑底至坑底。分块的原则是根据基坑平面形状、基坑支撑布置等情况，按照基坑变形和周边环境控制要求，将基坑划分为若干个边部分块和中部分块，并确定各分块的开挖顺序，通常情况下应先开挖中部分块再开挖边部分块。

狭长形基坑，如地铁车站等明挖基坑工程，应根据狭长形基坑的特点，选择合适的斜面分层分段挖土方法。采用斜面分层分段挖土方法时，一般以支撑竖向间距作为分层厚度，斜面可采用分段多级边坡的方法，多级边坡间应设置安全加宽平台，加宽平台之间的土方边坡一般不应超过二级，各级土方边坡坡度一般不应大于 1∶1.5，斜面总坡度不应大于 1∶3。

(4) 基坑不同边界条件下土方分层开挖方法

① 基坑放坡土方开挖方法

a. 全深度范围一级放坡基坑土方开挖。当场地允许并能保证土坡稳定时，可采用放坡开挖。由于地域的不同，放坡开挖的要求差异较大，如上海地区规定一级放坡基坑开挖深度不应大于 4.0m。放坡开挖边坡坡度应根据地质水文资料、边坡留置时间、坡顶堆载等情况经过验算确定，各地区应根据相关规定确定放坡开挖允许的深度和坡度。当土质条件良好、地下水位较低时，基坑开挖坡面可不进行护坡处理；当基坑边坡裸露时间较长、地下水位较高，为防止边坡受雨水冲刷和地下水侵入，可采取必要的护坡措施。护坡可采用钢丝网水泥砂浆、钢丝网细石混凝土、钢丝网喷射混凝土、土体加固等方式。

地质条件较好、开挖深度较浅，可采取竖向一次性开挖的方法。地质条件较差、开挖深度较大或挖掘机性能受到限制，可采取分层开挖的方法。全深度范围一级放坡基坑土方开挖方法（图 6-27）可应用于明挖法施工工程。

b. 全深度范围多级放坡基坑土方开挖。当场地允许并能保证土坡稳定时，较深的基坑可采用多级放坡开挖。由于地域的不同，多级放坡开挖的要求差异较大，如上海地区规定多级放坡基坑开挖深度不应大于 7.0m。各级边坡的稳定性和多级边坡的整体稳定性应根据地质水文资料、边坡留置时间、坡顶荷载等情况经过验算确定。采用多级放坡的基坑一般应采取护坡措施，护坡可采用钢丝网水泥砂浆、钢丝网细石混凝土、钢丝网喷射混凝土、土体加固等方式。

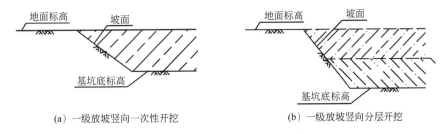

图 6-27 一级放坡基坑土方开挖方法

地质条件较好、每级边坡深度较浅，可以按每级边坡高度为分层厚度进行分层开挖。地质条件较差、各级边坡深度较大或挖掘机性能受到限制，各级边坡也可采取分层开挖的方法。全深度范围多级放坡基坑土方开挖方法（图 6-28）可应用于明挖法施工工程。

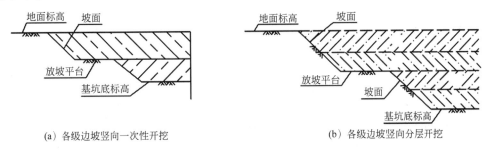

图 6-28 多级放坡基坑土方开挖方法

② 有围护的基坑土方开挖方法

a. 全深度范围有围护无内支撑的基坑土方开挖。有围护无内支撑的基坑一般包括采用土钉支护、复合土钉支护、土层锚杆支护、板式悬臂围护墙、水泥土重力式围护墙、钢板桩拉锚支护的基坑。全深度范围有围护无内支撑的基坑土方开挖方法可应用于明挖法施工工程。

采用土钉支护、复合土钉支护、土层锚杆支护的基坑边界的开挖，应采用分层开挖的方法（图 6-29）并与支护施工交替进行。每层土方开挖深度一般为土钉或锚杆的竖向间距，按照开挖一层土方施工一排土钉或锚杆的原则进行施工。若土层锚杆竖向间距较大，则上下道锚杆之间的土方应进行分层开挖。土方开挖应与支护施工密切配合，必须在土钉或锚杆支护完成并养护达到设计要求后方可开挖下一层土方。

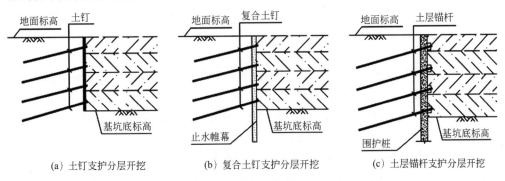

图 6-29 土钉支护、复合土钉支护、土层锚杆支护基坑边界分层土方开挖方法

学习情境 6 支撑系统与土方开挖施工

板式悬臂围护墙和水泥土重力式围护墙基坑边界的开挖，应根据地质情况、开挖深度、周边环境、坑边堆载控制要求、挖掘机性能等确定分层开挖方法。若基坑开挖深度较浅，且周边环境条件较好，可采取竖向一次性开挖的方法，以板式悬臂围护墙为例，其典型开挖方法如图 6-30（a）。上海地区采用竖向一次性开挖的基坑，其开挖深度一般不超过 4.0m。若基坑开挖深度较深，或周边环境保护要求较高，基坑边界的开挖可采取竖向分层开挖的方法，以水泥土重力式围护墙为例，其典型开挖方法如图 6-30（b）。

（a）板式悬臂支护竖向一次性开挖　（b）水泥土重力式围护墙竖向分层开挖

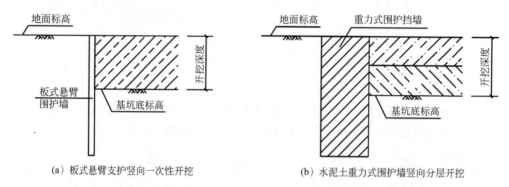

图 6-30　板式悬臂围护墙和水泥土重力式围护墙基坑边界土方开挖方法

钢板桩拉锚支护基坑边界的开挖，应采取分层开挖的方式。第一层土方应首先开挖至拉锚围檩底部 200～300mm，拉锚支护形成并按设计要求施加预应力后，下层土方方可进行开挖，其典型开挖方法如图 6-31。

图 6-31　钢板桩拉锚支护基坑边界分层土方开挖方法

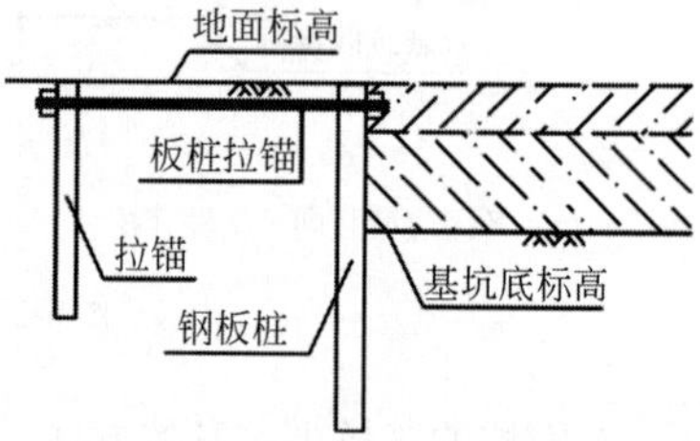

对于有些有围护无内支撑的基坑工程，由于受现场条件限制或支护工程的特殊需要，可在竖向采用组合的支护方式。竖向组合的支护方式可在土钉支护、复合土钉支护、土层锚杆支护、板式悬臂围护墙、水泥土重力式围护墙、钢板桩拉锚支护等形式中选择，其土方分层开挖的方法可参照各支护形式加以确定。

b．全深度范围有围护有内支撑的基坑土方开挖。内支撑体系可分为有围檩支撑体系和无围檩支撑体系。有围檩支撑体系可采用钢管支撑、型钢支撑、钢筋混凝土支撑；无围檩支撑体系可采用钢管支撑、型钢支撑；圆形围檩属于一种特殊的内支撑体系。利用水平结构代替临时内支撑的基坑也属于全深度范围有内支撑基坑的一种形式，包括利用水平结构梁或水平结构梁板代替临时支撑的形式。全深度范围有内支撑的基坑土方开挖方法可应用于明挖法或暗挖法施工工程。

对于采用顺做法施工的有内支撑的基坑，其边界应采用分层开挖的方式，分层的原则是每施工一道支撑后再开挖下一层土方。第一层土方的开挖深度一般为地面至第一道支撑底，中间各层土方开挖深度一般为相邻两道支撑的竖向间距，最后一层土方开挖深度应为最下一道支撑底至坑底。顺做法施工的有内支撑基坑边界的土方分层开挖方法如图 6-32（a）。

对于采用逆做法施工的基坑，其边界亦采用分层开挖的方式。分层的原则与顺做法相似，其分层开挖方法如图 6-32（b）。因为代替临时支撑的水平结构是永久结构，所以应根据结构施工要求，采用相应的模板施工方案，一般可采用胶合板木模、组合钢模、泥底模等形式。采用胶合板木模形式对结构施工质量有保证，采用泥底模形式对结构质量难以控制，泥底模一般在特殊情况下采用。采用胶合板木模形式，常用的支撑形式是短排架支模方式，所以土方分层厚度尚应考虑短排架支模的空间要求，分层挖土深度应距结构底标高一定距离。

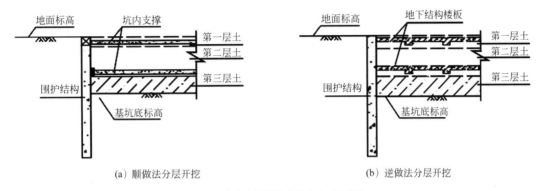

图 6-32　有内支撑基坑边界土方开挖方法

对于有些有内支撑的基坑工程，由于受现场条件限制或支护工程的特殊需要，可在竖向上采用顺做法与逆做法组合的方式，也可采用有围护无内支撑与有围护有内支撑的支护方式在竖向上进行组合的方式，其土方分层开挖的方法可参照各围护和支撑形式下的土方开挖方法选择。

③ 放坡与围护相结合的基坑土方开挖方法

a. 上段一级放坡下段有围护无内支撑的基坑土方开挖。为了节约建设成本和缩短建设工期，对于地质条件和周边环境条件较好、开挖深度相对较浅，且具有放坡场地的基坑，可采用上段一级放坡下段有围护无内支撑的边界形式。上段一级放坡下段有围护无内支撑的基坑是一级放坡与有围护无内支撑支护形式在竖向上的组合。下段有围护无内支撑支护一般包括土钉支护 [图 6-33 (a)]、土层锚杆支护、水泥土重力式围护墙 [图 6-33 (b)]、板式悬臂围护墙等形式。上段一级放坡下段有围护无内支撑的基坑土方开挖方法可应用于明挖法施工工程。

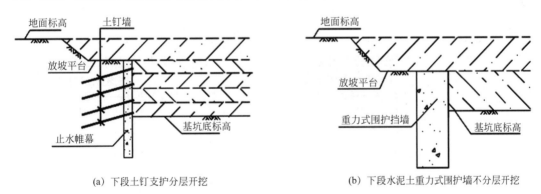

图 6-33　上段一级放坡下段有围护无内支撑基坑边界分层土方开挖方法

b. 上段一级放坡下段有围护有内支撑的基坑土方开挖。上段一级放坡下段有围护有内支撑或以水平结构代替内支撑的基坑是一级放坡与有围护有内支撑支护形式在竖向上的组合，这种形式基坑边界的开挖应采取分层方式。上段一级放坡下段有内支撑的基坑土方开挖方法 (图 6-34) 可应用于明挖法或暗挖法施工工程。

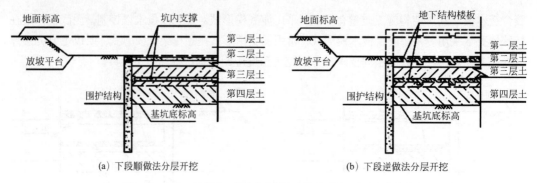

图 6-34 上段一级放坡下段有内支撑的基坑边界分层土方开挖方法

c. 上段多级放坡下段有围护无内支撑的基坑土方开挖。当采用上段多级放坡下段有围护无内支撑的基坑开挖时，应采用的方法如图 6-35 所示。

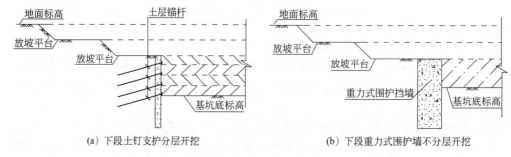

图 6-35 上段多级放坡下段有围护无内支撑的基坑边界土方开挖方法

④ 上段多级放坡下段有围护有内支撑的基坑土方开挖　上段多级放坡、下段有围护有内支撑或以水平结构代替内支撑的基坑是多级放坡与有围护有内支撑支护形式在竖向上的组合，这种形式的基坑边界的开挖应采取分层方式，如图 6-36 所示。

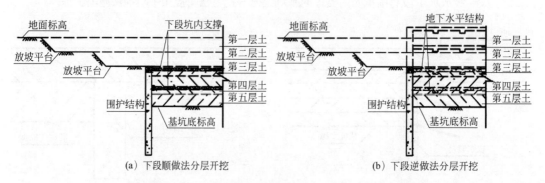

图 6-36 上段多级放坡下段有内支撑的基坑边界分层土方开挖方法

基坑的平面形状存在多样性，但无论是哪一种形状的基坑，其边界面一般为具有一定长度和高度的直面或曲面。按照对称、平衡、限时的挖土原则，针对边界形式、开挖深度、周边环境等情况，根据基坑边界直面或曲面的长短应选定不同的分层分段挖土方法。本节所述的基坑边界面不同长度条件下的土方分层分段开挖方法，可通过基坑平面范围内土方分层分块开挖在基坑纵向边界面上的表现特征体现。通过基坑平面分层分块开挖控制基坑变形，减小对周边环境影响的开挖方法,在施工中已被广泛应用。

(5) 基坑边界面分段土方开挖方法

对于基坑边界面纵向长度较大的基坑,为了较好地控制基坑变形,可采取边界面分段的开挖方法。基坑边界面分段开挖方法,包括分层和不分层两种形式。基坑开挖过程中,根据分段开挖方式确定合理的开挖顺序,可对周边环境保护起到明显的效果。

① 全深度范围内基坑边界面不分层分段土方开挖  全深度范围内基坑边界面不分层分段开挖方法,一般适用于面积较大、开挖对周边环境可能产生不利影响的基坑。基坑边界面不分层分段开挖方法可适用于一级放坡开挖的基坑、水泥土重力式围护墙的基坑、板式悬臂围护墙的基坑。为了减小基坑边界面的变形,基坑边界面上可分若干段先后进行开挖。以水泥土重力式围护墙基坑分三段开挖为例,可先开挖两侧土方,再开挖中部土方。基坑边界面不分层分段开挖方法可应用于明挖法施工工程。

② 全深度范围内基坑边界面分层分段土方开挖  全深度范围内基坑边界面分层分段开挖方法,一般适用于面积较大、开挖较深、周边环境复杂,或开挖对周边环境可能造成影响的基坑。边界面分层分段开挖一般应综合考虑工程特点、施工工艺、环境要求等因素,结合土方工程实际确定具体的挖土施工方案。基坑边界面分层分段开挖方法适用于放坡基坑的土方开挖、有围护基坑的土方开挖、放坡与围护相结合基坑的土方开挖。土钉支护或土层锚杆支护基坑、有内支撑的狭长形基坑、有内支撑的分块开挖基坑最为典型。基坑边界面分层分段开挖方法可应用于明挖法或暗挖法施工工程。

a. 土钉支护或土层锚杆支护基坑边界面分层分段土方开挖。对于土钉支护或土层锚杆支护形式的基坑,基坑边界面分段长度一般控制在20~30m。

b. 有内支撑的狭长形基坑边界面分层分段土方开挖。地铁车站等狭长形基坑一般采用板式支护结合内支撑的形式,地铁车站一般处于城市中心区域,且开挖深度较大,基坑变形控制和周边环境保护要求很高。对于各道支撑均采用钢支撑的狭长形基坑,可采用斜面分层分段开挖的方法,见图6-37。每小段长度一般按照1~2个同层水平支撑间距确定,约为3~8m,每层厚度一般按支撑竖向间距确定,约为3~4m,每小段开挖和支撑形成时间均有较为严格的限制,一般为12~36h。

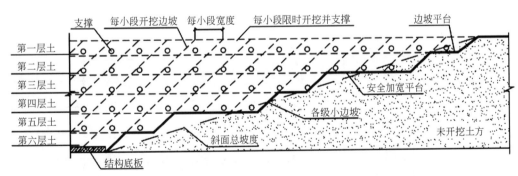

图6-37 各道支撑均采用钢支撑的狭长形基坑边界面斜面分层分段土方开挖方法

工程实践证明,各级土方边坡坡度一般不应大于1:1.5,各级平台宽度一般大于3.0m;边坡间应根据实际情况设置加宽平台,加宽平台间的边坡不应超过二级,宽度一般不应小于9.0m。为保证斜面分层分段形成的多级边坡稳定,除按照上述边坡构造要求设置外,尚应对各级小边坡、各阶段形成的多级边坡以及纵向总边坡的稳定性进行验算。采用斜面分层分段开挖至坑底时，应按照设计或基础底板施工缝设置要求，及时进行垫层和基础底板的施工，基础底板分段浇筑的长度一般控制在25m左右，在基础底板形成以后，方可继续开挖。

当周边环境复杂，为控制基坑变形，狭长形基坑的第一道支撑采用钢筋混凝土支撑、其余支撑采用钢支撑的形式，在软土地区被广泛应用，实践证明采用这种方式对基坑整体稳定是行之有效的。对于第一道钢筋混凝土支撑底部以上的土方，可采取不分段连续开挖的方法，待钢筋混凝土支撑强度达到设计要求后再开挖下层土方。对于第一道钢筋混凝土支撑底部以下土方，应采取斜面分层分段开挖的方法，见图6-38，其施工参数可参照各道支撑均采用钢支撑的狭长形基坑的分层分段开挖方法。

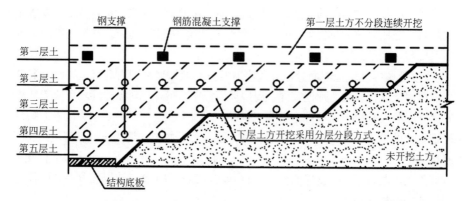

图6-38 第一道支撑以下采用钢支撑的狭长形基坑边界面斜面分层分段土方开挖方法

当周边环境复杂，或地铁车站相邻区域有同时施工的基坑等情况，为更有效地控制基坑变形，也可采用钢支撑与钢筋混凝土支撑交替设置的形式（图6-39与图6-40），如第一道和第五道支撑采用钢筋混凝土支撑，其余支撑采用钢支撑的形式。基坑全深度范围的土方开挖可分为三个阶段，第一阶段先开挖第一道钢筋混凝土支撑底部以上的土方，可采取不分段连续开挖的方法，待钢筋混凝土支撑强度达到设计要求后再开挖下层土方；第二阶段开挖第一道支撑底部至第五道支撑底部之间的土方，采用斜面分层分段开挖的方法，待第五道钢筋混凝土支撑强度达到设计要求后再开挖下层土方；第三阶段开挖第五道钢筋混凝土支撑底部以下的土方，采用斜面分层分段开挖的方法。

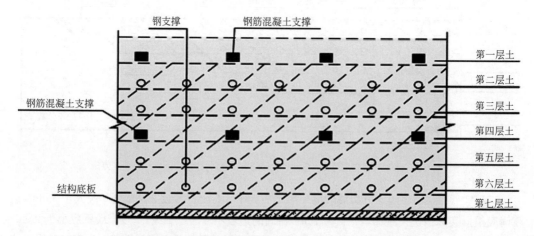

图6-39 钢支撑与混凝土支撑交替设置的狭长形基坑边界面分层分段土方开挖方法（一）

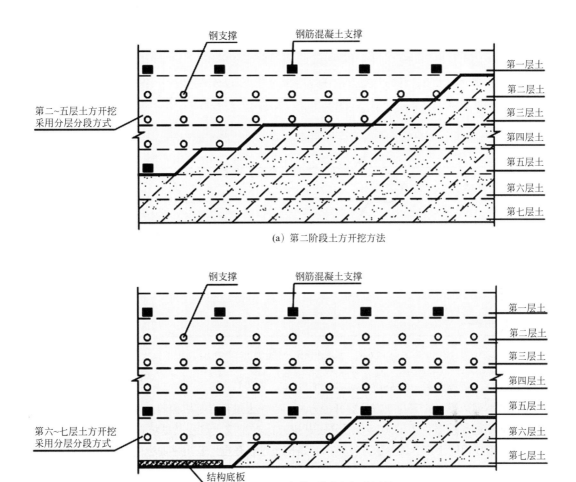

图 6-40 钢支撑与混凝土支撑交替设置的狭长形基坑边界面分层分段土方开挖方法（二）

狭长形基坑在平面上可采取从一端向另一端开挖的方式，也可采取从中间向两端开挖的方式（图 6-41）。从中间向两端开挖方式一般适用于长度较长的基坑，或为加快施工速度而增加挖土工作面的基坑。分层分段开挖方法可根据支撑形式合理确定，以第一道为钢筋混凝土支撑，其余各道为钢支撑的狭长形基坑为例。

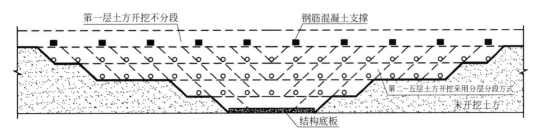

图 6-41 从中间向两端开挖的狭长形基坑边界面斜面分层分段土方开挖方法

c. 有内支撑的分块开挖基坑边界面分层分段土方开挖方法。对于长度和宽度均较大的有内支撑的基坑,如果基坑中部区域有对撑系统,为了控制基坑变形或便于均衡流水施工,应采取平面分块依次开挖的方法,可先开挖中部区域有对撑系统的土方,在中部对撑系统形成后,再开挖其余部分的土方,这种开挖方法在边界面的表现即为分层分段开挖的形式。以全深度范围有二道钢筋混凝土支撑的基坑(图6-42)为例,分层分段开挖顺序按图示编号进行。

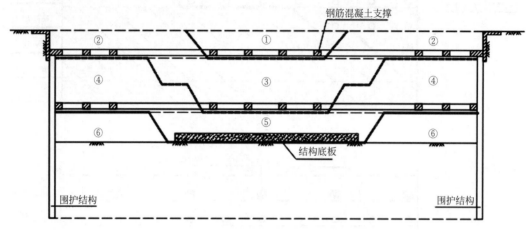

图6-42 基坑边界面分层分段土方开挖方法

(6) 基坑边界内的土方分层分块开挖方法

基坑不同边界形式下的土方分层开挖方法,是挖土过程在基坑边界剖面上的具体表现;基坑边界面不同长度条件下的土方分层分段开挖方法,是挖土过程在基坑边界纵向面的具体表现;基坑边界内的土方分层分块开挖方法,是挖土过程在整个基坑平面上的具体表现。通过这三种开挖方式的叙述,可以全面了解基坑开挖的基本规律。

基坑变形与基坑开挖深度、开挖时间长短关系密切。相同的基坑和相同的支护设计采用的开挖方法和开挖顺序不同,相同的开挖方法和开挖顺序而开挖时间长短不同,都将对基坑变形产生不同程度的影响,有时候基坑变形的差异会很大。大量工程实践证明,合理确定每个开挖空间的大小、开挖空间相对的位置关系、开挖空间的先后施工顺序,严格控制每个开挖步骤的时间,减少无支撑曝露时间,是控制基坑变形和保护周边环境的有效手段。

对基坑边界内的土方在平面上进行合理分块,确定各分块开挖的先后顺序,充分利用未开挖部分土体的抵抗能力,可有效控制土体位移,以达到减缓基坑变形、保护周边环境的目的。一般可根据现场条件、基坑平面形状、支撑平面布置、支护形式、施工进度等情况,按照对称、平衡、限时的原则,确定土方开挖方法和顺序。基坑对称开挖一般是指根据基坑挖土分块情况,采用对称、间隔开挖的一种方式;基坑限时开挖一般是指根据基坑挖土分块情况,对无支撑曝露时间采取控制的一种方式;基坑平衡开挖是指根据开挖面积和开挖深度等情况,保持各分块均衡开挖的一种方式。

坑内设置分隔墙的基坑土方开挖也属于分块开挖的范畴。分隔墙将整个基坑分成了若干个基坑,可根据实际情况确定每个基坑先后开挖的顺序以及各基坑开挖的限制条件,采用分隔墙的分块开挖方法有利于基坑变形的控制和对周边环境的保护。

① 基坑岛式土方开挖的概念和适用范围

a. 岛式土方开挖的概念。先开挖基坑周边的土方,挖土过程中在基坑中部形成类似岛状的土体,然后再开挖基坑中部的土方,这种挖土方式通常称为岛式土方开挖。岛式土方开挖可在较短时间内完成基坑周边土方开挖及支撑系统施工,这种开挖方式对基坑变形控制较为有利。基坑中部大面积无支撑空间的土方开挖较为方便,可在支撑系统养护阶段进行开挖。

b．岛式土方开挖的适用范围。岛式土方开挖适用于支撑系统沿基坑周边布置且中部留有较大空间的基坑。边桁架与角撑相结合的支撑体系、圆环形桁架支撑体系、圆形围檩体系的基坑采用岛式土方开挖较为典型。土钉支护、土层锚杆支护的基坑也可采用岛式土方开挖方式。岛式土方开挖适用于明挖法施工工程。

② 岛式土方开挖的主要方式和方法

a．岛式土方开挖的主要方式。岛式土方开挖可根据实际情况选择不同的方式。同一个基坑可采用如下的一种方式进行土方开挖,也可采用如下几种方式的组合进行土方开挖,这种组合可以是平面上的组合,也可以是立面上的组合。

岛式土方开挖主要有如下三种方式:

方式1:在开挖基坑周边土方阶段,土方装车挖掘机在基坑边或基坑边栈桥平台上作业,取土后由坑边土方运输车将土方外运。在开挖基坑中部岛状土方阶段,先由基坑内的挖掘机将土方挖出或驳运至基坑边,再由基坑边或基坑边栈桥平台上的土方装车挖掘机进行取土,由坑边土方运输车将土方外运。采用这种方式进行岛式土方开挖,施工灵活,互不干扰,不受基坑开挖深度限制。

方式2:在开挖基坑周边土方阶段,土方装车挖掘机在岛状土体顶面作业,取土后由岛状土体顶面上的土方运输车通过内外相连的栈桥道路将土方外运。在开挖基坑中部岛状土方阶段,先由基坑内的挖掘机将土方挖出或驳运至基坑中部,由基坑中部岛状土体顶面的土方装车挖掘机进行取土,再由基坑中部的土方运输车通过内外相连的栈桥道路将土方外运。采用这种方式进行岛式土方开挖,施工灵活,互不干扰,但受基坑开挖深度限制。

方式3:在开挖基坑周边土方阶段,土方装车挖掘机在岛状土体顶面作业,取土后由岛状土体顶面上的土方运输车通过内外相连的土坡将土方外运。在开挖基坑中部岛状土方阶段,先由基坑内的挖掘机将土方挖出或驳运至基坑中部,由基坑中部岛状土体顶面的土方装车挖掘机进行取土,再由基坑中部的土方运输车通过内外相连的土坡将土方外运。采用这种方式进行岛式土方开挖,施工烦琐,相互干扰,基坑开挖深度有限。

b．岛式土方开挖的主要方法。采用岛式土方开挖时,基坑中部岛状土体的大小应根据支撑系统所在区域等因素确定,岛状土体的大小不应影响整个支撑系统的形成。基坑中部岛状土体形成的边坡应满足相应的构造要求,以保证挖土过程中岛状土体的稳定。岛状土体的高度一般不大于9m,当高度大于4m时,可采取二级放坡的形式。当采用二级放坡时,为满足挖掘机停放以及土体临时堆放等要求,放坡平台宽度一般不小于4m。每级边坡坡度一般不大于1∶1.5,采用二级放坡时总边坡坡度一般不大于1∶2。为满足稳定性要求,应根据实际工况和荷载条件,对各级边坡和总边坡进行验算。当岛状土体较高或验算不满足稳定性要求时,可对岛状土体的边坡进行土体加固。

基坑采用一级放坡的岛式土方开挖方式,可通过基坑边、基坑边栈桥平台或岛状土体顶面的土方装车挖掘机直接取土装车外运,也可通过基坑内的一台或多台挖掘机将土方挖出并驳运至土方装车挖掘机作业范围,由土方装车挖掘机取土装车外运。基坑采用二级放坡的岛式土方开挖方式,可通过基坑内的一台或多台挖掘机将土方挖出并驳运至基坑边、基坑边栈桥平台或岛状土体顶面的土方装车挖掘机作业范围,由土方装车挖掘机取土装车外运。

土方装车挖掘机、土方运输车辆在岛状土体顶部进行挖运作业,须在基坑中部与基坑边部之间设置栈桥道路或土坡用于土方运输。采用栈桥道路或土坡作为内外联系通道，土方外运效率较高。栈桥道路或土坡的坡度一般不大于1:8，坡道面还应采取防滑措施，保证车辆行走安全。采用土坡作为内外联系通道时，一般可采用先开挖土坡区域的土方进行支撑系统施工，然后进行回填筑路再次形成土坡，作为后续土方外运行走通道。用于挖运作业的土坡，自身的稳定性有较高的要求，一般可采取护坡、土体加固、疏干固结土体等措施提高其稳定性，土坡路面的承载力还应满足土方运输车辆、挖掘机作业要求。

③ 基坑盆式土方开挖的概念和适用范围

a. 盆式土方开挖的概念。先开挖基坑中部的土方，挖土过程中在基坑中部形成类似盆状的土体，然后再开挖基坑周边的土方，这种挖土方式通常称为盆式土方开挖。盆式土方开挖由于保留基坑周边的土方，减小了基坑围护暴露的时间，对控制围护墙的变形和减小周边环境的影响较为有利。而基坑中部的土方可在支撑系统养护阶段进行开挖。

b. 盆式土方开挖的适用范围。盆式土方开挖适用于基坑中部无支撑或支撑较为密集的大面积基坑。盆式土方开挖适用于明挖法或暗挖法施工工程。

④ 盆式土方开挖的主要方法 采用盆式土方开挖时，基坑中部盆状土体的大小应根据基坑变形和环境保护等因素确定。基坑中部盆状土体形成的边坡应满足相应的构造要求，以保证挖土过程中盆边土体的稳定。盆边土体的高度一般不大于9m，盆边宽度一般不小于10m。当盆边高度大于4m时，可采取二级放坡的形式；当采用二级放坡时，为满足挖掘机停放以及土体临时堆放等要求，放坡平台宽度一般不小于4m。每级边坡坡度一般不大于1:1.5，采用二级放坡时总边坡坡度一般不大于1:2。为满足稳定性要求，应根据实际工况和荷载条件，对各级边坡和总边坡进行验算。

在基坑中部进行土方开挖形成盆状土体后，盆边土体应按照对称的原则进行开挖。对于顺做法施工盆中采用对撑的基坑，盆边土体开挖应结合支撑系统的平面布置，先行开挖与对撑相对应的盆边分块土体，以使支撑系统尽早形成。对于逆做法施工采用盆式土方开挖时，盆边土体应根据分区大小，采用分小块先后开挖的方法。对于利用盆中结构作为竖向斜撑支点的基坑，应在竖向斜撑形成后开挖盆边土体。

⑤ 岛式与盆式相结合的土方开挖方法 岛式与盆式相结合的土方开挖方法是基坑竖向各分层土方采用岛式或盆式进行交替开挖的一种组合方法。岛式与盆式相结合的土方开挖方法有先岛后盆（图6-43）、先盆后岛和岛盆交替三种形式，在工程中采用何种组合方式，应根据实际情况确定。

图6-43 先岛后盆开挖

## 小结

本学习情境主要介绍了涉及基坑施工中的支撑系统施工及土方开挖问题,详细阐述了基坑支护中支撑的作用、支撑种类、支撑结构类型以及支撑选型的原则,不同类型的支撑施工及拆除的施工工艺,基坑土方开挖的原则、开挖的方法、开挖分块及开挖顺序,开挖与支撑施工的时机选择,并介绍了开挖过程中的保障措施。

## 课后习题

### 一、单选题

1.（　　）是协调支撑和围护墙结构间受力与变形的重要受力构件。
A．围檩　　　　　　B．水平支撑　　　　C．钢立柱　　　　D．立柱桩

2．钢立柱及立柱桩属于（　　）。
A．水平支撑　　　　　　　　　　　　B．竖向支撑
C．围檩　　　　　　　　　　　　　　D．对撑

3．（　　）支撑除了自重轻、安装和拆除方便、施工速度快以及可以重复使用等优点外,安装后能立即发挥支撑作用,对减少由于时间效应而增加的基坑位移,是十分有效的。
A．钢支撑　　　　　　　　　　　　B．混凝土支撑
C．木支撑　　　　　　　　　　　　D．钢筋混凝土支撑

4．（　　）由于其刚度大,整体性好,可以采取灵活的布置方式适应于不同形状的基坑,而且不会因节点松动而引起基坑的位移,施工质量相对容易得到保证。
A．钢支撑　　　　　　　　　　　　B．钢筋混凝土支撑
C．木支撑　　　　　　　　　　　　D．型钢支撑

5．钢筋连接施工中,位于同一连接区段内纵向受拉钢筋接头数量不大于（　　）。
A．30%　　　　　B．40%　　　　　C．50%　　　　　D．60%

6．钢筋混凝土支撑拆除时,采用（　　）无飞尘、飞石,不会产生爆炸。
A．人工拆除法　　　　　　　　　　B．静态膨胀剂拆除法
C．爆破拆除法　　　　　　　　　　D．机械拆除法

7．基坑挖土常用（　　）。
A．正铲挖掘机　　　　　　　　　　B．反铲挖掘机
C．装载机　　　　　　　　　　　　D．旋挖钻机

8．适用于挖掘停机面以上岩堆的挖掘机为（　　）。
A．正铲挖掘机　　　　　　　　　　B．反铲挖掘机
C．旋挖钻机　　　　　　　　　　　D．以上均不对

9．基坑挖至距基底（　　）应改用人工挖土,以保证施工质量。
A．10cm　　　　　　　　　　　　　B．20～30cm
C．40cm　　　　　　　　　　　　　D．80cm

10．基坑挖土可以就近堆放在坑顶任意位置。这种说法（　　）。
A．可行　　　　　　　　　　　　　B．不可行
C．在保证施工效率情况下可行　　　D．无法判断

二、简答题

1. 支撑的作用是什么？
2. 基坑钢筋混凝土支撑与钢支撑各有什么优缺点？
3. 基坑土方开挖的原则是什么？
4. 简述基坑支撑拆除的施工工艺流程。
5. 简述基坑盆式开挖的施工工艺。

## 学习情境 7

# 基坑降水施工

### ▶ 情境描述

本学习情境主要内容包括基坑工程降水设计中的集水明排法、轻型井点降水、管井降水、基坑降水与周围环境的控制。

本次任务要求通过学习掌握基坑工程集水明排施工工艺,理解基坑工程集水明排施工的意义,掌握基坑工程排水水沟结构构造及适用条件,能根据基坑工程等级、地层性质、地下水情况合理选择集水明排水沟结构形式,能够选择合适的排水施工设备,能够合理地安排排水施工劳动力,在排水施工中要求遵守规范强制性要求和图纸要求,同时做好施工协调工作。任务实施可以由教师与学生共同设置情景,进行角色定位,在实训室进行排水施工实训;同时也可布置任务,进行相应的工地现场调研,使学生进入基坑排水现场,以报告的形式提交学习成果。

### ▣ 学习目标

**知识目标**

① 了解地下水的埋藏条件,掌握地下水分类及特征、地下水的化学特性;

② 理解水头、水头梯度、渗透速度的概念,掌握达西定律的适用范围、渗透系数的测定方法;

③ 理解由流线和等势线组成的流网的物理意义,能够应用流网确定渗流场中测管水头、水力坡降和渗流量等;

④ 熟悉集水明排施工的技术要点。

**能力目标**

① 能够识读工程地质勘察报告和基坑施工图纸;

② 具备使用图集进行集水明排降水井点计算的能力;

③ 按照规范要求,完成指定工作的能力;

④ 根据现场实际调整完善技术的能力。

**素质目标**

① 培养强烈的工程质量意识,遵守设计规范标准要求;

② 善于语言表达，能够在降水施工准备环节与工程相关的设计单位、监理单位、分包商等部门进行沟通与交流；

③ 强化组织协调和沟通能力。

## 7.1 基坑降水施工概述

### 7.1.1 基坑降水概念

基坑是指在基础设计位置，按照基底标高和基础平面尺寸所开挖的土坑。在基坑开挖中，地下水的处理效果直接关系到基坑的安全与稳定性，而对于一项工程来讲，基坑的施工质量又对整个建筑工程的质量至关重要。

基坑降水施工是指在进行基坑开挖施工时对所开挖土壤的含水量进行处理，即在基坑施工过程中对地下水的控制过程，使地下水满足支护结构以及开挖施工的要求，且不能因为地下水位的变化，导致周围环境和设施产生安全隐患。

采用人工降低地下水位的方案能够从根本上解决地下水涌入坑内的问题，有效地避免边坡由于受到地下水流的冲刷而引起的塌方；消除了因地下水位差引起的坑底土的上冒；由于没有了水压力，使板桩减少了横向荷载；能够使所挖的土始终保持干燥状态，改善施工条件，同时还使动水压力方向向下，从根本上消除了流砂现象；降低地下水位后，由于土的固结，土层增密，提高了地基土的承载能力；土方开挖时，边坡可适当改陡，减少了挖方量。因此为了保证基坑降水施工的正常进行，防止边坡塌方和地基承载能力下降，在基坑开挖之前，基坑降水施工是至关重要的。

### 7.1.2 基坑降水施工的重要性

在进行基坑降水施工设计时，要注意以下三个方面：

① 做好对施工现场条件和施工资料管理方法设计。基坑的施工和降水方式受到现场地下水文分布、地质条件以及受到周围建筑情况的影响，比如，建筑物和工程现场的距离。应做好地基现场和周边情况的资料搜集，了解地下设施分布，确定合适的开挖尺寸和支护结构的最佳分布位置，以满足建筑物的施工要求。保证降水方法和支护方法不会影响周边其他建筑物的安全，更不能破坏相关设施。

② 周边地质情况。地质结构决定岩层、土层的物理性质、力学性质，也将决定地基的承载力。不同土层的渗透性有很大不同，会影响基坑支护降水施工设计方法和支护效果。例如，渗透系数的不同会影响后续降水方案的选择。但是在实际施工中，渗透系数的影响因素很多，所以最终获得的勘察报告都是室内试验数据，还必须继续进行现场降水设计，以降低试验误差，最终形成正确的设计方案。

③ 地下水分布情况。一般情况下，工程施工现场有潜水和承压水两种地下水，他们的性质各不相同，因此选择排水的方法也会有区别。比如，潜水没有自身压力，其向四周扩散来自重力的作用；承压水夹在两个不透水层之间，由于地层之间的作用，具有一定的压力。由于潜水和承压水在性质上有明显的区别，因此在支护工作中，应该充分了解地下水的分布情况，尤其要使用专业设备研究不同类型地下水之间的连接和流动。

地下水在影响基坑稳定性的众多因素中占有突出地位。在建筑基坑工程中，难免会遇到地下水问题,尤其在地下水位较高的透水土层中进行基坑开挖的过程中,由于坑内外的水位差逐渐变大,若处理不到位,易造成流砂、管涌、潜蚀、坑底突涌及土体抗剪强度降低等危害(表7-1),最终导致边坡或基坑坑壁失稳,影响地基承载力,直接威胁基坑施工安全,甚至对周边建筑物产生不利影响。同时,坑内过多的水分也不利于基坑的施工。因此,在施工阶段保证基坑内施工环境的干燥也是保证工程施工总体效益的关键。

**表 7-1　地下水主要危害情况**

| 危害类型 | 危害特点 |
| --- | --- |
| 管涌 | 在坑内外存在水位差时,水流会从桩间土或止水帷幕的薄弱处沿一定的通道流入基坑内,形成管涌 |
| 流砂 | 在坑内外存在水头差的作用下,地下水沿边坡面或止水帷幕的缺陷部位呈悬浮状态涌出 |
| 坑底突涌 | 当坑底存在隔水层时,其下部承压含水层水头较高,容易突破坑底隔水层涌入坑内 |

对此,在基坑施工中必须将降水作为一项重要的工作来抓,根据项目情况合理选择降水方法,并配以相应的截水、回灌措施,落实施工过程的监测,切实保证基坑内外稳定,为项目后续建设和运行提供可靠的基础。

## 7.1.3　基坑降水作用及方式

近些年来,随着社会经济快速发展,沿河、沿江、沿海地区工程项目建设如雨后春笋,尤其近十年来,随着城市轨道交通行业的大力发展,基坑工程深度愈挖愈深,由于轨道交通工程车站、明挖区间隧道工程大多位于城市繁华地段,在施工过程中地下水存在对开挖影响较大,因此基坑地下水的控制已成为必不可少的施工措施之一。

在富水地区基坑施工过程中,极易产生流砂、管涌及坑底突涌破坏,造成局部坑壁土体坍塌甚至基坑整体失稳的严重事故,因此为了保证基坑施工安全和减少开挖对周围环境的影响,因此当基坑开挖深度内存在饱和软土层和含水层或下部承压水对基坑底板产生影响时,就需选择合适的降低地下水水位或水头的方法对基坑进行降水。基坑降水的作用主要包括如下几个方面:

① 在施工过程中防止基坑坡面和基底的渗水,保证坑底干燥,便于施工开挖及后续主体结构施工。

② 减少土体含水量,有效提高土体物理力学性能指标。通过降水可以保证土体的强度,对于放坡开挖而言,可提高边坡稳定性,对于有围护结构的基坑开挖,可增加被动区土抗力,减少主动区土体侧压力,从而提高支护体系的稳定性和强度保证,减少支护体系的变形。最终可以保证在开挖过程中边坡和坑底的稳定性,防止边坡或坑底的土层颗粒流失,防止流砂产生。

③ 提高土体固结程度,增加地基的抗剪强度。降低地下水位,减少土体含水量,可提高土体固结程度,减少土中孔隙水压力,增加土中有效应力,相应的土体抗剪强度得到增强。

④ 对于含有承压水地层,可以有效降低下部承压水水头,减少承压水头对基坑底板的水压力,防止基坑突涌。

降水工程经过长时间的发展,其方式从最初的竖井逐渐发展到目前的各类降水井,目前主要采用单层及多层轻型井点、喷射井点、管井(真空管井)三种方式,对于复杂的基坑工程亦可采用轻型井点和管井相配合方式,如采用轻型井点作为疏干地层而管井作为下卧承压水层的减压降水井。而近年来如地铁车站工程大量修建,由于工程特点需采用机械化连续挖土,因而在富水地区,基坑开挖施工中常交叉采用轻型井点、喷射井点和管井。

目前各类工程建设均对降水提出了较高的要求,如在城市地铁工程基坑施工中,由于工程地质与水文地质条件较为复杂,加之一些交叉换乘车站的基坑规模与深度增加,对基坑降排水的要求也越来越高。因降排水不当造成的基坑工程事故屡有发生,因此要求对基坑降排水技术不断地进行改进和完善。与此同时,节约并保护水资源是我国的基本国策,在水资源匮乏地区,尤其地下水资源紧缺地区,工程施工中应谨慎采用基坑降排水措施,以避免浪费和破坏地下水资源。当经过技术与经济论证,不得不采用基坑降排水措施时,设计与施工应遵循"按需抽水"及"抽水量最小化"的原则,以保证在满足建设工程基本需求的前提下,达到节约、保护水资源的目的。另外,应采取有效措施,对建设工程中抽、排出的地下水加以回收利用,必要情况下还要利用回灌措施,以避免降水对周围环境产生影响并减少地下水资源的浪费。

### 7.1.4 基坑降水施工方法分类

基坑降水分为明沟排水和井点降水两类。井点降水的方法主要有轻型井点、喷射井点、管井井点、电渗井点等。根据基坑施工场地的复杂程度,结合工程特点择优使用上述方法,上述井点也可组合应用,构成不同组合。常用降水方法与适用范围见表 7-2。

表 7-2 常用降水方法与适用范围

| 降水方法 | 土类 | 渗透系数/(cm/s) | 降水深度/m |
| --- | --- | --- | --- |
| 集水明排 | 黏性土、砂土 | $1\times10^{-7}\sim2\times10^{-4}$ | <5 |
| 轻型井点 | 黏性土、粉土、砂土 | $1\times10^{-7}\sim2\times10^{-4}$ | <6 |
| 喷射井点 | 填土、粉土、黏性土、砂土 | $1\times10^{-7}\sim2\times10^{-4}$ | 8~12 |
| 管井井点 | 粉土、砂土、碎石土 | $>1\times10^{-6}$ | >6 |
| 电渗井点 | 粉土、黏性土 | $<1\times10^{-7}$ | 井型决定 |

## 7.2 集水明排施工

集水明排施工法又称表面排水法,是指在基坑开挖至地下水位时,在基坑中央或四周建立排水明沟或渗渠和集水井,使基坑渗透的地下水通过排水明沟汇入到集水井中,后利用水泵将水抽出至坑外的降水方法。集水沟和集水坑应设在基础范围以外,在基坑每次下挖之前,必须先挖沟和坑。集水坑的深度应大于抽水机吸水龙头的高度,在吸水龙头上套竹筐围护,以防止土石堵塞龙头。

采用明沟排水,具有施工方法简单、抽水设备少、管理方便和成本费用低等优点。但是由于地下水沿基坑坡面或坡脚、坑底涌出,易使基坑软化,甚至泥泞,影响地基强度和施工,特别是当降水段内夹有粉砂、细砂层时,地下水位降至基底面下的距离较小,容易发生水位回升而浸泡基坑,因此必须备有两套电力供应系统和备用水泵,并由专人进行严格管理。

### 7.2.1 明沟排水法的适用条件

选用明沟排水时,应根据场地的水文地质条件、基坑开挖方法和边坡支护形式等综合分析确定。这种排水方法要求设备简单，费用低；但当地基土为饱和粉细砂土等黏聚力较小的细粒土层时，由于抽水会引起流砂现象，造成基坑的破坏和坍塌，因此应避免采用表面排水法。

(1) 地质条件

场地较为密实、分选好的土层，特别是具有一定胶结程度的土层时，由于其渗透性低、渗流量少，在地下水流出时，边坡仍然稳定，虽然在挖方时，底层会出现短期的翻浆或轻微变动，但对地基无害，所以适宜明排；当地层土质为硬质黏土夹无补给的砂土透镜体或薄层时，由于在基坑开挖过程中，其所储存的少量的水会很快流出而被疏干，有利于明排；在岩质基坑施工中，一般采用明排降水。

(2) 水文地质条件

场地含水层为上层滞水或潜水，其补给源较远，渗透性较弱，涌水量不大，一般可考虑明排降水。

(3) 挖土方法

若采用拉铲挖土机、反铲挖土机和抓斗挖土机等机械挖土，为避免由于挖土过程中出现临时浸泡而影响施工，对含水层的砂、卵石，涌水量较大，具有一定降水深度的降水工程，也可采用明排降水。

(4) 其他情况

对于以下情况，采用明沟排水的适用条件可以适当放宽：

① 基坑边坡为缓坡；
② 堵截隔水后的基坑；
③ 建筑场地宽敞，邻近无其他建筑物；
④ 基坑开挖面积大，有足够的场地和施工时间；
⑤ 建筑物为轻型地基荷载条件。

## 7.2.2 明沟排水法的设备及施工

明沟排水法的抽水设备常用离心泵（如 CQB 型磁力泵，如图 7-1）、潜水泵、污水泵等，以污水泵为好。

(1) 离心泵

① 离心泵的工作原理 离心泵的主要过流部件有吸水室、叶轮和压水室。吸水室位于叶轮的进水口前面，起到把液体引向叶轮的作用；压水室主要有螺旋形压水室（蜗壳式）、导叶和空间导叶三种形式；叶轮是泵最重要的工作元件，是过流部件的心脏，它由盖板和中间的叶片组成。

离心泵工作前，应先将泵内充满液体，然后启动离心泵，叶轮快速转动，叶轮的叶片驱使液体转动，液体转动时依靠惯性向叶轮外缘流去，同时叶轮从吸入室吸进液体，在这一过程中，叶轮中的液体绕流叶片，在绕流运动中液体作用一升力于叶片，反过来叶片以一个与此升力大小相等、方向相反的力作用于液体，这个力对液体做功，使液体得到能量而流出叶轮，这时液体的动能与压能均增大，旋转着的叶轮就连续不断地吸入和排出液体。

② 离心泵的主要部件 离心泵的主要部件有叶轮、泵壳和轴封装置。

a．叶轮。叶轮的作用是将电动机的机械能直接传递给液体，以增加液体的静压能和动能（主要增加静压能）。叶轮一般有 6～12 片后弯叶片，分为开式、半闭式和闭式三种。

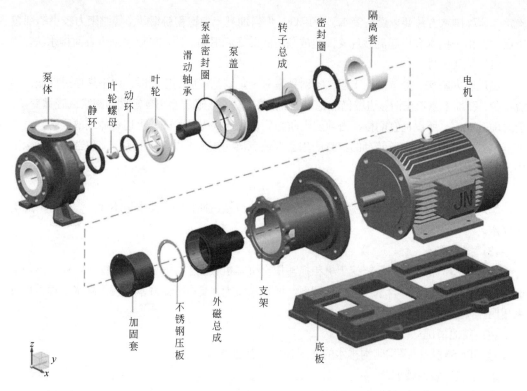

图 7-1 CQB 型磁力泵分解图示

开式叶轮在叶片两侧无盖板，制造简单、清洗方便，适用于输送含有较大量悬浮物的物料，效率较低、输送的液体压力不高；半闭式叶轮在吸入口一侧无盖板，而在另一侧有盖板、适用于输送易沉淀或含有颗粒的物料，效率也较低；闭式叶轮在叶片两侧有前后盖板，效率高，适用于输送不含杂质的清洁液体，一般的离心泵叶轮多为此类。

叶轮有单吸和双吸两种吸液方式。

b. 泵壳。其作用是将叶轮封闭在一定的空间，以便由叶轮的作用吸入和压出液体。泵壳多做成蜗壳形，故又称蜗壳。由于流道截面积逐渐扩大，故从叶轮四周甩出的高速液体逐渐降低流速，使部分动能有效地转换为静压能。泵壳不仅汇集由叶轮甩出的液体，同时又是一个能量转换装置。

c. 轴封装置。其作用是防止泵壳内液体沿轴漏出或外界空气漏入泵壳内。常用轴封装置密封形式有填料密封和机械密封两种。填料一般用浸油或涂有石墨的石棉绳。机械密封主要是靠装在轴上的动环与固定在泵壳上的静环之间的端面做相对运动而达到密封的目的。

(2) 潜水泵

潜水泵（submerged pump）是一种使用非常广泛的基坑降水机具，见图 7-2。与普通抽水机不同的是它在水下工作，而抽水机大多在地面上工作。

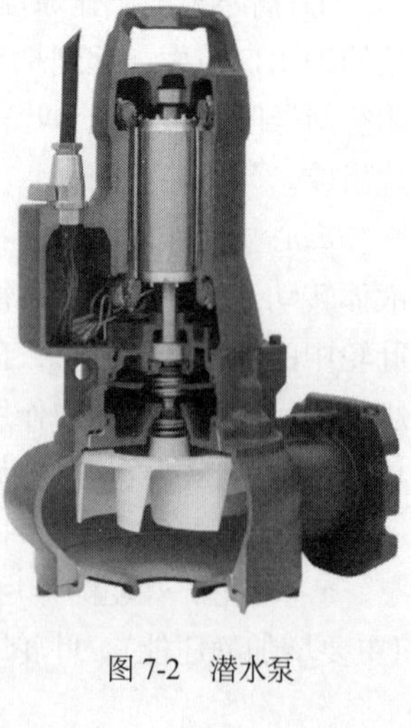

① 潜水泵的工作原理 开泵前，吸入管和泵内必须充满液体。开泵后，叶轮高速旋转，其中的液体随着叶片一起旋转，在

图 7-2 潜水泵

离心力的作用下，飞离叶轮向外射出，射出的液体在泵壳扩散室内速度逐渐变慢，压力逐渐增加，然后从泵出口经排出管流出。此时，在叶片中心处由于液体被甩向周围而形成既没有空气又没有液体的真空低压区，液池中的液体在池面大气压的作用下，经吸入管流入泵内，液体就是这样连续不断地从液池中被抽吸上来又连续不断地从排出管流出。

② 潜水泵的选择　选择标准化水泵即选用国家根据 ISO 的要求，选定、推行的最新型号的水泵。其主要特点是体积小、质量轻、性能优、易操作、寿命长、能耗低等。如选用的规格不恰当，将无法获得足够的出水量，不能发挥机组的效率。另外，还应了解电动机的旋转方向，某些类型的潜水泵正转和反转时皆可出水，但反转时出水量小、电流大，其反转会损坏电动机绕组。为防止潜水泵在水下工作时漏电而引发触电事故，应装漏电保护开关。

a．水泵扬程选择。所谓扬程是指所需扬程，并不是提水高度，明确这一点对选择水泵尤为重要。水泵扬程为提水高度的 1.15～1.20 倍。如地下水面到地面的垂直高度 20m，其所需扬程为 23～24m。选择水泵时最好使水泵的扬程与所需扬程接近，这样的情况下，水泵的效率最高，使用会更经济，但并不是一定要求绝对相等，一般偏差只要不超过 20%，水泵都能在较节能的情况下工作。

若选择一台水泵扬程远远小于所需扬程的水泵，往往会不能满足基坑降水的需求，即便是能抽上水来，水量也会非常小，甚至会变成一台无用武之地的"闲泵"。是否选择的水泵扬程越高越好呢？其实不然。高扬程的泵用于低扬程，便会出现流量过大现象，导致电动机超载，若长时间运行，电动机温度升高，绕组绝缘层便会逐渐老化，甚至烧毁电动机。

b．选择合适流量的水泵。水泵的流量即出水量，一般不宜选得过大，否则会增加购买水泵的费用，应具体问题具体分析，基坑降水用的潜水泵就可适当选择流量大一些的。

(3) 污水泵

污水泵（图 7-3）属于无堵塞泵的一种，具有多种形式，如潜水式和干式。污水泵主要用于输送城市污水、粪便或液体中含有纤维、纸屑等固体颗粒的介质，通常被输送介质的温度不高于 80℃。由于被输送的介质中含有易缠绕或聚束的纤维物，故泵的流道易于堵塞，一旦被堵塞就会使泵不能正常工作，甚至烧毁电动机，从而造成排污不畅。

污水泵和其他泵一样，叶轮、压水室是污水泵的两大核心部件，其性能的优劣代表了泵性能的优劣。污水泵的抗堵塞性能、效率的高低，以及汽蚀性能、抗磨蚀性能主要是由叶轮和压水室两大部件来保证。

① 叶轮结构形式　叶轮的结构形式分为旋流式、叶片式（开式、半开式、闭式）、流道式（包括单流道和双流道）、螺旋离心式四种。

a．旋流式叶轮。采用该形式叶轮的泵，由于叶轮部分或全部缩离压水室流道，因此无堵塞性能好，过颗粒能力和长纤维的通过能力较强，颗粒在压水室内流动靠叶轮旋转产生涡流的推动作用运动，悬浮性颗粒本身不产生能量，只是在流道内和液体交换能量。在流动过程中，悬浮性颗粒或长纤维不与叶片接触，叶片磨损的情况较轻，不存在间隙因磨蚀而加大的情况，在长期运行中不会造成效率严重下降的问题。采用该形式叶轮的泵适合于抽送含有大颗粒和长纤维的介质。从性能上讲，该叶轮效率较低，仅相当于普通闭式叶轮的 70% 左右，扬程曲线比较平坦。

b．叶片式叶轮。开式、半开式叶轮制造方便，当叶轮内形成堵塞时，可以很容易地清理及维修，但在长期运行中，在颗粒的磨蚀下会使叶片与压水室内侧壁的间隙加大，从而使效率降低,并且会破坏叶片上的压差分布,不仅产生大量的旋涡损失,而且会使泵的轴向力加大,同时由于间隙加大,流道中液体流态的稳定性受到破坏,使泵产生振动。该种形式叶轮不易于输送含大颗粒和长纤维的介质,从性能上讲,其叶轮效率低,最高效率相当于普通闭式叶轮的92%左右,扬程曲线比较平坦。

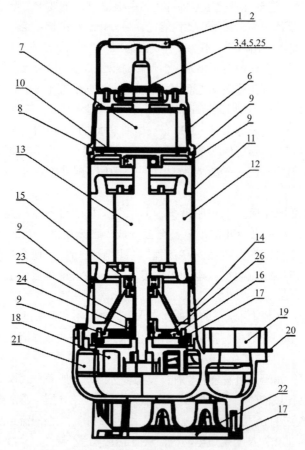

图 7-3 污水泵

1—提手;2—提手螺栓;3—电缆线;4—压线盖;5—压线螺栓;6—上帽;
7—电容;8—后门头;9—O形圈;10—上轴承;11—机筒;12—定子线圈;
13—转子;14—油室;15—下轴承;16—油室盖;17—螺栓;18—叶轮;
19—出水法兰;20—法兰皮垫;21—泵体;22—底板;23—机械油封;
24—骨架油封;25—浮球;26—注油螺钉

闭式叶轮正常效率较高,且在长期运行中情况比较稳定。采用该形式叶轮的泵轴向力较小,且可以在前、后盖板上设置副叶片。前盖板上的副叶片可以减少叶轮进口的旋涡损失和颗粒对密封环的磨损;后盖板上的副叶片不仅起平衡轴向力的作用,而且可以防止悬浮性颗粒进入机械密封腔,对机械密封起保护作用。但该形式叶轮的抗堵塞性能差,容易缠绕,不宜于抽送含大颗粒(长纤维)等未经处理的污水介质。

c.流道式叶轮。该种叶轮属于无叶片的叶轮,叶轮流道是一个从进口到出口的弯曲流道,所以适宜于抽送含有大颗粒和长纤维的介质,抗堵塞性能好。从性能上讲,该形式叶轮效率和普通闭式叶轮相差不大,叶轮泵扬程曲线存在陡降,功率曲线比较平坦,不易产生超功率的问题。但该形式叶轮的汽蚀性能不如普通闭式叶轮，尤其适宜用在有压进口的泵上。

d．螺旋离心式叶轮。该形式叶轮的叶片为扭曲的螺旋叶片，在锥形轮毂体上从吸入口沿轴向延伸。采用该形式叶轮的泵兼具容积泵和离心泵的作用，悬浮性颗粒在叶片中流过时，不撞击泵内任何部位，故无损性好，对输送物的破坏性小。由于螺旋的推进作用，悬浮颗粒的通过性强，因此采用该形式叶轮的泵适宜于抽送含有大颗粒和长纤维的介质，以及高浓度的介质，特别是对输送介质的破坏有严格要求的场合。从性能上来讲，该泵具有陡降的扬程曲线，功率曲线较平坦。

② 压水室结构形式　污水泵采用的压水室最常见的是蜗壳，在内装式潜水泵中多选用径向导叶或流道式导叶。蜗壳有螺旋型、环型和中介型三种。螺旋形蜗壳基本上不用在污水泵中。环型压水室由于结构简单、制造方便，在小型污水泵上采用较多。但由于中介型（半螺旋型）压水室的出现，环型压水室的应用范围逐渐变小，因为中介型压水室兼具螺旋型压水室的高效率性和环型压水室的高通透性。

## 7.2.3　明沟排水法的设计

随着基坑的开挖，当基坑深度接近地下水位时，沿基坑四周（基础轮廓线外，基坑边缘坡脚 0.3m 内）设置排水沟和渗渠，在基坑四角或每隔 30～40m 设一直径为 0.7～0.8m 的集水井，沟底宽约 0.3m，坡度为 0.5%～1.0%，沟底比基坑低 0.3～0.5m，集水井比排水沟低 0.5～1.0m。集水井的容积大小取决于排水沟的来水量和水泵的排水量，宜保证泵停后 30min 内基坑坑底不被地下水淹没。

随着基坑的开挖，排水沟和集水井随之分级设置加深，直到坑底达到设计标高为止。基坑开挖至预定深度后，应对排水沟和集水井修整完善，沟壁不稳定时还需利用砖石干砌或利用透水的砂带进行支护。

当基坑宽度较大时，为了加快降水速度和降低基坑中部的水位，可在基坑的中部设置排水沟，沟宽宜小于 0.3m，沟深小于 0.5m，沟内填入级配砂石，使之既能排水，又不会影响地基强度。当基坑深度较大，在坑壁出现多层水渗出时，可在基坑边坡上分层设置排水沟，以防上层水流对边坡冲刷而造成塌方。

当一级井点系统达不到降水要求时，可根据具体情况采用其他方法降水（如上层土的土质较好，先用集水明沟法挖去一层土后再布置井点系统）或采用二级井点（先挖去第一级井点所疏干的土，后在其底部装设第二级井点），使降水深度增加。

基坑明沟排水（图 7-4）可单独采用，也可与其他方法结合使用。单独使用时，降水深度不宜大于 5m，否则在坑底容易产生软化、泥化，坡角出现流砂、管涌、边坡塌陷、地面沉降等问题。与其他方法结合使用时，其主要功能是收集基坑中和坑壁局部渗出的地下水和地面水。在排水明沟不便长期暴露的工程中，可将明沟改成盲沟或水平集水暗管。

排水沟和集水井可按下列规定布置：

① 排水沟和集水井宜布置在拟建建筑基础净边距 0.4m 以外，排水沟边缘离开边坡坡脚不应小于 0.3m，在基坑四角或每隔 30～40m 应设一个集水井。

② 排水沟底面应比挖土面低 0.3～0.4m，集水井底面应比沟底面低 0.5m 以上。

③ 沟、井截面应根据排水量确定。

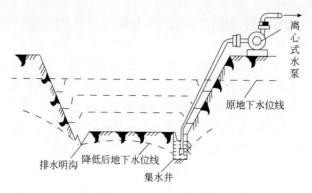

图 7-4 基坑明沟排水法示意图

##  7.3 基坑降水井施工

### 7.3.1 轻型井点降水施工

轻型井点降水施工是指沿基坑四周或一侧将直径较细的井管沉入含水层内，井管上部与集水总管相连接，通过集水总管利用抽水设备在管路内形成真空，将地下水从井管内不断抽出，从而降低地下水位。

当降水深度不超过 6m 左右时可采用一级轻型井点。如果超过不多，可采用明沟排水与井点降水结合的方法（将抽水总管设在原地下水位以下）。如降水深度较大，但不超过 12m，且基坑周围开阔，则可采用多级轻型井点。如在建筑物较密集地区，不能放坡时，要用降水深度大的设备。

#### 7.3.1.1 轻型井点降水施工设备

轻型井点系统主要由井点管（井点管下端连接有滤水管）、连接管、集水总管和抽水设备等组成。轻型井点降水降低地下水位，是按照设计沿基坑周围埋设井点管，一般距离基坑边缘 0.8~1.0m，在地面上敷设集水总管，集水总管的敷设要有一定的坡度，将各井点管与总管用软管或钢管进行连接，在总管中段适当位置安装抽水水泵装置。

（1）井点管

井点管采用直径 38~50mm 的金属管或 PVC 管，管长 5~8m。

（2）滤水管

管径与井点管相同，长度 1~2m，管壁上钻直径 12~18mm 的孔，梅花形布置，一般孔隙率应大于 15%，管壁外应缠绕两层滤网，内层滤网宜采用 100 目左右的金属网或尼龙网，外层滤网宜采用 60 目左右的金属网或尼龙网；管壁与滤网之间用铁丝绕成螺旋形隔开，滤网外面应再绕一层粗金属丝。为增加牢固性，可在外面再用塑料卡子分段固定。滤管下端应封死，防止进砂。

（3）连接管与集水总管

连接管可采用胶皮管、带钢丝的塑料透明管等。集水总管一般常用直径 75~127mm 的钢管或 PVC 管，一般根据现场井点间距，每隔一段距离（一般 0.8~1.6m），设一个连接井点管的接头，为检修方便，可在连接管接头处设置一个阀门。

(4) 抽水设备

轻型井点降水施工方法的抽水设备可分为真空泵轻型井点、射流泵轻型井点和隔离泵轻型井点，最常用的为前两种抽水设备。

① 真空泵轻型井点由真空泵、离心泵、水气分离箱等组成，目前有定型产品供应。优点：安装方便，真空度高（67～80kPa），带动井点管数多（可达100根），降水深度及出水量较大，形成的真空较稳定。缺点：设备复杂，耗电量大，维护困难。真空泵结构如图7-5所示。

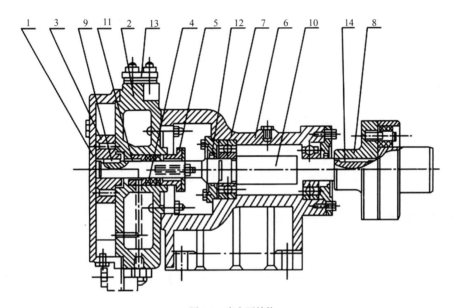

图 7-5 真空泵结构
1—泵盖；2—泵体；3—叶轮；4—填料；5—填料压盖；
6—托架；7—滚珠轴承；8—联轴器；9—叶轮平键；10—泵轴；
11—填料环；12—轴承压盖；13—法兰盘；14—联轴器平键

② 射流泵轻型井点由离心泵、射流泵、循环水箱等组成，利用射流技术产生真空抽取地下水。启动离心泵抽水，水流经射流器的喷嘴进入混合室，水流流速突然增大在混合室周围产生真空，把地下水流吸出。射流泵可以产生较高的真空度。优点：设备构造简单，易于加工制造，造价低，操作维修方便，耗能少，重量轻，体积小，因此射流泵是目前使用最多的轻型井点降水设备。缺点：排气量小，射流泵喷嘴易磨损，稍有漏气真空度就下降，带动的根数较少（一般25～30根）。

③ 隔离泵轻型井点是借助隔膜在活塞中做往返运动所获得的真空、压力而工作的。隔离泵有两套工作泵体，用轴杆、齿轮传动泵体内隔膜左右或上下运动，当皮碗运动时，泵腔内产生真空，出水阀和进水口阀交替开关，地下水分别被吸至腔内或被压出泵体外流走。两者交替，反复循环进行。目前隔离泵的自吸能力可达7m，并可带动泥浆通过，产品较前期有较大改善。优点：机组构造简单，加工容易，耗电量少，功率高，可带动30～40根井点管。缺点：隔离泵的安装质量要求严格，隔离泵内皮碗易磨损，修理频繁。目前应用相对较少。

### 7.3.1.2 轻型井点降水施工方法原理

轻型井点降水使用真空技术对基坑完成渗透排水。在抽水装置启动后，井点管、总管以及储水箱内的空气被吸走，形成一定的真空度（即负压），理论上抽水装置可形成的真空度是 0.1MPa，但在实际工作中由于存在设备性能及管路水头损失，轻型井点的实际真空度可维持在 60～80kPa。为了保持平衡状态，管路系统外部的地下水在大气压的作用下由高压区向低压区流动，地下水被压入井点管内，经集水总管流入储水箱，最终利用水泵抽走。

由于抽水设备的性能以及管路系统施工质量具有一定的真空度状态，其井点吸水高度 $H$ 按照式（7.3.1）计算：

$$H = \frac{H_v}{0.1} \times 10.3 - \Delta h \tag{7.3.1}$$

式中 $H_v$——抽水装置所产生的真空度，MPa；
$\Delta h$——管路水头损失（取值 0.3～0.5m）。

### 7.3.1.3 轻型井点的平面布置

根据 GB 50300—2013《建筑工程施工质量验收统一标准》和 GB 50202—2018《建筑地基基础工程施工质量验收标准》规定，轻型井点系统的布置要根据基坑或沟槽的平面形状和尺寸、深度、土质、地下水位高低与流向、降水深度要求等因素综合而定，设计过程中应将所有需要开挖施工的建筑物基坑包含在井点系统内。

（1）单排井点

当基坑或沟槽宽度小于 6m、降深不超过 5m 时，一般可采用单排井点（图 7-6），布置在地下水流的上流一侧，两端延伸长度一般以不小于坑（槽）宽度为宜。沟壕两端部宜使井点间距加密，以利降深。单排井点降落曲线可按水力梯度 $i=1/5$～$1/3$，后期比较平缓最好按 $i=1/10$ 考虑。

（2）双排井点

对于基坑或沟槽宽度大于 6m，或宽度不大于 6m 的淤泥质粉质黏土基坑，或土层渗透系数较大、单排井点降水困难时，宜采用双排井点，布置在基坑槽的两侧，见图 7-7。

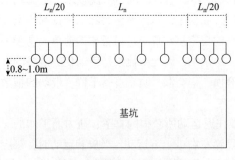

图 7-6 单排井点布置平面图

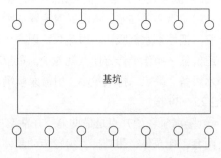

图 7-7 双排井点布置平面图

（3）环状井点

面积较大的基坑宜采用环状井点，由于环状井点的布置是全封闭的，为便于挖土机械和运输车辆的进出，也可布置为 U 形井点，带施工出口的环形井点平面布置见图 7-8。当基坑宽度

<40m 时，可采用单环形井点系统［图 7-9（a）］，并应在泵的对面安置一阀门，使得集水总管内的水流分向流入抽水泵，或将集水总管在泵对面断开。应在环圈总长的 1/5 距离、在基坑四角附近将井点间距加密，以加强降水。当基坑宽度>40m 时，应考虑地质条件，可用多环形井点系统［图 7-9（b）］，在中央加一排或多排井点，并布置相应的水流总管和井点泵系统。当环形集水总管长度超过 100～120m 时，必须布置两套抽水泵系统，并使集水总管断开或安装阀门。环形井点的立面布置同双排井点，水力梯度可按照 $i=1/10$ 考虑。

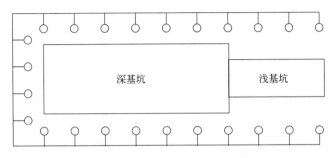

图 7-8 带施工出口的环状井点平面布置

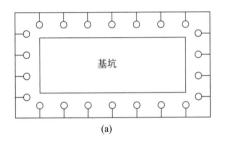 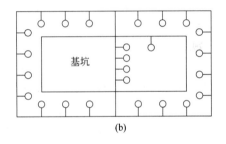

(a) (b)

图 7-9 单环形井点布置和多环形井点布置

当一级轻型井点降深不能满足设计要求时，可以布置二级轻型井点（图 7-10）降水。一、二级轻型井点之间的基坑深度以 4～5m 为宜，平台宽度 1～1.5m 为宜。一般情况下是先挖去一级轻型井点降水后疏干的土层，然后布置安装二级轻型井点。

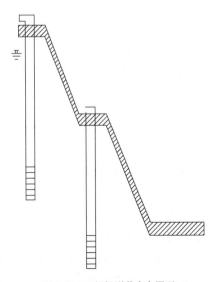

图 7-10 二级轻型井点布置面

轻型井点一般沿基坑外缘 1.0～1.5m 布置,不可太靠近基坑边坡以防局部发生漏气。井点管间距应根据土质、降水深度、工程性质等确定,一般采用 0.8～1.6m,或由计算确定。

一套抽水设备所能带动的总管长度一般为 100～120m,采用多套抽水设备时,井点系统应进行分段,各段长度应大致相等,分段处应设阀门或将总管断开,避免管内水流紊乱,影响抽水效果。分段地点宜选在基坑转弯处,以减少总管弯头数量。总管尽可能随着基坑的形状布置成直线、折线,以防止地下水回渗,提高水泵的抽水能力。水泵宜设置在各段总管中部,使泵两侧的水流平衡。

### 7.3.1.4 轻型井点计算

轻型井点降水设计的计算往往受到很多不确定因素的影响,例如地层的不均匀性、参数假定的局限性、井点系统布置以及设备的不同、成孔方法的不同等都会影响到理论计算的数值。但是,只要选择了适当的计算公式及参数,还是能够满足设计要求的。

(1) 井点设计所需参数、资料
① 含水层性质:承压水或潜水。
② 含水层厚度、顶板及底板的高度。
③ 含水层渗透系数。
④ 含水层补给条件。
⑤ 地下水位标高和水位动态变化资料。
⑥ 井点系统性质:完整井或非完整井。
⑦ 基坑规格、位置、设计降深要求。

(2) 井点管的埋设深度计算

井点管的埋设深度 $H$(不包括滤管长)按式 (7.3.2) 计算,即:

$$H \geqslant H_1 + h + LI \tag{7.3.2}$$

式中 $H_1$——基坑深度,m;

$h$——基坑中心处基坑地面(单排井点时,为远离井点一侧坑底边缘)至降低后地下水位的距离,一般为 0.5～1.0m;

$I$——降落漏斗水力梯度(环状井点设计取 1/10,单排井点取 1/4);

$L$——井连管至基坑中心或基坑远边的距离,m。

若计算出的 $H$ 值大于井点管长度,则应降低井点管的埋置面(但以不低于地下水位为准)以适应降水深度的要求。

(3) 基坑涌水量估算

目前所采用的计算方法都是以法国水力学家裘布依的水井理论为基础。

裘布依理论的基本假设:抽水影响半径内,从含水层的顶面到底部任意点的水力坡度是一个恒值,并等于该点水面处的斜率;抽水前地下水是静止的,此时的天然坡度为零;对于承压水,顶、底板是隔水的;对于潜水,井边水力坡度不大于 1/4,底板是隔水的,含水层为均质水平;地下水位稳流,即不随时间变化。

当均匀地在井内抽水时,井内水位开始下降。经过一段时间的抽水工作,井周围的水面就由水平的变成降低后的弯曲水面,最后该曲面渐趋稳定,成为向井边倾斜的水位降落漏斗。

对于封闭型疏干降水,基坑涌水量可按下述经验公式进行估算。

$$Q = \mu As \tag{7.3.3}$$

式中 $Q$——基坑涌水量（疏干降水排水总量），$m^3$；
　　$\mu$——疏干含水层的给水度；
　　$A$——基坑开挖面积，$m^2$；
　　$s$——基坑开挖至设计深度时的疏干含水层中平均水位降深，m。

当群井按大井简化时，均质含水层潜水完整井的基坑降水总涌水量可按式（7.3.4）计算，示意图见图 7-11。

$$Q = \pi k \frac{(2H - s_d)s_d}{\ln(1 + \frac{R}{r_0})} \tag{7.3.4}$$

式中 $Q$——基坑降水总涌水量，$m^3/d$；
　　$k$——渗透系数，m/d；
　　$H$——潜水含水层厚度，m；
　　$s_d$——基坑地下水位的设计降深，m；
　　$R$——降水影响半径，m；
　　$r_0$——基坑等效半径，m，可按 $r_0 = \sqrt{\frac{A}{\pi}}$ 计算；
　　$A$——基坑面积，$m^2$。

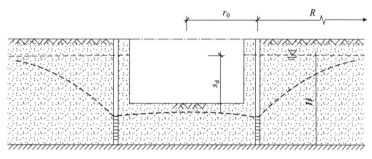

图 7-11　均质含水层潜水完整井的基坑涌水量计算

当群井按大井简化时，均质含水层潜水非完整井的基坑降水总涌水量可按式（7.3.5）计算，计算简图如图 7-12 所示。

$$Q = \pi k \frac{(H^2 - h^2)}{\ln(1 + \frac{R}{r_0}) + \frac{h_m - l}{l}\ln(l + 0.2\frac{h_m}{r_0})} \tag{7.3.5}$$

$$h_m = \frac{H + h}{2}$$

式中 $h$——降水后基坑内的水位高度，m；
　　$l$——过滤器进水部分的长度，m。

当群井按大井简化时，均质含水层承压水完整井的基坑降水总涌水量可按式（7.3.6）计算，计算简图见图 7-13。

$$Q = 2\pi k \frac{Ms_d}{\ln(1+\frac{R}{r_0})} \tag{7.3.6}$$

式中 $M$——承压水含水层厚度，m。

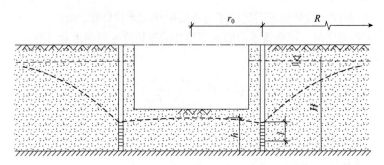

图 7-12 均质含水层潜水非完整井的基坑涌水量计算

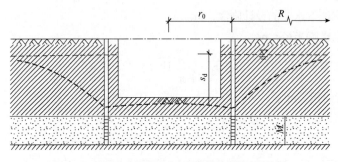

图 7-13 均质含水层承压水完整井的基坑涌水量计算

当群井按大井简化时，均质含水层承压水非完整井的基坑降水总涌水量可按式（7.3.7）计算，计算简图如图 7-14 所示。

$$Q = 2\pi k \frac{Ms_d}{\ln(1+\frac{R}{r_0})+\frac{M-l}{l}(1+0.2\frac{M}{r_0})} \tag{7.3.7}$$

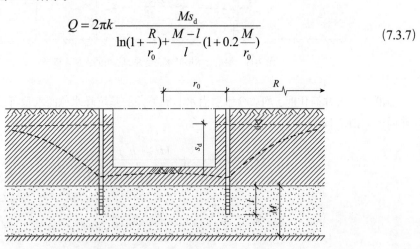

图 7-14 均质含水层承压水非完整井的基坑涌水量计算

如果群井按大井简化，均质含水层承压水-潜水完整井的基坑降水总涌水量可按式（7.3.8）计算，计算简图如图 7-15 所示。

$$Q = \pi k \frac{(2H_0 - M)M - h^2}{\ln(1 + \frac{R}{r_0})} \tag{7.3.8}$$

式中 $H_0$——承压水含水层的初始水头。

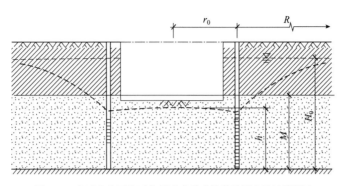

图 7-15 均质含水层承压水-潜水完整井的基坑涌水量计算简图

(4) 井点管数量的计算

井点管的最少数量 $n'$ 由式（7.3.9）确定，即

$$n' = \frac{Q}{q} \tag{7.3.9}$$

$$q = 65\pi d l^3 \sqrt{k} \tag{7.3.10}$$

式中 $q$——单根井管的最大出水量，$m^3/d$；
$d$——滤管直径，m。

井点管的最大间距 $D'$，即

$$D' = \frac{L}{n'} \tag{7.3.11}$$

式中 $L$——总管长度，m；
$n'$——井点管最少根数。

实际采用的井点管间距 $D$ 应当与总管上的接头尺寸相适应，即尽可能地采用 0.8、1.2、1.6、2.0，且 $D<D'$。这样实际采用的井点数 $n>n'$，一般 $n$ 应当超过 $1.1n'$，以防止井点管堵塞等影响抽水效果。

(5) 井点管直径的选择

井点管直径 $D$ 按照式（7.3.12）计算：

$$D = 2\sqrt{\frac{q}{\pi v}} \tag{7.3.12}$$

式中 $q$——轻型井点单井抽水量，$m^3/s$；
$v$——允许流速（一般为 0.3～0.5m/s）。

目前，国内轻型井点采用的井点管直径以 38mm、50mm 最为常见。

(6) 滤网、滤管的选择

滤水管一般选用与井点管直径相同的管材，滤水孔多采用直径为 12～18mm 的孔，呈梅花形布置。滤水孔的间距通常采用 $a=2.5\sim3.5d$（$d$ 为滤水孔直径），孔隙率一般采用 15%～25%，滤管周长孔眼的行数 $n_1$ 采用式（7.3.13）计算：

$$n_1 = \frac{\pi D}{a \sin 60°} \tag{7.3.13}$$

式中　$D$——滤管直径，mm；
　　　$a$——滤孔间距，mm。

滤网规格选用合理与否，直接关系到降水的成败。滤网过密，易造成堵塞，影响抽水量；滤网过稀，易造成大量细颗粒被抽走，造成滤管堵塞和地基土的流失。因此，必须根据当地土质情况合理选择滤网。

过滤网的孔眼与土颗粒的组成应满足如下关系：

$$d_c \leqslant 2d_{50} \tag{7.3.14}$$

式中　$d_c$——过滤孔净宽；
　　　$d_{50}$——颗粒级配曲线上纵坐标为 50% 所对应的粒径。

#### 7.3.1.5　轻型井点施工工艺

（1）井点的成井施工

根据制订的轻型井点降水施工方案，现场安排好"三通"及设备进场，由设计人员按降水设计方案确定井点位置，安排好排水沟的位置后开始施工。

轻型井点的主要成孔方法有水冲法、钻孔法、套管法、射水法、套管水冲法。

① 水冲法　根据测量放线确定的井点位置，在井位先挖一个小土坑，深大约 500mm，面积约 $0.5m^2$，用水沟将小坑与排水沟或集水坑连接，以便于冲孔时集水、排出多余水量。

将简易三脚架移到井点位置，将直径 50～70mm 的冲管水枪对准井点位置，启动高压水泵，水压控制在 0.4～0.8MPa，在水枪高压水射流冲击下成孔，并不断地升降冲管水枪并左右晃动冲枪，一般对于含砂的黏土，大约在 10～15min 之内，井点管可下沉 10m 左右，若遇到较厚的黏性土层时，沉管时间要延长，此时可增加高压水泵的压力，以达到加快沉管速度的目的。成孔直径应达到 300mm 左右，保证管壁与井点管之间有一定间隙，以便于填充砂石，冲孔深度应比滤管设计深度低 500mm 以上作为沉淀层，以防止冲管提升拔出时部分土塌落，并使滤管底部存有足够的砂石。井点管的冲孔与埋设如图 7-16 所示。

水枪上下移动时应保持垂直，这样才能使井壁保持垂直，若在凿孔时遇到较大的石块和砖块，会出现倾斜现象，此时成孔的直径也应尽量保持上下一致。

当冲孔达到预计深度时，应降低水压，快速拔出冲管，用绳索提起井点管插入井孔，井点管的上端应塞住，以防砂石或其他杂物进入，插入井点管后应立即在井点管与孔壁之间填灌砂石滤料。该砂石滤料的填充质量直接影响轻型井点降水的效果。

应注意以下几点：

a. 砂石滤料必须采用粗砂或豆石，不得采用中砂，严禁使用细砂，以防止堵塞滤管的网眼。

b. 滤管应放置在井孔的中间，砂石滤层的厚度应在 60～100mm 之间，以提高透水性，并防止土粒渗入滤管堵塞滤管的网眼。填砂厚度要均匀，速度要快，填砂中途不得中断，以防孔壁塌土。

c. 井点填砂后，地表以下 1.0～1.5m 用黏土封口压实，防止漏气而降低降水效果。水冲法是轻型井点施工的主要方法,冲孔时的水压力不宜过大或过小,具体情况可参照表 7-3 执行。

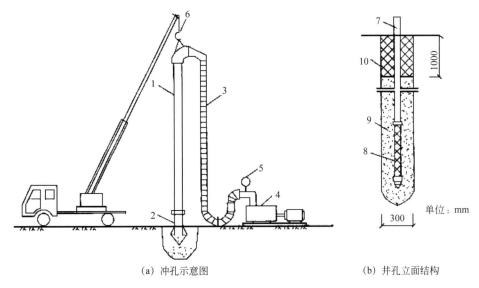

(a) 冲孔示意图　　　　(b) 井孔立面结构

图 7-16　井点管的冲孔与埋设

1—冲管;2—冲嘴;3—胶管;4—高压水泵;5—压力表;6—起重机吊钩;
7—井点管;8—滤管;9—滤料;10—黏土封口

表 7-3　冲压土层岩土特性与冲水压力参照表

| 土类 | 冲水压力/MPa | 土类 | 冲水压力/MPa |
| --- | --- | --- | --- |
| 松散的细砂 | 0.25～0.45 | 中等密实的黏土 | 0.60～0.75 |
| 软黏土、粉质黏土 | 0.25～0.50 | 砾石土 | 0.85～0.90 |
| 密实腐殖土 | 0.50 | 含黏土粗砂 | 0.85～1.15 |
| 原状的细砂 | 0.50 | 密实黏土、粉质黏土 | 0.75～0.25 |
| 松散的中砂 | 0.45～0.55 | 中等颗粒的砾石 | 1.0～1.25 |
| 黄土 | 0.60～0.65 | 硬质黏土 | 1.25～1.50 |
| 原状的中粒砂 | 0.60～0.70 | 原状粗砾 | 1.35～1.50 |

② 钻孔法　利用冲击钻或回转钻机成孔,根据钻机的类型不同,可采用不同的方法,优点是成孔垂直度、孔径有保证,缺点是施工速度略慢,成本较高。

冲击式钻进方法设备简单,成本低,但是场地泥泞,泥浆量多,洗井困难。

长螺旋钻进成孔钻进速度较快,含砂土层水下易塌孔,黏性土层易形成泥浆护壁,洗井困难,会降低土层的渗透性。

循环回转钻进钻机成孔,施工速度快,但也易形成泥浆护壁,造成洗井困难。成孔后插入井点管、滤料及填充要求同水冲法。

③ 套管法　套管法施工成孔可保证井点周围滤料层的厚度和质量,施工时用吊车将套管吊装就位,然后开动水泵抽水,当套管下沉时,逐渐加大水泵的压力,同时可将套管上下起落加大冲击速度,水泵工作水压一般为 1.2～1.5MPa。当达到设计标高后(一般井深比设计孔深深 1.0m 左右),需继续冲击一段时间,视土质情况减小或维持工作水压力,先向套管内倒入少量滤料,主要是为防止井点管插入黏土层中,然后将井点管放入套管内,填入滤料。滤料的填

学习情境 7　基坑降水施工

入应分次进行,边填滤料边上拔套管,直至完成井点管埋设。

④ 射水法 利用射水法进行井点管成孔,就是在井点管下安装射水管或滤管,在地面挖小坑,将射水管或井点管插入后,射水内管下有射水球阀,上接可旋动节管和高压胶管、水泵等。利用高压水在井管下端冲刷土体,使井点管下沉。下沉时,随时转动管子,以增加下沉速度,并保证垂直。射水压力为 0.4~0.6MPa,当为大颗粒砂粒土时,应为 0.9~1.0MPa,冲至设计深度后,取下软管,再与集水总管连接,抽水时球阀可以自由关闭。冲孔直径一般为 300mm,冲孔深度应比滤管底深 0.5m 左右,用于沉渣。

滤料及灌填方法、要求与水冲法相同。本法优点为冲孔、埋管一次完成。缺点是弱透水的黏性土层及砂土、黏性土互层的地层不适用,易堵塞过滤器。其构造如图 7-17 所示。

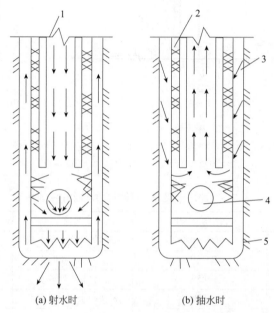

(a) 射水时　　　　　(b) 抽水时

图 7-17　射水法埋设井点管
1—内管；2—有孔套管；3—钢丝网；4—球阀；5—承架

⑤ 套管水冲法 采用套管水冲法进行井点管的埋设就是用套管或高压水冲枪冲孔。冲枪由套管、冲孔高压水管、反冲洗高压水管和喷嘴等组成。在冲枪下端沿圆周布置 8~10 个 $\varphi$8mm 垂直向下的喷嘴,套管下部沿圆周切成锯齿状,以利套管下沉。为使套管内部土柱迅速脱离,内设两层共 12 个 $\varphi$10mm 的向心 45°角的喷嘴。冲枪工作时,用高压水泵将 0.8~1.0MPa 的高压水通过高压水管、喷嘴射入土中,可使套管以 0.6m/min 的速度下沉,泥浆水在压力作用下则从套管向上部流出。达到设计标高后,停止冲水,通过反冲管供给 0.4~0.6MPa 的高压水,稀释套管内泥浆,至出清水后放入井点管,边填滤料边拔套管,地面下 1.0~1.5m 处,用黏土将孔口封死,井点埋设即告完成。采用本法成孔,滤料、孔径的质量能保证,不会造成泥土堵塞,井点渗水效果好。套管直径：轻型井点采用 300mm,喷射井点采用 400mm。套管长度根据设计需要确定。套管一侧根据需要每 1.5~2.0m 开一个口,套管沉入土中时逐步关闭下部的窗口,打开上部的窗口以便于泥浆的排出。

(2) 洗井

洗井是井点施工的重要一步,其目的是在轻型井点周围形成良好的渗透通道,排出滤料周围多余的泥浆，确保透水滤管能正常出水。洗井质量可能决定降水方案能否按设计要求完成，常用的方法主要有空压机洗井、冲孔器洗井、水泵加压注水洗井、射流泵洗井等。如可将直径 5～30mm 的胶管插入井点管底部，用水泵进行注水清洗，直到流出清水为止。井管应逐根进行清洗，避免出现"死井"。

(3) 管路安装

沿井点管线外侧铺设集水总管，集水总管一般常用直径 75～127mm 的钢管或 PVC 管。钢制集水管一般每节长 4m，可用胶垫螺栓把集水管连接起来，主干管连接水箱水泵。如采用 PVC 集水总管，可按照基坑形状布置集水总管，接头处可采用钢丝软塑料管或相同直径的胶皮管连接。

集水总管连接完成后，可用钢丝软塑料管、胶管将井点管与集水总管连接好，再用 10#铅丝绑好，防止管路不严、漏气而降低整个管路的真空度。对于 PVC 管材的集水总管和井点管，安装时注意检查塑料焊接处是否密闭、牢固，井点管和集水总管可采用带钢丝的塑料软管直接连接，接口处用塑料薄膜缠紧以防漏气。集水总管的流水坡度应按向水泵方向倾斜 2.5%～5% 的坡度设置，并用砖将主干管垫好。在冬季施工时，应做好基坑降水设备的防冻保温工作。

(4) 检查管路

检查集水总管与井点管连接胶管的各个接头在试抽水时是否有漏气现象，发现漏气情况，应重新连接或用塑料薄膜缠紧，重新拧紧法兰盘螺栓和胶管的铅丝，直至不漏气为止。在正式抽水前必须进行试抽，以检查抽水设备运转是否正常，管路是否存在漏气现象。在水泵的进水管上安装一个真空表，在水泵的出水管处安装一个压力表。

为了观测地下水位是否达到基坑水位降深要求，应在基坑中心处设置一个观测井点，以便通过观测井点水位，了解相关降水情况。

在试抽时，应检查整个降水系统的真空度，查看真空表，一般真空度应达到 55～75kPa 或更高，方可正式投入抽水。如果真空度不够，应检查管路及场地的漏气情况，及时处理。

(5) 抽水

轻型井点系统全部安装完毕后进行试抽。当抽水设备运转一切正常后，整个抽水管路无漏气现象，可以投入正常抽水作业。

## 7.3.2 管井降水施工

对于渗透系数为 20～200m/d 且地下水丰富的土层、砂层、碎石土层，用轻型井点降水施工很难满足降水要求，此时可选用管井降水施工。管井井点设备较简单，排水量大，降水较深，采用管井降水可满足大降深、大面积降水的工程需要，因此，比轻型井点降水方法具有更好的降水效果。

管井的孔径一般在 400～800mm，管井结构一般为 200～500mm，深度从 10m 左右到 100m 以上。管井的排水量最大可达 1000m³/d，降水深度最大可达 100m 以上，适应范围广，施工方便。管井井点是沿基坑每隔 20～50m 距离设置一个管井，每个管井单独采用一台水泵不断抽水来降低地下水位。当管井深度大于 15m 时称为深井井点。

管井的主要设备由滤水管、吸水管、抽水水泵等组成。

① 滤水管一般采用直径大于 200mm 的钢管、钢筋笼包滤网、铸铁管、塑料管、竹木管、水泥砾石滤水管等，下部滤水井管长 3m 左右，可视涌水量情况加长。目前考虑到施工方便及

效率等因素，一般基坑降水工程多采用水泥砾石滤水管。

② 吸水管一般采用与离心泵、潜水泵等配套的胶皮管，价格便宜，使用维护方便。

③ 抽水水泵常用的有离心泵、深井泵、潜水泵。离心泵的降水深度一般小于7m，降水深度要求大于7m的，可视情况采用不同扬程和流量的潜水泵，每个井一台潜水泵单独抽水。潜水泵的特点是使用方便，能耗少，效率高，成本低，维修方便。

#### 7.3.2.1 管井井点的布置

采用基坑外降水时，应根据基坑平面形状或沟槽的宽度，沿基坑外围四周呈环形或沿基坑或沟槽两侧或单侧呈直线布置。

管井井点中心距基坑边缘的距离应根据管井成孔所用钻机的方法来确定，当使用冲击式钻机并用泥浆护壁时为0.5~2.0m，用套管法时不小于3m。

管井的埋设深度可视含水层的情况而定，井间距一般为10~50m。但要注意，井间距不宜布置过小，井距过小不能充分发挥单井的降水效果。根据吉哈尔特（Sichardt）理论进行计算，井间距 $B$ 应满足 $B \geqslant 5\pi D$ 的要求，$D$ 为降水管井的直径。

当基坑开挖面积较大或者出于防止降低地下水对周围环境的不利影响的目的而采用坑内降水时，一般采用管井井点。可根据所需降水深度、单井涌水量以及抽水影响半径 $R$ 等确定管井井点间距，再以此间距在坑内呈棋盘状、点状布置。坑内管井布置见图7-18。

井间距 $B$ 一般为10~15m，同时，不应大于 $\sqrt{2}R$，以保证基坑全部范围内地下水位降低。

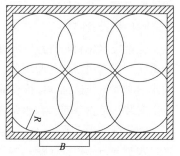

图7-18 坑内管井布置

#### 7.3.2.2 管井降水施工工艺

（1）井孔钻进

管井成孔可采用的钻孔机械种类较多，如硬合金钻头钻进、钢粒钻进、牙轮钻钻进、冲击钻进、反循环钻进等。根据土层岩性可选取不同的设备。

根据钻进时使用的护壁方法不同分为跟管钻进和泥浆护壁钻进。

管井成孔宜采用泥浆护壁钻孔法，即在钻机钻孔的同时，向孔内投放泥浆，护住井壁，以免地下水渗出时坍塌。以卵石和漂石为主的地层，宜采用冲击钻进或潜孔锤钻进，其他第四系地层宜采用回转钻进。钻孔直径均应比管井外径大150~200mm。井孔的钻探达到要求的深度后即可终孔。

（2）井点管安装

井孔钻探完成后，应稀释井内泥浆随即下入井管，下管时注意检查保护滤管部位的滤网包扎质量，井管应高出地面0.3m以上，井底应封死。

可根据不同井管、钻井设备而采用不同的安装方法，主要有：

① 钢丝绳悬吊下管法。适用于带丝扣的钢管、铸铁管，以及有特别接头的玻璃钢管、聚丙烯管及石棉水泥管、焊接的无丝扣钢管、螺栓连接的无丝扣铸铁管、粘接的玻璃钢管、焊接的硬质聚氯乙烯管等。

② 浮板下管法。利用浮力减小提吊拉力，适用于井管总重超过钻机起重设备负荷的钢管，

或超过井管本身所能承受拉力的带丝扣铸铁井管。

③ 钢丝绳托盘下管法。适用于各种管材，如水泥井管、砾石胶结过滤器及采用铆焊接头的大直径铸铁井管等。

(3) 填滤料

井管与土壁之间用 3~15mm 砾石填充作为过滤层，地面下 0.5m 用黏土填充夯实。

静水填砾法：适用于浅井及稳定的含水层。填滤料前彻底稀释井内泥浆，在井管外慢慢填滤料。

循环水填砾法：适用于较深井。边填滤料边向井管内注水，使清水从管外上返，滤料从井管外填入。

抽水填砾法：适用于孔壁稳定的深井。用空压机从井管内抽水，滤料从管外填入。

(4) 安装水泵和吸水管

吸水管宜采用直径为 50~100mm 的胶皮管或钢管，其下端应沉入管井抽吸时的最低水位线以下，并装逆止阀。通常每个管井单独用一台水泵，水泵设置标高尽可能设在最小吸程处，高度不够时，水泵可设在基坑内。

降水深度小于 7m 时，可采用 BA 型或 B 型、流量 10~25m³/h 的离心式水泵，降水深度大于 7m 时常采用潜水泵或深水泵。目前多采用潜水泵。

(5) 洗井

洗井工作应在填滤料后立即进行，以防井壁泥浆硬化，造成洗井困难。洗井主要是为了清除井内泥浆和细小颗粒，增加出水量。

常用的洗井方法有活塞洗井法、压缩空气洗井法、冲孔器洗井法、泥浆泵与活塞联合洗井法、液态二氧化碳洗井法及化学药品洗井法等。洗井方法应按井的结构、管材、钻井工艺及含水层特征选择，尽量采用不同的洗井工具交错使用或联合使用。

对于钢制井点管，可采用活塞和空压机联合洗井，该法是诸多洗井法中效果最好的一种。对于水泥井管、塑料井管等，可采用空压机洗井或水泵洗井。

## 7.4 基坑降水与周围环境控制

在进行基坑降水设计前，首先要掌握基坑周边的环境情况资料。

① 地下管线资料。包括上水管、煤气管、输油管线、供电线路、通信线路、排水管道等距基坑边缘的距离以及管径大小和重要程度。

② 基坑周边建筑资料。包括居民住宅、办公楼、高层建筑的基础深度以及形式和上部结构、建筑物的沉降和变形的现状。

③ 市政工程资料。包括地下建（构）筑物的规模、范围、深度，地铁和高架道路、地下道路、隧道的埋深、走向、基础形式、深度以及现状。

④ 基坑施工期间需重点保护的对象以及允许的最大变形量等。

在工程实践中，当地下降水会对基坑周围建（构）筑物和地下设施带来不利影响时，可以采用竖向截水帷幕法或回灌法避免或减小该影响。

(1) 竖向截水帷幕法

竖向截水帷幕包括水泥搅拌桩、高压旋喷桩、深层搅拌桩、地下连续墙等截水墙，阻止地下水流入基坑底部。竖向截水帷幕的结构形式主要有两种：一种是当含水层较薄时，穿过含水层，插入隔水层中；另一种是当含水层相对较厚时，帷幕悬吊在透水层中。以前者情况进行防渗计算时，只需计算通过防渗帷幕的水量，后者还需要考虑绕过帷幕涌入基坑的水量。

截水帷幕的厚度应满足基坑防渗要求，截水帷幕的渗透系数小于 $1.0 \times 10^{-6}$ cm/s。

落底式竖向截水帷幕应插入下卧不透水层，其插入深度 $l$ 可按式（7.4.1）计算，即

$$l = 0.2h_w - 0.5b \qquad (7.4.1)$$

式中　$l$——帷幕插入不透水层的深度，m；

　　　$h_w$——作用水头，m；

　　　$b$——帷幕厚度，m。

当地下含水层渗透性较强、厚度较大时，可采用悬挂式竖向截水与坑内井点降水相结合或采用悬挂式竖向截水与水平封底相结合的方案。

截水帷幕施工方法和机具的选择应根据场地工程水文地质及施工条件等综合确定。

(2) 回灌法

当基坑周边的建筑物、地下管线出现不均匀沉降的情况，可进行回灌，以减小建筑物处的沉降。回灌的方式有两种：一种是采用回灌沟回灌（图 7-19）；另一种是采用井点回灌（图 7-20）。

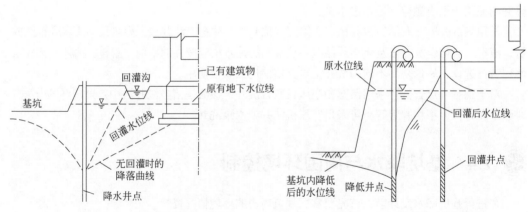

图 7-19　井点降水与回灌沟回灌示意　　　　图 7-20　井点降水与井点回灌示意

回灌法的基本原理是：在基坑降水的同时，向回灌井或沟中注入一定的水量，形成一道阻渗水幕，使基坑降水的影响范围不超过回灌点的范围，阻止地下水向降水区流失，保持已有建筑物所在地原有的地下水位，使土压力仍处于原有平衡状态，从而有效地防止降水的影响，使建筑物的沉降达到最小程度。

如果建筑物距离基坑较远，且为较均匀的透水层，中间无隔水层，则采用最简单的回灌沟法进行回灌即可，其经济易行。但如果建筑物距离基坑较近，且为弱透水层或透水层中间夹有弱透水层和隔水层时，则须用井点回灌。

回灌井点系统的工作条件恰好和抽水井点系统相反，将水注入井点后，水从井点向四周土层渗透，在井点周围形成一个和抽水方向相反的倒转漏斗，有关回灌井点系统的设计，也应按照水井理论进行计算和优化。

## 小结

本学习情境主要介绍了基坑工程施工中水的危害与防治方法，主要包括基坑工程施工水的来源、水对基坑支护的破坏作用以及各类降水施工工艺和控制措施。通过本情境的学习，能够掌握常见的基坑降水施工工艺，能够对基坑降水施工质量进行控制，从而做到尽可能降低基坑施工对周边环境的影响。

## 课后习题

### 一、单选题

1．人工降低地下水位应注意在降水影响范围内的已有建筑物和构筑物可能产生（　　），以及在岩溶土洞发育地区可能引起的地面塌陷，必要时应事先采取有效的防护措施。
　　A．附加变形　　　　　B．地震　　　　　C．渗漏水　　　　　D．没有影响

2．当因降水危及基坑及周边环境安全时，宜采用（　　）方法，截水后，基坑中的水量或水压较大时，宜采用基坑内降水。
　　A．截水或回灌　　　　B．加固地基　　　C．抽水　　　　　　D．可不做任何措施

3．降水深度不超过（　　）左右时可用一级轻型井点。
　　A．6m　　　　　　　　B．10m　　　　　　C．12m　　　　　　D．15m

4．如降水深度较大，但不超过（　　），且基坑周围开阔，则可采用多级轻型井点。如在建筑物较密集地区不能放坡时，要用降水深度大的设备。
　　A．8m　　　　　　　　B．9m　　　　　　　C．10m　　　　　　D．12m

5．降水深度为（　　）时，可用喷射井点。
　　A．5～7m　　　　　　B．15～25m　　　　C．20～28m　　　　D．8～18m

6．基坑较浅、土体较稳定或土层渗水量不大，可用集水井排水时，在基坑内基础范围外坑角或每隔（　　）挖集水井。
　　A．10～15m　　　　　B．12～16m　　　　C．20～25m　　　　D．30～35m

7．集水明排时，在集水井间挖排水沟，沟底比坑底低约（　　），井底又低于沟底0.5～1.0m。进入坑内的水沿沟流入集水井后，用水泵抽出，将水面降至坑底以下。
　　A．0.2m　　　　　　　B．0.3m　　　　　　C．0.4m　　　　　　D．0.5m

8．排水沟和集水井宜布置在拟建建筑基础边净距（　　）以外，在基坑四角或每隔30～40m应设一个集水井。
　　A．0.2m　　　　　　　B．0.3m　　　　　　C．0.4m　　　　　　D．0.5m

9．排水沟和集水井宜布置在拟建建筑基础边净距0.4m以外，排水沟边缘离开边坡坡脚不应小于（　　），在基坑四角或每隔30～40m应设一个集水井。
　　A．0.2m　　　　　　　B．0.3m　　　　　　C．0.4m　　　　　　D．0.5m

10．排水沟底面应比挖土面低0.3～0.4m，集水井底面应比沟底面低（　　）以上。
　　A．0.2m　　　　　　　B．0.3m　　　　　　C．0.4m　　　　　　D．0.5m

### 二、简答题

1．简述基坑降水设计对基坑工程的重要性。

2. 简述明沟排水法的适用条件。
3. 在什么条件下明沟排水法可单独使用?
4. 简述轻型井点降水法与管井降水法的适用条件。
5. 裘布依公式的含义与达西定律有何不同?
6. 基坑降水设计的原理是什么?

三、思考题

1. 思考在进行基坑降水施工时为何要控制周围环境。
2. 思考基坑降水施工方法的分类原则以及各种方法的适用条件。
3. 思考轻型井点降水方法的原理。
4. 思考竖向截水帷幕法与回灌法有何不同。
5. 思考轻型井点降水施工中所用到的抽水设备与明沟排水法中的抽水设备有何区别。

## 学习情境 8

# 基坑工程监测与信息化

### ▶ 情境描述

本学习情境要求学习人员通过学习掌握基坑工程施工监测与信息化施工基本概念，理解基坑工程监测与信息化施工的意义，掌握基坑工程监测项目与监测频率，能根据基坑工程等级及基坑图纸要求确定基坑监测项目、监测频率，能够选择合适的监测仪器设备及元件，能够对各监测项目进行现场布点并采集监测数据，能够对监测数据进行处理，并在检测实施过程中要求遵守规范强制性要求和图纸要求，做好施工协调工作。任务实施可以由教师与学生共同设置情景，进行角色定位，在实训室进行基坑监测实训；同时也可布置任务，进行相应的工地现场调研，使学生进入基坑监测现场，以报告的形式提交学习成果。

### ▶ 学习目标

**知识目标**

① 理解基坑工程监测的目的与意义；
② 理解基坑工程信息化施工概念；
③ 掌握基坑工程监测项目与监测频率；
④ 掌握基坑监测项目监测方法与原理。

**能力目标**

① 能够理解并掌握基坑工程监测及信息化施工的作用与意义；
② 能够进行基坑工程监测测点布置并进行监测数据采集；
③ 能够对监测数据进行分析。

**素质目标**

① 吃苦耐劳，具备强烈的工程质量意识，遵守规范标准要求；
② 善于观察和思考，养成发现问题、提出问题并及时解决问题的良好学习和工作习惯。

# 8.1 基坑工程施工监测概述

基坑工程监测概述

## 8.1.1 基坑施工监测内容与控制标准

基坑工程监测的目的与项目

### 8.1.1.1 基坑施工监测与信息化施工的意义

基坑施工监测的概念是基坑在开挖施工处理中，用科学仪器设备与手段对基坑支护结构及周边环境（如土体、建筑物、道路、地下设施等）的位移、变形、倾斜、沉降、应力、开裂、基底隆起、地下水位动态变化、土层孔隙水压力变化等进行综合监测。基坑信息化施工是指充分利用前段基坑开挖监测到的岩土及结构体变位、行为等大量信息，通过与勘察、设计进行比较和分析，在判断前期设计与施工合理性基础上，反馈、分析与修正岩土力学参数，预测后续工程可能出现的新行为与新动态，进行施工设计与施工组织再优化，以指导后续开挖方案、方法、施工，排除险情，以实现建设优质工程的目的。因此基坑监测工作是基坑信息化施工的基础。

近年来，随着基坑开挖深度及面积的不断增大，基坑支护的复杂程度也日益增加，随着对基坑施工安全要求的不断提高，在基坑开挖过程中需要进行严密的监测。与理论计算及数值模拟不同，基坑监测是实时立体的，由于变形伴随基坑开挖施工的全过程，如缺少监测及数据分析则对认识基坑变形是不利的，不论是安全隐患还是局部变形过大都要进行及时反映。因此基坑监测是十分重要的，目前对基坑监测的要求越来越高，这也促进了基坑信息化施工的快速发展。

目前基坑施工的开挖深度相较最初的 10m 以内，已经发展到成几倍深度增加。由于岩土体性质复杂、荷载条件及施工环境多变等因素，近年来发生在基坑施工方面的事故比例不断增加。而对于一些复杂的大型工程或环境要求严苛的项目，以往的施工经验已经不能满足安全施工的要求，这时基坑监测工作就成为保证基坑施工安全的一项必备工作。

基坑施工监测既是检验设计阶段支护参数合理性的必要手段，同时又是及时指导施工、避免事故发生的必要措施。利用基坑开挖前期监测成果来指导后续工程的方法，已发展成为信息化施工技术。监测工作因而也成为深基坑开挖工作的重要组成部分，在工程实践中受到了高度重视。

### 8.1.1.2 基坑施工监测的目的与原则

一般情况下基坑施工监测的目的主要包括如下几个方面：

① 通过基坑监测的数据，使基坑项目参建各方能够客观真实地把握基坑施工质量，掌握工程各部分的关键性指标，确保工程安全；

② 在施工过程中通过实测数据检验工程设计所采取的各种假设和参数的正确性，及时改进施工技术或调整设计参数以取得良好的工程效果，实现基坑工程信息化施工；

③ 对可能发生危及基坑工程本体和周围环境安全的隐患进行及时、准确的预报，确保基坑结构和相邻环境的安全；

④ 能够积累工程经验，为日后类似工程提供设计及施工参考。

由于基坑工程的复杂性，基坑监测是一项涉及多学科的高要求专业技术工作，基坑监测的基本原则包括如下几个方面：

① 基坑监测数据必须是可靠真实的，而监测数据的可靠性则依靠质量可靠的监测元件及正确的元件安装或埋设，同时监测仪器的精度以及监测从业人员的专业素质对监测数据的影响同样巨大。监测数据真实性要求所有数据必须以原始记录为依据，任何人不得篡改、删除原始记录。

② 监测数据必须是实时的，监测数据需在现场及时计算处理，发现有问题可及时复测，做到当天测、当天反馈。

③ 埋设于土层或结构中的监测元件应尽量减少对结构正常受力的影响，埋设监测元件时应注意与岩土介质的匹配。

④ 对所有监测项目，应按照工程具体情况预先设定预警值和报警制度，预警体系包括变形或内力累积值及其变化速率。

⑤ 应整理完整监测记录表、数据报表、形象的图表和曲线，监测结束后整理出监测报告。

一般而言对于基坑工程的监测还应认识并做到如下几个方面：

① 对基坑开挖支护结构及基坑周边建筑物的变形都要进行监测，实时记录基坑本身及基坑周边的变化情况，对变化趋势足够了解并可以推测出相应的变形规律及速率，及时地将监测结果反映给甲方，如遇存在安全隐患及时汇报，以便及时采取相应的措施。

② 通过对比现场实际监测的结果与计算结果，掌握本项目基坑结构的实际变化，并分析计算结果的可靠性，对基坑继续开挖以及地下结构施工过程中的基坑稳定性以及变形控制提供可参考的预估。

③ 因为基坑开挖及基坑内降水导致的卸载，在邻近建筑物开挖时由于土压力、孔隙水压力以及建筑物的附加荷载，导致基坑外土体有向基坑内位移的趋势，并随着时间及开挖深度的增加有增大的趋势，进而导致基坑周边道路及建筑物的沉降，会严重影响基坑周边道路及建筑物的安全使用及基坑自身的安全。应加强对基坑周边建筑物及道路沉降的监测，及时发现周边环境的变化以及周边环境变化对基坑存在的潜在影响，确保基坑在长时间的施工过程中不出现意外，避免造成重大安全隐患以及纠纷。

#### 8.1.1.3 基坑施工监测项目与监测频率

（1）监测项目

基坑工程的现场监测应采用仪器监测与巡视检查相结合的方法，现场主要监测对象包括支护结构、相关的自然环境、施工工况、地下水状况、基坑底部及周围土体、周围建（构）筑物、周围地下管线及地下设施、周围重要的道路及其他应监测的对象。基坑工程的监测项目应抓住关键部位，做到重点观测、项目配套，形成有效的、完整的监测系统。监测项目尚应与基坑工程设计方案、施工工况相配套。

土质基坑工程仪器监测项目应根据表 8-1 进行选择。

表 8-1 基坑工程仪器监测项目

| 监测项目 | 基坑工程安全等级 | | |
| --- | --- | --- | --- |
| | 一级 | 二级 | 三级 |
| 围护墙（边坡）顶部水平位移 | 应测 | 应测 | 应测 |
| 围护墙（边坡）顶部竖向位移 | 应测 | 应测 | 应测 |
| 深层水平位移 | 应测 | 应测 | 宜测 |

续表

| 监测项目 | | 基坑工程安全等级 | | |
|---|---|---|---|---|
| | | 一级 | 二级 | 三级 |
| 立柱竖向位移 | | 应测 | 应测 | 宜测 |
| 围护墙内力 | | 宜测 | 可测 | 可测 |
| 支撑轴力 | | 应测 | 应测 | 宜测 |
| 立柱内力 | | 可测 | 可测 | 可测 |
| 锚杆轴力 | | 应测 | 宜测 | 可测 |
| 坑底隆起 | | 可测 | 可测 | 可测 |
| 围护墙侧向土压力 | | 可测 | 可测 | 可测 |
| 孔隙水压力 | | 可测 | 可测 | 可测 |
| 地下水位 | | 应测 | 应测 | 应测 |
| 土体分层竖向位移 | | 可测 | 可测 | 可测 |
| 周边地表竖向位移 | | 应测 | 应测 | 宜测 |
| 周边建筑 | 竖向位移 | 应测 | 应测 | 应测 |
| | 倾斜 | 应测 | 宜测 | 可测 |
| | 水平位移 | 宜测 | 可测 | 可测 |
| 周边建筑裂缝、地表裂缝 | | 应测 | 应测 | 应测 |
| 周边管线 | 竖向位移 | 应测 | 应测 | 应测 |
| | 水平位移 | 可测 | 可测 | 可测 |
| 周边道路竖向位移 | | 应测 | 宜测 | 可测 |

需要注意的是当基坑周围有地铁、隧道或其他对位移（沉降）有特殊要求的建（构）筑物及设施时，具体监测项目应与有关部门或单位协商确定。当基坑为岩体基坑时，基坑工程仪器监测项目可根据表8-2进行选择。

表8-2 岩体基坑工程仪器监测项目

| 监测项目 | | 基坑工程安全等级 | | |
|---|---|---|---|---|
| | | 一级 | 二级 | 三级 |
| 坑顶水平位移 | | 应测 | 应测 | 应测 |
| 坑顶竖向位移 | | 应测 | 宜测 | 可测 |
| 锚杆轴力 | | 应测 | 宜测 | 可测 |
| 地下水、渗水与降雨关系 | | 宜测 | 可测 | 可测 |
| 周边地表竖向位移 | | 应测 | 应测 | 可测 |
| 周边建筑 | 竖向位移 | 应测 | 应测 | 可测 |
| | 倾斜 | 宜测 | 宜测 | 可测 |
| | 水平位移 | 宜测 | 可测 | 可测 |
| 周边建筑裂缝、地表裂缝 | | 应测 | 宜测 | 可测 |
| 周边管线 | 竖向位移 | 应测 | 宜测 | 可测 |
| | 水平位移 | 宜测 | 可测 | 可测 |
| 周边道路竖向位移 | | 应测 | 宜测 | 可测 |

在基坑工程整个施工期内，每天均应有专人进行巡视检查，检查应包括支护结构、施工工

况、基坑周边环境、监测设施及根据设计要求或当地经验确定的其他巡视检查内容等。

对于基坑支护结构的检查应包括检查支护结构成型质量；冠梁、支撑、围檩有无裂缝出现；支撑、立柱有无较大变形；止水帷幕有无开裂、渗漏；墙后土体有无沉陷、裂缝及滑移；基坑有无涌土、流砂、管涌。

对施工工况的检查应包括开挖后曝露的土质情况与岩土勘察报告有无差异；基坑开挖分段长度及分层厚度是否与设计要求一致，有无超长、超深开挖；场地地表水、地下水排放状况是否正常，基坑降水、回灌设施是否运转正常；基坑周围地面堆载有无超堆荷载。

对基坑周边环境的检查应包括地下管道有无破损、泄漏情况；周边建（构）筑物有无裂缝出现；周边道路（地面）有无裂缝、沉陷；邻近基坑及建（构）筑物的施工情况。

对监测设施的检查应包括基准点、测点的完好程度；有无影响观测工作的障碍物；监测元件的完好程度及保护情况。

巡视检查的检查方法以目测为主，可辅以锤、钎、量尺、放大镜等工器具以及摄像、摄影等设备进行。巡视检查应对自然条件、支护结构、施工工况、周边环境、监测设施等的检查情况进行详细记录，如发现异常，应及时通知委托方及相关单位。同时，巡视检查记录应及时整理，并与仪器监测数据综合分析。

（2）监测频率

基坑工程监测频率的设置原则应考虑以能系统反映监测对象所测项目的重要变化过程，而又不遗漏其变化时刻。基坑工程监测工作应贯穿于施工全过程，应从基坑工程施工前开始，直至地下主体结构工程完成为止。对有特殊要求的周边环境的监测应根据需要延续至变形趋于稳定后才能结束。监测频率同时应考虑基坑工程等级、基坑及地下工程的不同施工阶段以及周边环境、自然条件的变化。当监测值相对稳定时，可适当降低监测频率。对于应测项目，在无数据异常和事故征兆的情况下，开挖后监测频率的确定可参照表8-3。

表8-3 现场仪器监测的监测频率

| 基坑设计安全等级 | 施工进程 | | 监测频率 |
|---|---|---|---|
| 一级 | 开挖深度（h） | ≤H/3 | 1次/（2～3）d |
| | | H/3～2H/3 | 1次/（1～2）d |
| | | 2H/3～H | （1～2）次/d |
| | 底板浇筑后时间/d | ≤7 | 1次/d |
| | | 7～14 | 1次/3d |
| | | 14～28 | 1次/5d |
| | | >28 | 1次/7d |
| 二级 | 开挖深度（h） | ≤H/3 | 1次/3d |
| | | H/3～2H/3 | 1次/2d |
| | | 2H/3～H | 1次/d |
| | 底板浇筑后时间/d | ≤7 | 1次/2d |
| | | 7～14 | 1次/3d |
| | | 14～28 | 1次/7d |
| | | >28 | 1次/10d |

注：H为基坑设计深度。

## 8.1.2 基坑施工监测方法与数据分析

### 8.1.2.1 围护结构顶部水平位移监测方法

(1) 水平位移监测的目的和方法

水平位移监测包括围护桩、墙（边坡）顶部、周边建筑、周边管线的水平位移观测。

① 监测目的 水平位移主要是由于基坑开挖土压力的作用导致支撑的压缩变形及土体管线的位移。基坑开挖引起的变形量主要由围护结构本身的抗侧刚度以及加支撑前已经开挖的深度决定，支撑本身的压缩变形主要由作用在支撑梁上的土压力以及支撑本身受弯变形的大小决定。过大的水平位移会导致上部土体的大变形，增大土体主动土压力、支撑本身的变形，影响地下工程的结构主体施工，并严重影响施工安全以及基坑周边环境。监测值达到报警值时应调整开挖进度与顺序，必要时采取加固措施。

② 监测方法 测定特定方向上的水平位移时，可采用视准线活动觇牌法、视准线测小角法、激光准直法等；测定监测点任意方向的水平位移时，可视监测点的分布情况采用极坐标法、交会法、自由设站法等。水平位移监测网宜进行一次布网，并宜采用假定坐标系统或建筑坐标系统。水平位移监测网可采用基准线、单导线、导线网、边角网等形式。

水平位移监测基准点、工作基点的布设和测量应符合下列规定：

a. 水平位移基准点的数量不应少于 3 个，基准点标志的型式和埋设应符合现行行业标准《建筑变形测量规范》(JGJ 8) 的有关规定；

b. 采用视准线活动觇牌法和视准线小角法进行位移观测，当不便设置基准点时，可选择设置在稳定位置的方向标志作为方向基准，采用基准线控制时，每条基准线应在稳定区域设置检核基准点；

c. 工作基点宜设置为具有强制对中装置的观测墩，当采用光学对中装置时，对中误差不宜大于 0.5mm；

d. 水平位移基准点的测量宜采用全站仪边角测量，水平位移工作基点的测量可采用全站仪边角测量、边角后方交会等方法；

e. 每次水平位移观测前应对相邻控制点（基准点或工作基点）进行稳定性检查。

(2) 水平位移监测点的布设

a. 布设原则：水平位移监测点按照基坑边间距为 15.0～20.0m 布置一个监测点。

b. 测点布设：布置位置主要参考设计图纸并结合现场实际情况确定。

c. 埋设方法：可将直径 16（或 18）mm 的螺纹钢筋在基坑开挖前打入冠梁中，上部抹平并做十字标记，可供水平和沉降监测，具体大样图见图 8-1。

(3) 水平位移的精度和要求

① 初始值测定 监测初始值应在基坑开挖前进行，并应布置在受基坑开挖影响范围以外，取至少三次稳定值并取平均。

② 观测技术要求 如图 8-2 所示，$A$、$B$ 两点为水平位移基准点，$P$ 点为水平位移监测点，通过极坐标测量得出点 $P$ 的坐标初始位置 $(X_P, Y_P)$，当 $P$ 点产生位移到 $P_1$ 时，可通过极坐标法求得 $P_1$ 点坐标 $(X_{P_1}, Y_{P_1})$，$P_1$ 点的位移量为 $\Delta x = X_{P_1} - X_P$，$\Delta y = Y_{P_1} - Y_P$。

根据测量规范要求，工作站与测点的距离不应超过 150m，通过超高精度全站仪可严格控制精度，可通过公式验证。

 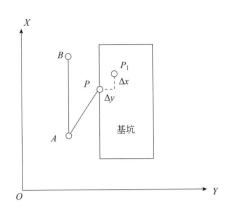

图 8-1 水平位移监测点大样图　　图 8-2 水平位移监测方法示意图

如式（8.1.1）所示，在水平位移监测时，以 $A$ 点作为测站，$B$ 点作为后视，即可测出 $P$ 点坐标，测量计算原理为：

$$\begin{cases} X_P = X_A + D\cos(\alpha_{AB} + \beta) \\ Y_P = Y_A + D\sin(\alpha_{AB} + \beta) \end{cases} \quad (8.1.1)$$

式中，$\alpha_{AB}$ 为起始方位角、$(\alpha_{AB} + \beta)$ 为 $AP$ 边方位角；$AP$ 平距为 $D$；$A$ 点坐标为 $(X_A, Y_A)$，$P$ 点坐标为 $(X_P, Y_P)$。

$P$ 点坐标中误差可以式（8.1.1）进行计算。

$$\begin{cases} m_{XP} = \sqrt{m_{XA}^2 + \cos^2(\alpha_{AB} + \beta)m_D^2 + D^2\sin^2(\alpha_{AB} + \beta)\dfrac{m_{\alpha AB}^2 + m_\beta^2}{\rho^2}} \\ m_{YP} = \sqrt{m_{YA}^2 + \sin^2(\alpha_{AB} + \beta)m_D^2 + D^2\cos^2(\alpha_{AB} + \beta)\dfrac{m_{\alpha AB}^2 + m_\beta^2}{\rho^2}} \end{cases} \quad (8.1.2)$$

因为采用的强制对中观测墩，故假设 $A$ 点坐标中误差为 0mm，测距精度为 $(1+1\times 10^{-6}\times D)$mm，根据测量知识，$(\alpha_{AB} + \beta)$ 为 45° 时，$P$ 点坐标中误差最大。令平距 $D$ 为 150m，将相关数值代入式（8.1.2）可求得 $P$ 点最弱坐标中误差为式（8.1.3）。

$$\begin{cases} m_{XP} = \sqrt{\cos^2(45°)\times(1+10^{-6})^2 + 150000^2\sin^2(45°)\dfrac{0.25+0.25}{206265^2}} = 0.8(\text{mm}) \\ m_{YP} = \sqrt{\sin^2(45°)\times(1+10^{-6})^2 + 150000^2\cos^2(45°)\dfrac{0.25+0.25}{206265^2}} = 0.8(\text{mm}) \end{cases} \quad (8.1.3)$$

综上可知，使用全站仪极坐标法观测（图 8-3）时，控制检测距离在 150m 以内，可以满足监测精度要求（坐标中误差 1mm），如表 8-4 所示。

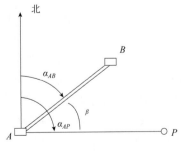

图 8-3 极坐标法原理示意

表 8-4 水平位移监测精度要求 单位：mm

| 水平位移报警值 | 累计值 D/mm | D<20 | 20≤D<40 | 40≤D<60 | D>60 |
|---|---|---|---|---|---|
| | 变化速率 $v_D$/（mm/d） | $v_D$<2 | 2≤$v_D$<4 | 4≤$v_D$<6 | $v_D$>6 |
| 监测点坐标中误差 | | ≤0.3 | ≤1.0 | ≤1.5 | ≤3.0 |

③ 注意事项

a．基准点应不少于 3 个，基准点数量视监测情况而定；

b．应保证监测点不受破坏，不受外界影响而发生移动；

c．全站仪的检验应贯穿工作全过程，工作前必须检验，包括工作后及工作过程中，尤其需要注重照准水管的检验和校正；

d．观测前应固定所有设备；

e．仪器应严格对中；

f．目标成像稳定后方可进行观测；

g．仪器内温度应与外界温度相同；

h．尽量避免周边环境变动，影响测量精度。

#### 8.1.2.2 支护结构顶部垂直位移监测方法

(1) 监测原理

根据二等水准测量规范要求，垂直位移监测是通过工作基点间联测一条二等水准闭（附）合线路，由线路的工作点来测量各监测点的高程，各监测点高程初始值在基坑开挖前三次测定（三次取平均）并与第三方两次测定（两次取平均），两方平均值再次平均作为初始值，某监测点本次高程减前次高程的差值为本次垂直位移，本次高程减初始高程的差值为累计垂直位移。

计算公式如式（8.1.4）所示：

$$\begin{cases} \Delta h_i = h_i - h_{i-1} \\ \sum \Delta h_i = h_i - h_0 \end{cases} \quad (8.1.4)$$

式中 $\Delta h_i$——本次沉降量；

$h_i$——本次测量高程；

$h_{i-1}$——上次测量高程；

$h_0$——初次测量高程；

$\sum \Delta h_i$——本次累计沉降量。

观测使用精密水准仪及配套标尺（标称精度：±0.3mm/km）实施作业。

(2) 监测要求

① 每次数据采集，应确认基准点、工作基点是否牢靠、稳定，有无明显被破坏情况。

② 监测施工过程中固定测量人员，以尽可能减少人为误差。

③ 监测施工过程中固定测量仪器，以尽可能减少仪器本身的系统误差。

④ 监测施工过程中固定时间按基本相同的路线监测，以减少温度、湿度造成的误差。

⑤ 监测施工过程中用相同的测量方法进行测试，以减少不同方法间的系统误差。

⑥ 垂直位移基准网外业测量完成后，对外业记录进行检查，严格控制各水准环闭合差，各项参数合格后方可进行内业平差计算。内业计算采用平差软件进行严密平差计算，高程成果取位至 0.01mm。

围护墙（边坡）顶部、立柱、基坑周边地表、管线和邻近建筑、道路的竖向位移监测精度应根据其竖向位移预警值按表 8-5 确定。

表 8-5 竖向位移监测精度与控制值

| 竖向位移预警值 | 累计值 S/mm | S≤20 | 20 < S≤40 | 40 < S≤60 | S > 60 |
|---|---|---|---|---|---|
| | 变化速率 $v_s$/（mm/d） | $v_s$≤2 | 2 < $v_s$≤4 | 4 < $v_s$≤6 | $v_s$ > 60 |
| 监测点测站高差中误差/mm | | ≤0.15 | ≤0.5 | ≤1.0 | ≤1.5 |

注：监测点测站高差中误差系指相应精度与视距的几何水准测量单程一测站的高差中误差。

(3) 测点埋设
① 布设原则：基坑竖向监测点布置原则与水平监测点相同。
② 测点布设：布置位置同水平监测点。
③ 埋设方法：埋设方法同水平监测点，监测点顶部磨平并做十字标记。

(4) 测量方法

竖向位移使用水准仪测量，测量精度应严格按照规范执行。为确保精度，应采取相关措施：
① 测量前应准备好相关表格以及设备。
② 水准仪在使用前应先校准完毕。
③ 观测方法：根据测量要求前后视。标尺应根据往返测量需求而更换。
④ 两次观测值超过限定值时需重测，当重测比较差没有超限时可取三次平均测量结果。

(5) 桩顶竖向位移的精度和要求
① 初始值测定　初始值已在开挖前测好，测量不少于 3 次并取平均。
② 观测技术要求　水准仪的精度要求应不超过 0.3mm/km，按照二等竖向精度监测，单个视线长度不超过 50.0m，一般复合总线路长为 1.0km，因此该路线上的测站数为：

$$n = \frac{S_{线}}{S_{站}} = \frac{1000}{2 \times 50} = 10（站）$$

各测站的高程中误差为：

$$m_{站} = \frac{m_{偶}}{\sqrt{n}} = \frac{0.3}{\sqrt{10}} = 0.04(\text{mm})$$

测站的最弱位置在中间且误差为：

$$m_{最弱点(单向)} = m_{站} \times \sqrt{5} = 0.04 \times 2.23 = 0.09(\text{mm})$$

当对监测点进行往返观测时，其误差为：

$$m_{最弱点(往返)} = \frac{m_{最弱点（单向）}}{\sqrt{2}} = \frac{0.04}{\sqrt{2}} = 0.06(\text{mm})$$

水准仪按照以上操作步骤监测可满足竖向监测的精度要求，监测前应对水准仪进行检测，并且在使用过程中不得随意更换水准仪，避免造成监测误差。

#### 8.1.2.3 沉降观测

① 沉降观测需按照国家测量二级要求执行，观测前应确保控制网的整体可靠，观测时应保证路线相同，保证仪器与工作人员不频繁更换。

② 沉降速率≥1mm/d 时，认为基坑围护结构存在变形或存在变形的发展趋势；当沉降速率≥2mm/d 时，认为基坑围护结构已经发生了沉降变形。

③ 沉降实时观测并绘制成关于时间变化的曲线。

#### 8.1.2.4 深层水平位移监测

(1) 监测目的、方法和原理

① 目的  由于土体开挖导致基坑外主动土压力增大，基坑支护结构外侧产生水平位移，不同深度也产生水平位移，监测的目的是通过监测不同深度的水平位移，进而判断不同深度的水平位移变化情况，判断支护结构的薄弱处。

② 测试方法和原理  一般采用测斜仪与 PVC 测斜管进行监测。测斜仪见图 8-4。

图 8-4  测斜仪

测斜管内部存在两对垂直导向槽，导向轮沿导向槽放入测斜管，直达管底，间距 1.0m。第一次使用测斜管前，要保证管内无异物堵塞，影响测量精度。探头位于管内待读数稳定后间隔 1.0m 自下而上拉测点探头，读数时采用 0°和 180°双向测数。0°读数时，探头高轮位置面向基坑一侧，然后调转 180°，在同一槽内重测一次，来回算一回次。在开挖前要取四次来回测量，并取平均值。在围护墙的钢筋上绑扎安装带导槽的 PVC 测斜管，测斜管管径为 70mm，内壁有两组互成 90°的纵向导槽，导槽控制了测试方位。埋设时，保证让一组导槽垂直于围护体，另一组平行于基坑墙体。测试时，测斜仪探头沿导槽缓缓沉至孔底，当触及孔底时，应慢放，避免激烈冲击，测头在孔底停留 5min，以便孔内温度稳定。自下而上按 0.5m 间距测出 0°方向上的位移，然后将探头旋转 180°，在同一导槽内再测量一次，合起来为一测回，由此通过叠加推算各点的位移值。从孔底起算，在基坑开挖前，分三次对每一测斜孔测量各深度点的倾斜值，取任意一次的合格数据或取其平均值与第三方两次测值的平均值再次平均作为初始值。"+"值表示向基坑内位移，"-"值表示向基坑外位移。

探头的水平偏差可以根据倾角计算，计算公式如式 (8.1.5)：

$$\Delta\delta_i = L_i \sin\Delta a_i \tag{8.1.5}$$

式中  $\Delta\delta_i$ ——第 $i$ 段测量的相对水平偏增加值；

$L_i$——第 $i$ 段测量的垂直长度；

$\Delta a_i$——第 $i$ 段测量的相对倾角变化值。

深层水平位移测量原理详见图 8-5。

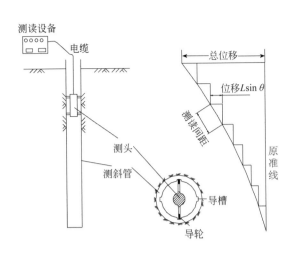 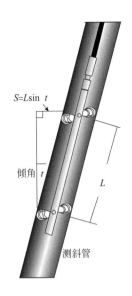

图 8-5 深层水平位移测量原理

③ 测试步骤

a．将测头导轮放置在滑槽内，测头轻轻放入侧斜管，送至管底，并记下深度的标记。测头避免碰撞且应在开挖前稳定下来。

b．将测点由最深处由下而上间隔 1.0m 拉起，间隔 1.0m 测数。每一次测数均应将电缆拉紧矫正。

c．将测头调转方向重新测量。

监测仪器采用测斜仪进行测试，测斜精度±0.1mm/500mm。

(2) 监测精度及注意事项

① 初始值测定　测斜管在监测前 5d 完成安装并测试，待稳定后，每来回测算一测回，共测三次，取平均值作为基准值。

② 观测技术要求　探头放置完成后等待 5min，保证探头与周围环境融合稳定，并要保证监测点密封。

(3) 注意事项

① 因为泥浆的浮力影响，测斜管必须绑定免受泥浆浮力影响，保证测量的准确性。

② 基坑深度较大或监测深度较大时，测斜管应避免自身产生旋转，保证测量的数据真实地反映基坑边缘垂直面的挠度。

③ 测斜管对接时必须保证上下滑槽对准，保证测斜管在滑槽内移动阻力。

④ 为了测头的安全，测量前应对测斜管监测，保证管内通畅。

⑤ 检查一次密封性，保证仪器正常工作。

⑥ 测头放入测斜管，沿滑轮放置在导槽，缓慢降至孔底。自管底由下而上间隔 0.5～1.0m 测数，测量时应保持稳定。

⑦ 测完后，测头调转方向重复测量，以减小误差。

⑧ 基坑开挖前至少测三次取平均值作为基准点。

(4) 测点布置原则与布置方法

① 布置原则　测点应当布置在基坑支护平面挠度最大的位置，对于加支撑结构应在支撑

中间位置。根据规范要求，监测点间距取 20.0～50.0m，且每边不少于一个。对有重点保护对象如建筑以及地下管线等，监测点布置应靠近保护对象一侧的围护桩。监测点的监测深度应为围护结构嵌入覆盖层的厚度。

② 测点布设　测点应根据设计图纸并结合现场实际情况布置。

③ 埋设方法

a．将测点埋设在测斜管内监测。测点应选取在具有典型代表性的位置，一般布置在变形较大处或者危险处。

b．监测点通过钻探埋设。钻探管深度应大于基坑开挖深度的 1.5 倍，并超过基坑底 3.0～8.0m，深度随着基底材质越硬而越浅。

c．测斜管应密封、固定，无相对位移。

d．测斜管在安装就位后需校正方向，测槽需平行于位移方向。

e．完成方向调整后密封顶盖，密封前保持管内无杂质、光滑。管顶需高出地面 0.1～0.5m。

f．测斜管与钻孔之间需回填密实。钻孔与管间采用粗砂回填，回填应密实无空隙以防对监测结果产生误差，回填的目的是要保证土体与侧斜管同步位移。

g．监测点埋设应在降水之前。

h．监测点要位置明晰，并且需砌筑保护起来，如图 8-6 所示。

图 8-6　土体深层水平位移测斜管埋设示意图

#### 8.1.2.5　地下水位监测

(1) 地下水位监测目的和方法

① 监测目的　基于基坑开挖降水导致的基坑周边的水位下降，地下水位的下降将导致土体的再次固结，继而导致周边环境的沉降。通过观测地下水位的变化，分析土体的变形量及其对周边环境沉降量的影响；通过观测支护外的水位变化，进而判定基坑止水帷幕的止水效果。

② 监测方法　采用型钢尺水位计观测井管内的水位变化，观测误差不超过 1mm。其原理为利用水的导电性，通过警报器感知水位，读出警报器水位的位置。测试的距离为垂直距离。

通过测量管顶的高程以及管顶与地面的高差，进而计算地下水位的高程以及埋深，对每一个观测点要进行三次稳定后观测，并取三次结果的平均值。

(2) 监测精度及注意事项

① 初始值测定　观测井观测应始于降水前的一周，并且宜每日观测。

② 监测精度　水位观测计的精度为 1mm。

③ 注意事项

a. 水位管应埋设在允许水位的最低值以下或者根据隔水层的位置确定；

b. 埋设前应确保水位管周围地层具有良好的渗透性，方便准确地测出水位位置；

c. 水位孔应埋在渗透系数较大的地层中，一般在 $10^{-4}$ cm/s；

d. 水位观测前应保证无雨天或者水位变化稳定。

(3) 地下水位监测孔的布设

① 布设原则　监测点沿止水帷幕外侧布设，主要靠近被保护对象及受水位影响严重的位置，监测点间距为 20.0～50.0m。对于止水帷幕，监测点应该布置于止水帷幕外侧 2.0m 左右，并且应便于长期观察。

② 测点布设　按照设计图纸并结合现场实际情况布设。

③ 埋设方法　观测孔采用钻孔成孔管井，孔径 130mm，管井与孔壁采用黏土充填，并采取专门保护措施。孔深一般为 10.0m，孔深根据勘察报告确定。

观测井采用小钻机成孔，冲击干钻，并加钢套管护壁，钻孔直径为 130mm。钻孔完成后，按照顺序用钢丝绳将沉砂管、过滤器以及井管放入孔内，并通过仪器使其居中。下放井管完成后，通过静水填沙砾的方法将滤料填放至设计标高，然后使用黏土封堵至井口，边填料的同时慢慢回提套管，最终成孔的倾斜角度不应大于1°。

钻孔至设计标高之后便放入裹滤网的水位测试管，待管壁与孔壁间回填沙砾至地表以下 0.5m 后，便使用黏土密封，防止地表水渗流进管井内。

水位计与水位管见图 8-7，水位管埋设及绑扎实景见图 8-8。

图 8-7　水位计与水位管

图 8-8　水位管埋设及绑扎实景

#### 8.1.2.6 周边建筑物及地下管线监测

（1）监测目的和方法

① 监测目的　由于基坑开挖会导致土压力变化，造成周边建筑的不均匀沉降，甚至建筑发生倾斜，过大的倾斜将导致建筑本身墙体开裂，进而影响建筑的安全使用。建筑物监测可及时发现建筑的不均匀沉降问题，以便及时解决问题。

② 监测方法　建筑物沉降、管线沉降可通过水准仪进行测量。通过观测点各期间的沉降量、变形速率以及累计沉降量等数据可反映沉降结果。

（2）监测精度及注意事项

① 初始值测定　监测的初始值应在基坑开挖前进行测量，并在测量三次、精度符合要求后取平均值。

② 观测技术要求　根据规范要求沉降观测点的监测精度与地表竖向位移监测相关要求一致。

③ 注意事项

a．观测点应稳定，保证观测误差小；

b．相连两期观测点对比最大最小的测量误差，当变形量小于最大误差时，可认为观测点在周期内无明显变化或者稳定；

c．对多期监测，单期内变化不明显但多期内变化趋势明显则视为有变动；

d．将变形速率与累计值、标准值比较，判断沉降情况；

e．当监测值达到报警值时，应进行现场巡视，综合分析施工问题，查看周围支护结构的稳定性，进行综合判断；

f．分析检测结果确认有问题时，应及时通知各方采取应急措施。

（3）测点的布设

① 周边建筑物竖向位移监测　布设原则：监测点布置在建筑物的中点和角点位置。建筑物竖向位移监测应满足如下几点要求：

a．沿建筑物的四角布置，或者沿外墙间距15m左右布置，墙内可按间隔2~3根桩基布置，并且每边监测点不少于3个；

b．应布置在地基或者基础的分界处；

c．应布置在建筑物分界处；

d．应布置在建筑结构设缝处；

e．大型建筑物或者高层建筑应沿对称部位，埋设不少于4个监测点。

沉降监测点布置见图8-9。

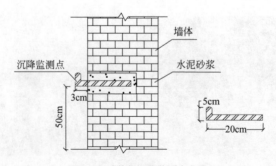

图8-9　建筑物沉降监测点布置

② 管线沉降监测点　布设原则：宜布置在管线的节点、转角点和变形曲率较大的部位。测点根据图纸上受基坑开挖影响的管线抽检，抽检原则为：

a．对地下重要管线如燃气、给水、污水管线等要考虑其与所在砌室的相对关系；

b．对无特殊要求的管线监测点布置在管线上部地表。

#### 8.1.2.7　支撑轴力监测

(1) 监测目的和方法

① 目的　通过监测支撑轴力的变化判断支撑的受力状况以及支撑整体的受力发展趋势，判断支撑是否在设计安全允许范围。

② 方法　通过应变计的应变值结合支撑本身的弹性模量计算出支撑的轴力大小。应变计的传感器灵敏度高，刚度远远小于监测对象。应变计可分为两种：一种为埋入式，布置在混凝土支撑中；另一种为表面式，紧贴于支撑表面。

频率接收仪的工作原理是通过监测频率反映拉力的大小，设备中频率与拉力有相应的对应关系，精度较高。由于基坑的开挖会导致作用在支撑上的压力变化，由于支撑被压缩，事先紧贴在型钢支撑上的应变计中的钢弦随着型钢压缩越大而越松弛，弦式读数仪因为钢弦的松弛而频率降低。轴力计中的应力与频率之间存在率定换算关系。

③ 钢支撑轴力计算公式

$$N = [\frac{1}{n}\sum_{j=1}^{n} k_{j\varepsilon}(f_{ji}^2 - f_{j0}^2)]E_s A$$

式中　$N$——钢支撑轴力，kN；

　　　$A$——钢支撑截面积，mm$^2$；

　　　$E_s$——钢弹性模量，kN/mm$^2$；

　　　$k_{j\varepsilon}$——第 $j$ 个表面应变计标定系数，10$^{-6}$/Hz$^2$；

　　　$f_{ji}$——第 $j$ 个表面应变计监测频率，Hz；

　　　$f_{j0}$——第 $j$ 个表面应变计安装后的初始频率，Hz；

　　　$n$——传感器数量。

(2) 监测精度及注意事项

① 初始值测定　轴力初始值应在基坑开挖前测定完成，监测次数不得少于 3 次且监测值稳定，对监测值取平均。

② 观测技术要求　仪器监测精度为 0.15%F.S。读数精度为 0.1Hz。

③ 注意事项

a．传感器在安装前均需要进行标定，并符合精度要求。开挖前应对其进行观察，保证传感器的稳定性，稳定后即认为开挖前的监测值为初始值。

应考虑周边电磁信号的影响，并提前对传感器的金属线采取屏蔽措施。

b．考虑到地下工程的复杂性以及诸多不确定性，传感器的量程应比设计值大 0.5～1.0 倍。

c．通过监测推算出来的轴力值不能直接作为支撑轴力出报告，应对推算的结果结合温度、混凝土的收缩以及徐变产生的影响进行叠加。

d．每次监测最好在每天的同一时间段或温度差不大的情况下进行测量，尽量减少因温度变化产生的影响。监测时间选取时间段应当固定且相同。

(3) 测点布设

① 布设原则　对加内支撑的基坑，应选取受力典型的支撑监测轴力变化，进而判断支撑的受力状态是否满足强度要求。轴力监测点一般布置在受力较大或者对整个支撑稳定性起决定性作用的杆件上，同一平面的支撑个数不应低于 3 个，并且监测点的竖向位置应相同。

② 测点布设　根据设计图纸并结合现场实际情况布置。

③ 监测仪器　应变计及 608A 振弦频率仪详见图 8-10。

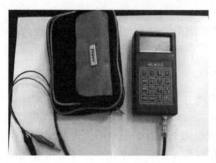

图 8-10　应变计及 608A 振弦频率仪

### 8.1.2.8　基坑监测结果的分析和评价

对基坑支护监测数据的定量分析与定性评价是监测工作之后的一项非常重要的工作，基坑工程监测非常强调及时进行险情预报，提出合理化措施与建议，进而进一步检验基坑支护及各类加固处理后的效果。因而任何没有开展仔细深入分析的监测工作，充其量只是施工过程的客观描述，不能起到指导施工进程和实现信息化施工的作用。

对基坑施工监测结果的分析评价主要包括以下几个方面内容：

① 对基坑支护结构顶部的水平位移进行细致深入的定量分析，其中最重要的内容包括位移速率和累积位移量，同时及时绘制位移随时间的变化曲线，对引起位移速率增大的原因（如开挖深度工况设置、地质突变、超挖现象、支撑设置顺序不当及不及时、暴雨积水、渗漏管涌等）进行准确记录和仔细分析。

② 对沉降和沉降速率进行计算分析。沉降要区分具体原因，如是由支护结构水平位移引起还是由地下水位变化（如软土固结）等原因引起。一般由支护结构水平位移引起相邻地面的最大沉降与水平位移之比在 0.65～1.00，而沉降发生时间比水平位移发生时间一般滞后 7d 左右；而地下水位降低会较快地使地面产生较大幅度的固结沉降，应予以重视。邻近建筑物的沉降观测结果可与有关规范中的沉降限值相比较。

③ 各个不同监测项目的结果数据，亦应进行综合分析并相互验证和比较。用新的监测资料与原设计预计情况进行对比，判断现有设计和施工方案的合理性，必要时，及早调整现有设计和施工方案。

④ 根据监测结果，全面分析基坑开挖对周围环境的影响和基坑支护的具体效果。通过分析，查明产生工程事故的主要技术原因。

⑤ 目前，随着计算机软硬件技术的大力发展，数值模拟法在分析基坑施工期间各种情况下支护结构的位移变化规律方面也成了一项重要手段，通过建立数值模型对基坑施工过程进行稳定性分析，可以推算岩土体的特性参数，可以检验原设计计算方法的适宜性，同时可以

预测后续开挖工程可能出现的新行为和新动态，对目前的设计理论与工程监测亦能起到辅助的作用。

## 8.2 基坑工程信息化施工

### 8.2.1 基坑工程信息化施工概述

动态设计及信息化施工技术包含密切联系的两个组成部分，即基坑支护结构的动态设计与基坑工程的信息化施工。

支护结构的动态设计主要包括动态设计计算模型的建立，预测分析与可靠性评估，施工跟踪监测，控制与决策等。预测分析是动态设计的核心环节，变形预测是其主要项目。预测分析的关键在于建立较为符合实际情况的动态设计计算模型，相应的结构构件与土体应力应变关系模型，接触点和接触面的拟合模式以及模型的各种计算参数等。由于计算模型只是实际情况的主要方面和主要因素的拟合，因此，其计算结果的真实性和可靠性需要通过施工信息跟踪与反馈监测系统来予以检验、改善与提高。动态设计包括了信息跟踪与反馈过程，因此它要求通过现场监测系统采集必要的、大量的数据，之后进行分析模拟计算。通过逐次的反演过程，确保设计、施工过程的合理性。

作为信息化施工的一个重要内容，动态设计的实现依赖于对基坑工程进行系统合理的施工监测。按照建立的动态设计计算模型，可对预定的施工过程逐次进行预测分析，并将分析结果与施工监测信息采集系统得到的信息加以比较。由于预测时采用的材料参数（主要是土力学参数）难以反映施工场地的复杂情况，两者之间存在不相符的情况，此时可以将实测信息（如围护结构的位移、地面沉降、土压力及孔隙水压力）作为已知的参数，利用反分析方法得到场地的主要参数，然后利用这些参数通过计算模型预测下一阶段施工中支护结构的性状，再通过信息采集系统收集下一阶段施工中的信息。如此反复地循环便可以使基坑工程的设计变成动态设计。在每一个循环中，只要采集得到的信息与预测结果相差较大，就可以修改原来的设计方案，从而使得设计更加合理。

信息化施工就是在施工过程中，通过设置各种测量元件和仪器，实时收集现场实际数据并加以分析，根据分析结果对原设计和施工方案进行必要的调整，并反馈到下一施工过程，对下一阶段的施工进行分析和预测，从而保证过程施工安全、经济地进行。信息化施工技术是在现场测量技术、计算机技术以及管理技术的基础上发展起来的。

### 8.2.2 基坑工程信息化施工要求与基本方法

基坑工程进行信息化施工之前，首先应当具备一些条件，主要包括如下几个方面：
① 有满足检测要求的测量仪器元件和仪器；
② 可实时检测；
③ 有相应的预测模型和分析方法；
④ 应用计算机进行分析。

基坑工程信息化施工的基本方法主要有以下两种：
① 理论解析方法。这种方法利用了现有的设计理论和设计方法。进行工程结构设计时要

采用许多设计参数，如进行深基坑开挖支护结构设计时需采用土的侧压力系数等。按照设计进行施工并进行监测，如果实测结果与设计结果有较大偏差，说明对于现结构，原来设计时所采用的参数不一定正确，或有其他影响因素在设计中未加考虑。通过一定方法反算设计参数，如果采用的一组设计参数经计算分析得到的结构变形、内力与实测结果一致或接近，说明采用这组设计参数进行设计，其结果更符合实际。利用新的设计参数计算分析，可判断工程结构施工现状，并对下一施工工程预测，以保证工程施工安全、经济地进行。

② "黑箱"方法。这种方法不按照现有设计理论进行分析和计算，而是采用数理统计的方法，即避免研究对象自身机理和影响因素的复杂性影响，将这些复杂的、难以分析计算的因素投入"黑箱"，不管其物理意义如何，只是根据现场的反馈信息来推算研究对象的变形特性和安全性。

### 8.2.3 基坑工程信息化施工阶段划分

基坑工程信息化施工通常包含如下几个主要阶段：

（1）基于观测值的日常管理

利用计算机实时采集工程结构的变形、内力等数据，每天比较观测值和管理值，监测工程的安全性以及判断是否与管理值相差过大。

（2）现状分析和对下阶段的预测

利用观测结果推算设计参数，根据新的设计参数计算分析，判断现施工阶段工程结构的安全性，并预测后续施工阶段结构的变形及内力。

（3）调整设计方案

根据预测结果调整设计方案，必要时改变施工方案，重新进行设计。

### 小结

本学习情境主要介绍了基坑施工监测与信息化施工，通过本情境的学习，能够掌握不同级别基坑工程施工监测的项目与监测方法，能够理解施工监测的目的与意义，同时了解基坑工程施工信息化的理念，从而更好地保证基坑施工质量。

### 课后习题

一、单选题

1. 下列监测项目中属于一级基坑应测项目的是（　　）。
   A. 坑底隆起　　　　　　　　B. 围护墙侧向土压力
   C. 孔隙水压力　　　　　　　D. 地下水位
2. 下列属于地下水位监测设备的是（　　）。
   A. 钢筋计　　　　　　　　　B. 混凝土应变计
   C. 测斜仪　　　　　　　　　D. 水位计
3. 下列属于土压力监测元件的为（　　）。
   A. 钢筋计　　　　　　　　　B. 混凝土应变计
   C. 土压力盒　　　　　　　　D. 水位计

4. 巡视检查的检查方法以（　　）为主，可辅以锤、钎、量尺、放大镜等工器具以及摄像、摄影等设备进行。
   A．目测　　　　　　　　　　　B．仪器监测
   C．目测加仪器　　　　　　　　D．上述说法均不对
5. 一般由支护结构水平位移引起相邻地面的沉降与水平位移之比为（　　）。
   A．0.2　　　　B．0.35　　　　C．0.4　　　　D．0.8
6. 沉降发生时间比水平位移发生时间滞后一般在（　　）左右。
   A．3d　　　　B．15d　　　　C．7d　　　　D．20d
7. 管线沉降监测时，一般仪器监测精度为（　　）。
   A．0.15%F.S　　B．0.3%F.S　　C．0.4%F.S　　D．0.5%F.S
8. 周边建筑位移监测，一般沿建筑物的四角布置测点，或者沿外墙间距（　　）布置。
   A．3m　　　　B．5m　　　　C．8m　　　　D．12m
9. 管线沉降监测点水平间距宜为（　　）。
   A．5m　　　　B．8m　　　　C．10m　　　D．18m

## 二、多选题

1. 下列属于基坑监测作用的是（　　）。
   A．可以为类似工程提供经验
   B．可以为基坑支护设计提供反馈
   C．能够保证基坑施工安全
   D．可以提高基坑施工速度
2. 下列属于基坑工程监测基本原则的是（　　）。
   A．可靠性原则　　　　　　　　B．监测及时性
   C．监测元件与土体适应　　　　D．加大监测频率
3. 对于一级基坑，下列属于应测项目的是（　　）。
   A．坑顶水平位移　　　　　　　B．坑顶竖向位移
   C．锚杆轴力　　　　　　　　　D．地下水与降雨的关系
4. 水平位移监测包括（　　）。
   A．围护桩　　　　　　　　　　B．墙（边坡）顶部
   C．周边建筑　　　　　　　　　D．周边管线的水平位移观测

## 三、简答题

1. 基坑施工监测的目的与意义是什么？
2. 基坑施工监测的原则有哪些？
3. 一级基坑施工监测的应测项目有哪些？
4. 影响基坑施工监测频率的因素有哪些？

# 参考文献

[1] 刘建航，侯学渊.基坑工程手册[M]. 2版. 北京：中国建筑工业出版社，2009.
[2] 熊智彪. 建筑基坑支护[M]. 北京：中国建筑工业出版社，2008.
[3] 刘宗仁. 基坑工程[M]. 哈尔滨：哈尔滨工业大学出版社，2008.
[4] 上海市住房和城乡建设管理委员会. 地下连续墙施工规程（DG/TJ 08-2073—2016）[S]. 上海：同济大学出版社，2016.
[5] 中华人民共和国住房和城乡建设部. 建筑地基基础设计规范（GB 50007—2011）[S]. 北京：中国建筑工业出版社，2011.
[6] 中华人民共和国住房和城乡建设部. 建筑基坑支护技术规程（JGJ 120—2012）[S]. 北京：中国建筑工业出版社，2012.
[7] 中华人民共和国住房和城乡建设部. 建筑地基处理技术规范（JGJ 79—2012）[S]. 北京：中国建筑工业出版社，2012.
[8] 中华人民共和国住房和城乡建设部. 型钢水泥土搅拌墙技术规程（JGJ/T 199—2010）[S]. 北京：中国建筑工业出版社，2010.
[9] 中华人民共和国住房和城乡建设部. 建筑基坑工程监测技术标准（GB 50497—2019）[S]. 北京：中国计划出版社，2019.
[10] 中华人民共和国建设部. 建筑桩基技术规范（JGJ 94—2008）[S]. 北京：中国建筑工业出版社，2008.
[11] 龚晓南. 深基坑工程设计施工手册[M]. 2版. 北京：中国建筑工业出版社，2017.
[12] 陈志波，简文彬. 位移监测在边坡治理工程中的应用[J]. 岩土力学，2005, 26 (S): 306-309.
[13] 陈生东，简文彬. 复杂环境下基坑开挖监测与分析[J]. 岩土力学，2006, 27 (S): 1188-1191.
[14] 姚天强，石振华. 基坑降水手册[M]. 北京：中国建筑工业出版社，2006.
[15] 朱学愚，钱孝星. 地下水水文学[M]. 北京：中国环境科学出版社，2005.
[16] 曾宪明，黄久松，王作民，等. 土钉支护设计与施工手册[M]. 北京：中国建筑工业出版社，2000.
[17] 陈利洲，庄平辉，何之民. 复合型土钉墙支护与土钉墙的变形比较[J]. 施工技术. 2001, 30 (1): 26-27.
[18] 郑刚，杜一鸣，刁钰，等. 基坑开挖引起邻近既有隧道变形的影响区研究[J]. 岩土工程学报，2016, 38(4): 599-612.
[19] 曾超峰，薛秀丽，宋伟炜，等. 开挖前降水引发基坑变形机制模型试验研究[J]. 岩土力学，2020, 41(9): 2963-2972.
[20] 杨清源，赵伯明. 潜水层基坑降水引起地表沉降试验与理论研究[J]. 岩石力学与工程学报，2018, 37(6): 1506-1519.